ENOLOGÍA PRÁCTICA

Conocimiento y elaboración del vino

Jacques Blouin
Émile Peynaud

ENOLOGÍA PRÁCTICA

Conocimiento y elaboración del vino

Versión española
Eduardo Cotillas Provencio
Ingeniero Agrónomo

Revisión
Alfredo González Salgueiro
Ingeniero Agrónomo

4.ª edición
revisada y ampliada

REIMPRESIÓN

Ediciones Mundi-Prensa

Ediciones Mundi-Prensa
Velázquez, 31, 3.º Dcha.
28003 Madrid (España)
Tel. (+34) 902 995 240
Fax (+34) 914 456 218
clientes@paraninfo.es

La edición original de esta obra ha sido publicada en francés con el título:
CONNAISANCE ET TRAVAIL DU VIN
3ème édition
por Editions Dunod (Paris)

Depósito Legal: M. 47.779-2003
ISBN: 978-84-8476-160-0

IMPRESO EN ESPAÑA - PRINTED IN SPAIN

Imprime: Grafo, S.A.

PRÓLOGO A LA CUARTA EDICIÓN ESPAÑOLA

Cuando en 1969 , iniciamos nuestra labor docente en la Escuela Técnica Superior de Ingenieros Agrónomos de Madrid, bajo la dirección del Profesor Xandri (de grato recuerdo, no solo en esta escuela, sino también en la de la Vid de la Casa de Campo de Madrid de la que fue Director) teníamos como texto fundamental la extraordinaria obra de Don Juan Marcilla «Tratado de Viticultura y Enología Españolas». Ésta es una obra fundamental pero al estar escrita en 1942, y no poderla actualizar por no estar Marcilla entre nosotros, no recogía los últimos adelantos, especialmente de maquinaria enológica. El mismo profesor Xandri comenzó a utilizar, al publicarse en 1971 la obra de Émile Peynaud «Connaissance et travail du vin», como complemento de la obra de Marcilla; pero en aquella fecha, todavía no se había generalizado entre los alumnos la necesidad del conocimiento de otros idiomas, y en todo caso era el inglés el que tenía mayor aceptación entre los estudiantes, por lo que la necesidad de hacer una versión española de esta obra fue acertadísima por parte de mi gran amigo y compañero de promoción José M.ª Hernández, director de Mundi-Prensa, encomendándome esta tarea. El éxito de esta idea editorial está en las ediciones castellanas de 1977, 1984 y 1989.

El paso del tiempo, que nos afecta a todos, ha hecho que Émile Peynaud obtenga la colaboración de su antiguo alumno Jacques Blouin, para poner al día una nueva edición de su texto, la tercera francesa, en la que se nota considerablemente esta savia nueva incorporada.

Para la edición española, cuarta en este caso, he tenido la colaboración de mi tambien antiguo alumno Eduardo Cotillas, que ha sabido plasmar al castellano la en muchas veces difícil redacción del texto original.

Vivimos tiempos muy cambiantes en las enseñanzas técnicas, de formación profesional y muy especialmente de la universitaria, que tras el espíritu de Bolonia va a cambiar por completo las titulaciones y la duración de las mismas en lo que se ha dado en llamar el «Espacio Europeo de Educación Superior». De todas formas estoy convencido de que se estructuren de la forma que se estructuren las enseñanzas y se les dé el título que sea a las mismas, en relación con la Enología, sucederá algo análogo a lo que en la obra musical *My Fair Lady*, decía Higgins, ese nuevo Pigmalion, a su amigo el coronel Pickeril, el experto en dialectos de la India, que para saber y comprender bien el inglés hay que conocer a Shakespeare y a Milton. Igualmente yo pienso que para entender y saber algo de Enología es indispensable leer y comprender bien las obras de Marcilla y Peynaud.

Alfredo González Salgueiro

PREFACIO A LA TERCERA EDICIÓN FRANCESA

Treinta años separan la primera edición francesa de «Connaisance et travail du vin», y la versión actual. ¿Quién podría imaginar escribir en 1970 (fecha de la primera edición), un libro de enología basado únicamente en los conocimientos y los medios de 1940? Es para evitar este anacronismo por lo que esta edición ha sido refundida.

Este trabajo ha sido realizado con Jacques Blouin, mi antiguo alumno. Después de su preparación y realización de su tesis en un laboratorio del Instituto de Enología de Burdeos (la actual Facultad de Enología), Jacques Blouin ha dirigido un equipo que ha trabajado en la enseñanza práctica al lado de viticultores donde la producción afectada era desde millones de hectólitros de vino de Burdeos a otros más modestos o menos prestigiosos. Cada uno ha podido así beneficiarse del progreso de todos los lugares, de los análisis, de la organización de las bodegas, pasando por las catas, y la toma en consideración continua de las posibilidades de los viñedos y de la exigencia del mercado.

Hemos conservado la idea general, la filosofía establecida en la obra inicial, aclarando los mecanismos inmutables gracias a los conocimientos de las herramientas de hoy: aplicar la tecnología a la uva para obtener los mejores vinos posibles. Cada lote de vendimia tiene su «personalidad» única para revelar y orientar su mejor desarrollo. Cada lote tiene muchas posibilidades, pero de igual forma que todo niño que entra en la escuela primaria, no puede ser Mozart, Molière, Einstein o Zidane, de igual forma será difícil (imposible para ser franco), que cualquier vino pueda ser un Yquem, Romanée Conti, Vega Sicilia o un Dom Pérignon. Su potencial genético y cultural se orientará para ser simplemente un vino encantador para comer con los amigos e incluso en un picnic.

No se puede cambiar de vía, de objetivo, ése es el deber de todo vinicultor y de sus consejeros para magnificar cualquier lote de uva que se le confíe.

No se puede cambiar de instrumentos, éste parece ser el segundo deber. Los conocimientos de los mecanismos de maduración, de fermentación y de crianza no son nunca excesivos, pero el éxito no es fruto de tal producto, de tal material, de tal técnica. La probabilidad de éxito disminuye tambien añadiendo prácticas que incluso individualmente son excelentes, importadas de varias situaciones. En lugar de una encantadora sinfonía se puede acabar en una horrible cacofonía. Cada práctica debe conocer y poder explorar todos los medios actuales, pero una severa selección se impone, y la simplicidad reflexiva es la mejor guía para los mejores vinos.

Estas ideas simples son eternas y la historia del vino está repleta de innumerables prácticas, empleadas fuera de su contexto natural, que han desfigurado excelentes vinos, en las mejores condiciones para el provecho momentáneo de sus defensores. Nuestro deseo es que esta obra evite estos escollos al lector y que contribuya eficazmente a revelar todos los encantos presentes en todas las uvas, por su utilización y las reflexiones que sugiera.

El placer de las infinitas variedades de aficionados y la prosperidad económica de los elaboradores de vino son nuestro objetivo. El número de bebedores de vino sin interés disminuye regularmente, pero el de los degustadores de vinos finos aumenta: autores y lectores serán felices de compartir esta evolución.

Émile Peynaud

ÍNDICE

INTRODUCCIÓN

«He leído cientos de libros... ninguno de ellos me hizo sentir el placer de ser chileno. O al menos no supe apreciarlo hasta que escribí el mío».

Benjamín Subercaseaux (geógrafo chileno).

Esta cita encontrada al azar resume bien algunos de los orígenes profundos de este libro. Se necesita una síntesis personal de miles de páginas leídas y escritas, y de miles de horas en los viñedos, las bodegas y los laboratorios para conocer mejor y hacer amar los buenos vinos. Esta síntesis se sitúa en la prolongación directa de Connaissance et travail du Vin, escrita por Émile Peynaud, hace ya treinta años.

Después de esta fecha, los mecanismos de la viticultura y de la enología no han cambiado, pero el conocimiento que teníamos y en cierta medida los medios para dominarlos han estallado y a veces han desaparecido. La continuación tan fiel como posible del espíritu de Connaisance et travail du Vin se fundamenta en dos ideas sencillas, diferentes y complementarias: por una parte, el reconocimiento del alumno hacia el maestro que le formó en la enología de los vinos de calidad y, por otra parte, la consecución de una enología bordelesa conocida y frecuentemente adaptada en el mundo entero.

En treinta años, los muchos estudios y experiencias científicas y técnicas han dado lugar a una bibliografía considerable que sería tan irreal como inútil resumir. Dos libros muy recientes (1999) de las Escuelas de Burdeos y Montpellier presentan, bajo dos formas muy diferentes, estos trabajos especializados. Más complementarios que concurrentes, me regocijan, como antiguo alumno de las dos Escuelas. Existen también diversas obras adaptadas a los estudiantes franceses de enología y numerosos libros, comunicaciones a congresos y artículos especializados. Nuestro propósito se dirige más directamente a los encargados de vinificar, criar y embotellar vinos. Enfrentados a una infinidad de obligaciones técnicas, económicas, comerciales, estos miles de «generalistas» deben valorar los conocimientos de todos los «especialistas» del mundo de la viña y el vino. Hemos intentado ayudarles en su trabajo, por ejemplo, «traduciendo» las tesis de doctorado, esotéricas por naturaleza, en prácticas de todos los días.

Esta obra no es un libro de química, de microbiología, de técnica, de logística, de reglamentación... Pero muchas veces es un poco de todo. Hemos procurado evitar dos escollos: que sea lo más completa pero incomprensible o que sea sencilla pero con errores. Tratamos también algunas ideas fundamentales de viticultura, reminiscencias actualizadas de la enseñanza de Jean Branas, pues «el vino es primero uva». Esta sencilla idea conoce una nueva juventud que hace falta alimentar de conocimientos seguros.

Este libro no es un manual de recetas o de prescripciones, generalmente obsoletas desde su escritura, sino más bien un libro de preguntas, de observaciones y de elecciones perennes destinadas a poner en práctica los mejores métodos válidos. Diversos ejemplos de fichas de anotaciones pueden ayudar a ello conforme al lema «Calidad Segura», tan indispensable como familiar en el mundo del vino, que parece haberlo inventado, bastante antes de su formalización reciente por las acreditaciones y otras certificaciones.

Con una edad de seis o siete mil años, el vino ha nacido y ha vivido en el empirismo casi absoluto hasta hace ciento cincuenta o doscientos años. «Hace falta asumir, rehabilitar el empirismo» (E. Peynaud, Le Vin et les jours, 1988), que fue una larga etapa del espíritu humano preparando la ciencia experimental: no es anticientífico, sino pre-científico y útil para la ciencia y para la técnica. Este equilibrio empirismo-ciencia se revela indispensable, para evitar continuar alimentando este inmenso «cementerio de buenas ideas» desbordante de conceptos, recetas, recomendaciones –incluso imposiciones– caídas en una nada de la cual no habrían merecido salir. Es conveniente profundizar en la tradición, iluminarla de modernismo para evitar el conservadurismo y la improvisación. El objetivo, ambicioso, no es cambiar la enología sino contribuir a sus progresos concretos. Toda experiencia, incluso negativa, es instructiva pero queremos evitar este trabajo a nuestros lectores invitándoles a seguir un camino sencillo para ser eficaces.

¿Qué vino?, ¿con qué uvas?, ¿con qué conocimientos?, ¿con qué medios?, ¿con qué hombres? La primera pregunta es la clave del sistema. Este objetivo depende íntegramente del consumidor (en su gran variedad) aquél que descorcha una botella que ha pagado y hará (o no) otro pedido. Por otra parte, muy pocas veces nos podemos limitar a valorar únicamente una ínfima fracción de la producción, incluso a precios muy elevados. Se han conocido estos últimos años muchas producciones, sabidas o confidenciales, seguidas de diversas imitaciones menos rentables. Al contrario que los grandes hombres de los que se conmemora su muerte, pero nunca su nacimiento, sólo se conocen por su aparición y se olvida dar parte de su fallecimiento. Estos vinos, centro de útiles conversaciones, satisfacen a sus autores: cada uno debe velar para que no se destruyan a causa de copias estériles, imperfectas o simplemente desfasadas en el tiempo o en el espacio. Los treinta o cuarenta mil millones de botellas consumidas cada año en el mundo sólo pueden ser diferentes, buenas por diferentes.

Las otras preguntas no hacen más que poner en orden las consecuencias de la primera, imponiendo la selección del momento o de siempre. Hay que insistir sobre la importancia decisiva de los hombres encargados de poner en práctica las cosas conocidas, desde los más importantes «patrones», a los mas modestos empleados del viñedo o la bodega. La observación muestra innumerables y muy rápidas evoluciones de empresas después de un único cambio de encargado de crianza o director de la bodega. Hoy cada uno dispone directa o indirectamente, por consejeros interpuestos, de los conocimientos y las herramientas de todo pero las elecciones siguen siendo individuales. La partitura o el Stradivarius no hacen la música sino el violinista. «La música es lo que hay entre las notas» dijo muy acertadamente Isaac Stern; es fácil trasladar esta imagen al vino de calidad.

Para concluir esta (demasiado larga) introducción, deseamos que este libro prepare a cada lector para reunir el arte y la técnica del vino; estas dos palabras, a menudo opuestas, tienen el mismo sentido etimológico (latín artis y griego tekhné) significando «forma de ser y de actuar, habilidad y saber hacer». Arte y técnica se encuentran reunidos para alcanzar «una mayor sinceridad de sabores y de aromas» según la expresión de J. Ribéreau-Gayon (La technologie, 1989).

1. VITICULTURA, ENOLOGÍA Y CALIDAD

La evolución mundial del consumo de vino hace aparecer en todos los países una reducción del consumo de vinos «ordinarios» parcialmente reemplazados por vinos «refinados». Los nuevos países consumidores sólo conocen estos últimos. En todos los casos se buscan los vinos por su calidad. ¿Qué calidad?

1.1. Las calidades

1.1.1. La calidad sensorial

La calidad sensorial es el sentido habitual en el mundo del vino, apreciada mediante la cata. No trataremos aquí este asunto desarrollado en «El gusto del vino», redactado con É. Peynaud y que presenta nuestro concepto y nuestra experiencia en este tema.

La multiplicación de escritos sobre el vino (libros, revistas especializadas, casas de vinos...) y la gran heterogeneidad de éstos, deben ser conocidos por los elaboradores de vino quienes deben actuar siempre en función de sus preferencias, a medio y largo plazo, y nunca basándose en modas pasajeras.

Indiquemos simplemente que la calidad es múltiple en sus niveles, en los tipos de vino y en las percepciones sensoriales. Siempre es el resultado del encuentro entre un vino y un catador en una situación determinada. El neófito que descorcha un vino de gran cosecha para festejar su éxito en un examen aprecia una calidad bien diferente de la de un comprador profesional que negocia la trayectoria del primer *beaujolais*. En todos los casos, el objetivo y el placer resultan de un equilibrio tan perfecto como sea posible entre las sensaciones visuales, olfativas y gustativas por un lado, y los conocimientos técnicos y culturales memorizados por el catador. Nos imaginamos fácilmente a la vez el número infinito de situaciones y las inevitables características básicas que debieran respetar todos los vinos.

El objetivo principal de este vino es ayudar a respetar lo más regularmente estas condiciones básicas, en su formidable diversidad.

1.1.2. La calidad nutritiva, el vino como alimento

Existen innumerables libros desde hace siglos que presentan las cualidades nutritivas y terapéuticas de los vinos solos o complementados. Por ejemplo, en el siglo XIII, Arnaud de Villenueve, «Médecin des papes et des vins», escribía: «Tomado en dosis convenientes (el vino), conviene según los estados, los tiempos, la región, la edad… Es también un alimento y un remedio; el más grande y el mejor amigo del hombre y de la naturaleza humana…». El reciente *French paradox* (L. Perdue, 1995), retomando los trabajos de Masquelier (1960), actualiza estas consideraciones precisando el papel particularmente beneficioso de los compuestos fenólicos y su sinergia con el alcohol. En toda situación, el vino constituye un aporte energético importante (700-800 kcal/l, mayor para los vinos con azúcares residuales), complementado con otros numerosos componentes minerales y vitamínicos. El vino no sabría ser considerado como un alimento completo y existen numerosas bebidas refrescantes más eficaces. No es ni un producto necesario –millones de hombres no lo conocen– ni un producto inútil –tiene efectos constatados; es un producto superfluo que no se justifica más que por el placer que produce–. Una mejor elaboración y un mayor conocimiento del vino son las claves para su mejor utilización rechazando todos los excesos. El buen vino es el mejor antídoto del alcoholismo.

1.1.3. La calidad toxicológica

Como cualquier otro producto simple o compuesto, el vino contiene sustancias que pueden volverse tóxicas a partir de una cierta dosis. ¡A día de hoy no se conocen constituyentes del vino que puedan resultar peligrosos sin pasar por un consumo continuo considerable que alcance las decenas o centenas de litros al día!

Se distinguen sustancias presentes en todos los vinos de forma natural, salidas de la uva o de las fermentaciones, diversas sustancias exógenas procedentes de prácticas vitícolas y/o enológicas mal pensadas o mal utilizadas y, más raramente, sustancias de orígenes accidentales o fraudulentos. Se pueden suprimir de esta lista algunas sustancias responsables del «falso gusto», a menudo rechazadas por la cata antes de un eventual riesgo higiénico (capítulo 9).

1.1.4. La calidad formal

Para el conjunto de los vinos, se busca más o menos claramente una calidad que corresponda a ciertas normas formales y/o a ciertos tipos de vino esperados. Todo esto está codificado a la vez en innumerables y muy antiguos textos reglamentarios que definen las condiciones de producción y las características generales de los vinos (decretos y reglamentos internos de las VCPRD, Vinos del País…) y por las peculiaridades de mercado (por ejemplo: vinos sacados al consumo poco tiempo después de la fermentación, vinos criados en barricas…) más orientados hacia caracteres específicos con una evolución más o menos lenta. Esta «calidad formal» llega a ser familiar para todos por medio de todas las «marcas de calidad» cuya trazabilidad se convierte en la palabra principal. Esta marca certifica que la totalidad de las condiciones de elaboración han sido formalizadas, por escrito, y han sido aplicadas. La calidad sensorial, indescifrable a priori, no es más que el consiguiente resultado de esta marca. Ésta puede contribuir útilmente a obtener con más frecuencia una autoimposición de «las buenas prácticas de la bodega» que describiremos en este libro. Sería irresponsable decir que se orientaran estas prácticas necesariamente hacia una uniformidad del vino, sería muy inocente ignorar este riesgo; hay que dominarlo conociéndolo mejor. Algunos dicen no encontrar los «Grandes Vinos» de antaño. Otros, que estos últimos les parecen casi siempre inaceptables (por ejemplo: acidez volátil elevada), hace falta sobre todo subrayar que parecen buenos porque son raros, emergiendo en medio de una amplia media más o menos mediocre.

Así como la estatura de los hombres ha aumentado desde hace uno o dos siglos, la calidad media de los vinos también lo ha hecho considerablemente desde hace unos cuantos decenios: los de más calidad actual destacan menos porque el resto de vinos son bastante mejores.

1.1.5. La calidad cultural

Desde sus orígenes míticos, religiosos e históricos, el vino se ha acompañado de un aura extraordinaria. Está profundamente integrado en toda nuestra cultura mediterránea y occidental y, más recientemente, mundial (con la excepción de la mayor parte de los países de cultura musulmana). No se trata de un alimento o una bebida como los demás. Sin desarrollar aquí esta apasionante cultura del vino, sólo tenemos que recordar su papel central en acontecimientos tan dispares como la liturgia cristiana y los vinos de celebraciones jalonando más o menos frecuentemente todas nuestras vidas. Como para la calidad sensorial, el elaborador debe conocer el contexto cultural que se va a encontrar. Conociendo igualmente sus posibilidades de producción, de compra, de venta, se definen sus tipos de vino y se abastece de los medios correspondientes necesarios y las aplica. «La cabra pace alrededor de la estaca a la que está atada» dice Confucio. Esta ocurrencia, probablemente apócrifa, recuerda a cada uno sus límites y las posibilidades o las necesidades de explotarlos completamente.

Vinificadores y enólogos dan preferencia tradicionalmente a la calidad sensorial, aquella que procura el placer, pero no se pueden olvidar los demás aspectos de la calidad, con frecuencia más complementarios que concurrentes.

En todos los casos, estas calidades, y sobre todo la cualidad sensorial, dependen directamente de las características de la uva y, por tanto, de la viticultura.

1.2. Las opciones vitícolas

Las opciones vitícolas, desde la plantación del viñedo a la recolección, fijan los límites máximos y el «tipo» de vino.

1.2.1. La elección de la parcela

La textura –o composición granulométrica– y la estructura –o presencia de conglomerados– determinan el tipo de vino. Los suelos calcáreos desarrollan la finura, la capacidad de envejecimiento, mientras que los suelos arcillosos favorecen los vinos grasos generosos*, las arenas y gravas desarrollan la pre-

* N. del T.: Vino graso: dícese de aquel vino rico en alcohol y glicerina.

cocidad... Estas características se amplían o atenúan en gran medida por la profundidad de suelo que alcanzan las raíces, por la facilidad de eliminación o de estancamiento del agua. Seguin ha demostrado que las diferencias esenciales son resultado directamente de la cantidad de agua de los suelos en los diferentes períodos de la vida de la vid. Nuestros antepasados han «fabricado» cualquiera de los más grandes viñedos actuales drenándolos y abonándolos desde hace siglos. Las cepas reaccionan específicamente a estas diferencias: los méritos del Merlot se extraen perfectamente sobre suelos arcillosos y calcáreos mientras que el Cabernet Sauvignon prefiere las gravas. La fertilización debería renovar hasta las más pequeñas exportaciones de elementos nutritivos en las cosechas y compensar las carencias temporales sin crear otras nuevas.

Los suelos muy profundos, muy ricos (suficientemente) dotados de agua producen bajo climas cálidos muchas uvas, a veces muy azucaradas, muy coloreadas: la obtención de vinos más afinados pasa siempre por el aprovechamiento de suelos menos fértiles bajo climas menos calurosos (ej.: América del Sur). En una pequeña zona geográfica, los cambios de orientación de las filas y de la inclinación de los suelos crean diferencias muy bien ilustradas por los «*Climats*» de la *Côte d'Or**. Los cálculos de energía solar recibida por las uvas según la estación y las horas del día explican estas diferencias para cada cepa.

1.2.2. El portainjertos

Está frecuentemente impuesto por las características del suelo (calcáreo, salino, humedad o sequedad...) pero el viticultor puede elegir a menudo entre diversas variedades de diferente vigor. Él elige, en definitiva, entre vigor o precocidad, rendimiento o calidad. Cada región vitícola conoce hoy en día las mejores elecciones posibles (Cordeau, 1998).

1.2.3. La variedad

La totalidad de las regiones vitícolas europeas han elaborado listas de variedades autorizadas más o menos largas (AOC, VDQS, Vinos del País, Vino de Mesa). Los países nuevos utilizan estas variedades pero se observa una disminución extraordinaria de la lista en las cepas actualmente plantadas (Cabernet Sauvignon, Merlot Noir, Syrah, Sangiovese, Garnacha... en tintos y Chardonnay, Sauvignon, Riesling... en blancos) más algunas otras. Se ignoran así casi diez mil variedades inventariadas en el mundo (Galet, 2000). En los viñedos franceses habría interés en evitar estas actuaciones monovarietales en regiones típicamente multivarietales (Burdeos, Côtes du Rhône, Languedoc-Roussillon...) y dejar las regiones centradas en una variedad única (Borgoña, Beaujolais, Alsacia, Valle del Loira...) manteniendo su personalidad salida de territorios diferentes. ¿Por qué limitarse al encanto de los solistas del concierto cuando se puede desarrollar una diversidad sinfónica?

---

* N. del T.: La zona de la «Côte d'Or» tiene numerosas parcelas en las que el medio da al vino unas características muy particulares, conociéndose al vino con el nombre del pago (zona geográfica pequeña) de origen.

1.2.4. La forma de plantación

La forma de plantación, es decir, la densidad de plantación y la altura de la planta, a menudo en espaldera, responde a las exigencias locales, generalmente de origen climático (ej.: sequedad de la meseta de Valdepeñas o pluviometría del Valle del Rhin, de la Gironde). Está comprobado que el aumento de densidad de plantación aumenta el potencial de producción por hectárea pero disminuye la producción por planta, globalmente de la manera más favorable a la máxima calidad.

La altura de la espaldera, entre el nivel inferior y superior de la planta, determina la superficie foliar de exposición (SFE), es decir, las posibilidades de sintetizar por medio de la fotosíntesis y sus derivados quienes, solos, engendran cantidad y calidad de uvas. Las tomas de muestras minerales en el suelo son indispensables pero sin efecto directo sobre los parámetros cualitativos. Existen sistemas de poda y de espaldera autorizados adaptados a cada situación, a cada parcela. Aparentes diferencias, incluso mínimas, cambian completamente los resultados: ¡20 cm de altura de espaldera más o menos pueden cambiar el potencial de un viñedo de un 10 a un 30 %!

1.2.5. Poda de invierno y trabajo «en verde»

La poda de invierno determina la organización general de las ramas del año venidero y el número de yemas que pueden producir racimos en función de la edad de cada cepa. Esta importante elección puede dar lugar a superproducciones, a la multiplicación de racimos con dificultades durante la madurez, porque estén mal distribuidos, e incluso amontonados. Los errores invernales o los accidentes durante el crecimiento son o deberían ser corregidos por los «desyemados» (eliminación de las yemas primarias o secundarias en exceso), el despampanado, el crecimiento correcto y los despuntes bien conducidos. Estos pesados trabajos, poco mecanizables y/o costosos, suponen gastos muy eficaces. Además, se completan con la eliminación de las hojas inútiles, favoreciendo el soleado de las uvas y su riqueza aromática y fenólica. El aclareo de los racimos (en vendimias verdes) no debe ser más que una ayuda puntual al exceso de vigor. El aclareo de un año incrementa el vigor de la cepa y su productividad al año siguiente. Su práctica habitual es un testimonio de impotencia a la hora de controlar el vigor, clave principal de todos los viñedos de calidad.

El vigor de los viñedos

El vigor es la aptitud de las plantas para desarrollarse, según el diccionario. Es necesario pero su exageración provoca excesos cuantitativos y, como consecuencia directa, insuficiencias cualitativas. Atenuado el peso de la madera tras la poda por un especialista, el vigor se manifiesta por los sarmientos y un follaje abundante, producciones elevadas endurecen las condiciones para madurar perfectamente. El vigor de un año induce la fertilidad (número de inflorescencias) del año siguiente. Una vid vigorosa produce su crecimiento foliar muy tarde; por ejemplo, tres o cuatro semanas después del envero, y así se impide la necesaria acumulación de azúcares y de sus derivados aromáticos y fenólicos en las uvas. Una vid demasiado vigorosa debe ser frenada, limitando los aportes de agua a la planta (ej.: «stress» hídrico por suspensión de riego en una zona irrigada) y/o su alimentación nitrogenada por un control más o menos intenso. En muchas regiones vitícolas, se observa un aumento regular de rendimientos desde los últimos decenios. Han sido señaladas numerosas explicaciones complementarias pasando por la elección de portainjertos y selecciones clonales sin virus, los herbicidas, el mejor dominio de enfermedades y parásitos y las fertilizaciones más elevadas. En todos los casos, hay un aumento global del vigor. Después de corregir debilidades observadas a veces (después de la Segunda Guerra Mundial) y felizmente corregidas, se han observado numerosos excesos incompatibles con toda búsqueda de calidad óptima. No es posible cuantificar la calidad pero cada cual puede reflexionar con el gráfico siguiente (figura 1.1).

Debemos buscar para situarnos, más allá de diferencias anuales, en la zona 2 correspondiente a los rendimientos con frecuencia más bajos y de una anchura más pequeña de lo que se piensa (¿o de lo que se dice?).

En todo el mundo, no hay muchos «muy buenos» vinos por encima de 50-60 hl/ha, a menudo menos, y de «buenos» vinos por encima de 80-90 hl/ha.

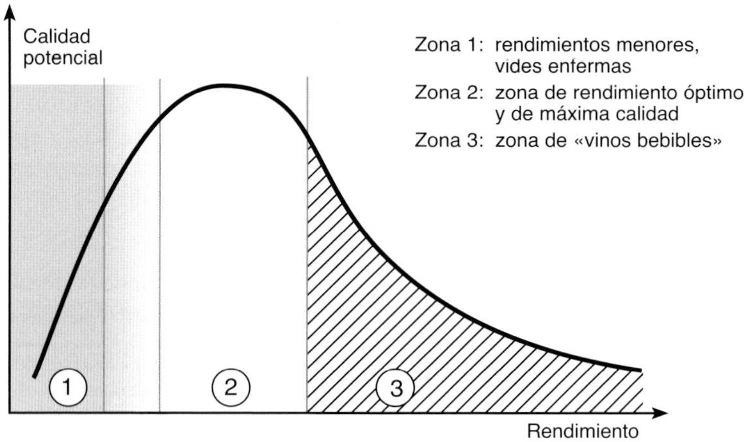

Figura 1.1.–Rendimiento y calidad potencial.

1.3. Prácticas vitícolas y calidad de los vinos

El conjunto de las enfermedades, parásitos y accidentes fisiológicos provocan pérdidas de recolecciones *sin* disminución de calidad, pero, por el contrario, con dificultades de maduración causadas por la reducción del número y/o la actividad de las hojas (mildiu, oidio, hemípteros, arañas amarillas y rojas...). En ciertos casos existen efectos específicos:

- los trabajos de selección clonal han demostrado que muchos clones muy infectados por virus eran a la vez muy poco productivos y producían vinos de malísima calidad, con olores y sabores desagradables;
- las carencias de nitrógeno provocan dificultades fermentativas;
- las carencias de potasio (pardeamiento) suponen acideces menores, y azúcares, polifenoles y calidad gustativa reducida. Sucede lo mismo con la desecación del raspón a menudo ligada a carencias de magnesio, que termina en malos gustos, sabores herbáceos muy desagradables;
- la podredumbre del grano de uva, debido al picado, provoca el «gusto a picado».

Se estudiarán más adelante los efectos potenciales de las podredumbres.

Más específicamente, se mostrará el papel nefasto del cobre sobre las uvas, arrastrando una parte de los aromas de la Sauvignon, incluso de la Merlot tinta, ligado a la transformación de compuestos aromáticos varietales que poseen las grupos tioles, oxidados por el cobre.

De la misma forma, se ha puesto en evidencia la modificación de los productos secundarios de la fermentación alcohólica con los tratamientos del oidio por los inhibidores de la biosíntesis de los esteroles (IBE), la inhibición de las levaduras por tratamientos tardíos... Esta lista no apunta a suprimir los tratamientos pero en todos se les incluye en una política global de protección razonada asegurando el equilibrio entre el buen estado de la vid (hojas, racimos) y el uso optimizado de pesticidas, tanto en su materia activa como en las dosis y las fechas de tratamiento.

Los «terroirs» vitícolas

Tradicionalmente ligada a los viñedos de calidad, el significado de la palabra «terroir» merece ciertas aclaraciones:

- Se trata de un suelo caracterizado por su origen geológico (kimeridgien de Chablis, las gravas de «*günz*» en Médoc...) o su naturaleza edáfica (calcárea, arcillosa, arenosa...).
- Su situación topográfica: cotas altas, medias o bajas.
- Un clima particular resultado de una orientación norte o sur, de la presencia del estuario de la Gironde en Médoc, o del lago Leman a los pies de los viñedos de Vaud, de la proximidad del pinar de Yquem...
- Es el hombre el que revaloriza el «terroir» modificándolo mediante drenajes, aportes de tierra y, sobre todo, por la elección del dúo portainjertos/variedad mejor adaptado y, por último, por los cuidados que proporciona durante todo el año a su viñedo.

2. LA UVA

2.1. Breve historia del grano de uva

La uva de cada cosecha se ha formado en los días siguientes a la floración del año anterior. Aparece unas cuantas semanas después del desborre para nacer verdaderamente tras la fecundación que ocurre a continuación de la floración. Este ciclo dura entonces sobre 15 ó 16 meses, de mayo/junio a septiembre/octubre del año siguiente en el hemisferio Norte (figura 2.2). La cantidad se determina desde la iniciación floral seguida del desborre y de la floración-fecundación del año siguiente. Las características cualitativas del racimo se alcanzan entre la floración y la recolección, en 110-120 días solamente. El vinificador debe determinar, sobre sus parcelas, estos diferentes estados fenológicos, claves fundamentales de una recolección en la fecha adecuada.

2.2. Determinación de las fechas de floración y de envero

2.2.1. Determinación de la fecha de floración

Los millones de flores de una hectárea de vides tienen una duración muy variable que va desde varias horas a varias semanas. La fecha de floración se define como el día en el que el 50 % de las flores han florecido. Las fechas de inicio de floración y de fin de floración máxima son poco significativas, demasiado condicionadas a las condiciones exteriores, a las variaciones del viñedo. ¿Cómo determinar la fecha de floración?

Observación visual

A partir de la fecha estimada de inicio de la floración (ej.: principios de mayo a mediados de junio en Burdeos), se nota en el viñedo la aparición de flores abiertas. Se marcan dos veces dos filas (o más), evitando lindes y anomalías visibles (figuras 2.2 y 2.3) sobre las que se observa el porcentaje visual de florecimientos por cada 50 ó 100 racimos. Las observaciones se realizan una o dos veces por semana, según la evolución de la floración. A partir de dos a cuatro observaciones, se calcula la fecha correspondiente al 50 % (figura 2.4).

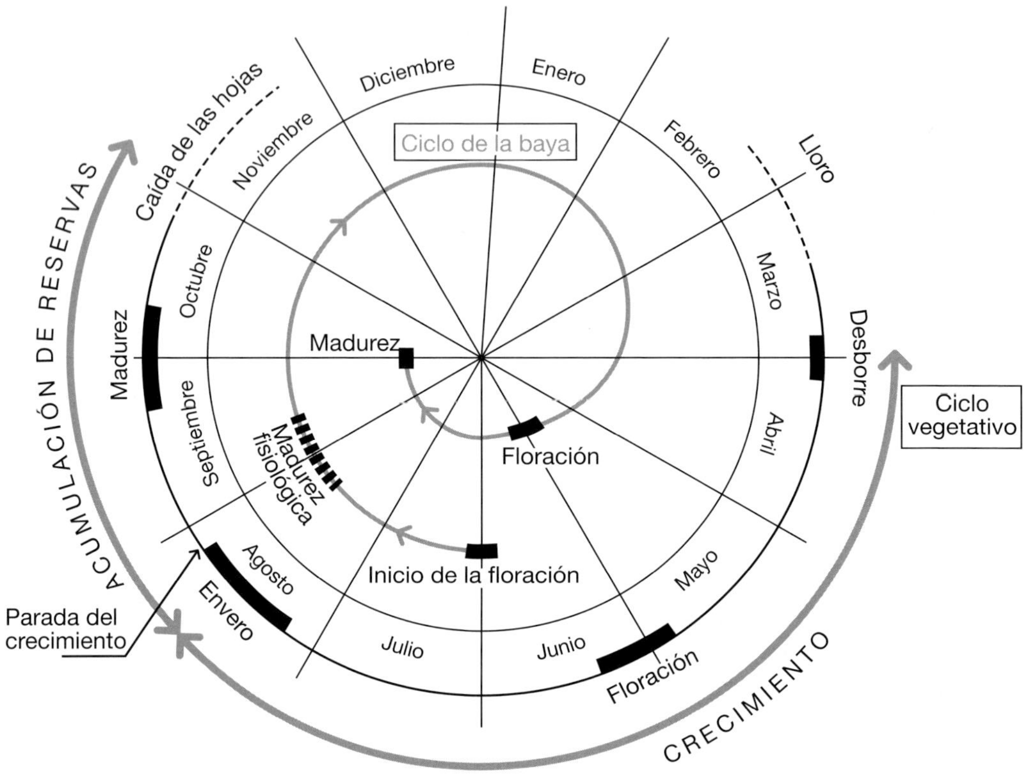

Figura 2.1.–Ciclo vegetativo de la vid (hemisferio Norte).

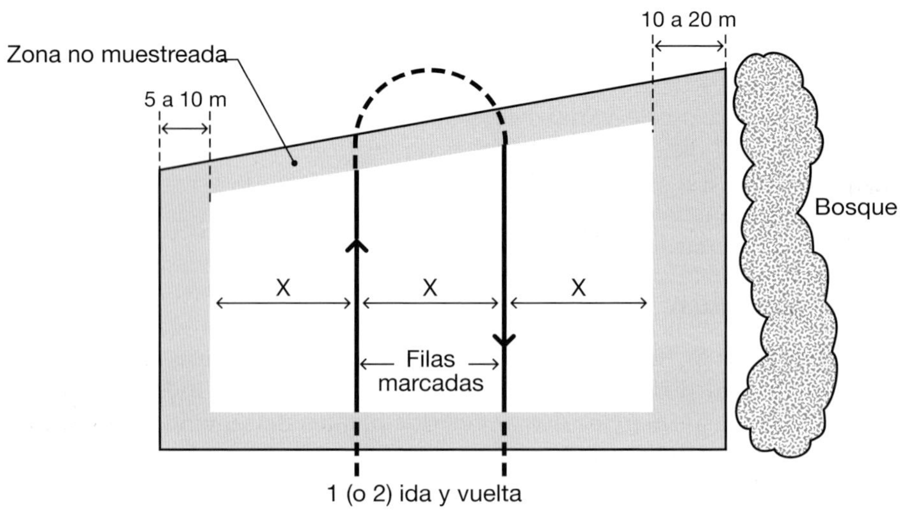

Figura 2.2.–Esquema del principio de la elección de las filas de vides para la determinación de los estados fenológicos y/o muestras de uvas.

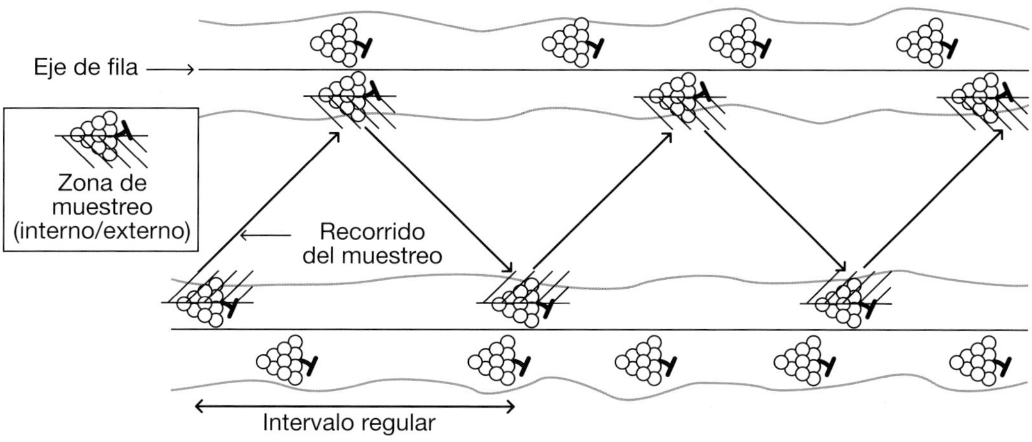

Figura 2.3.–Esquema del principio de observación y/o muestreo de uvas.

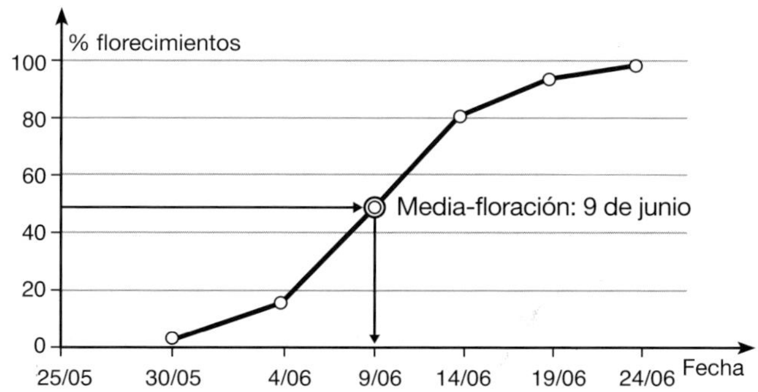

Figura 2.4.–Determinación de la floración.

Recuento del polen

Desde 1982, para las vides en Gironde, se practica el recuento de granos de polen de la vid en la atmósfera (método CEMAGREF, B. Besselat). Estos granos se retienen sobre paneles especiales, situados a favor del viento, en el corazón de los viñedos, generalmente a cierta altura. A intervalos regulares, los paneles se recuperan, renovándolos tras enviarlos a un laboratorio especializado donde se procede a la identificación de los granos de polen del viñedo, excluyendo cualquier otra especie, pudiendo ser provinientes de regiones muy lejanas (ej.: polen de olivo en Gironde).

Los resultados se calculan por metro cúbico de aire, medidos por un contador volumétrico acoplado al colector. Se presentan bajo forma de curvas que muestran el inicio, el máximo y el final de la floración así como la fecha de mitad de floración para cada zona de muestreo (figura 2.5).

Tabla 2.1.–Fechas y duraciones de los estados fenológicos de diversas variedades

Variedad	Región		Fechas				Duración (días)					
			Desborre	Floración	Envero	Madurez	Desborre-Floración	Desborre-Envero	Desborre-Madurez	Floración-Envero	Floración-Madurez	Envero-Madurez
Pinot noir	Borgoña	Mín.	7 feb	25 mayo	23 julio	10 sept.	40	87	140	41	90	32
		Media	19 abril	14 junio	8 agosto	26 sept.	56	111	160	55	104	49
		Máx.	11 mayo	30 junio	25 agosto	15 oct.	70	136	182	73	122	61
Merlot noir	Burdeos	Mín.		23 mayo	31 julio	15 sept.				61	104	40
		Media		11 junio	17 agosto	1 oct.				67	113	46
		Máx.		27 junio	3 sept.	16 oct.				76	125	53
20 variedades	5 regiones	Mín.								41	90	32
		Media								65	96	44
		Máx.								73	122	67
Conjunto		Mín.								41	90	32
		Media								62	104	46
		Máx.								76	122	67

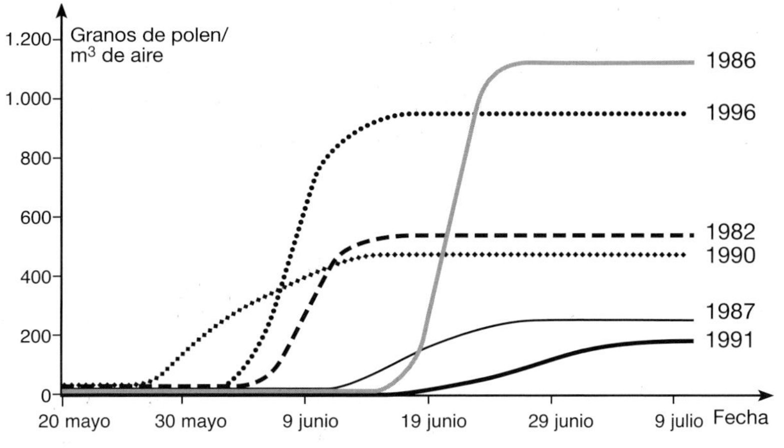

Figura 2.5.–Captura del polen de la vid (estación de Rauzan, Gironde).

2.2.2. Determinación de la fecha de envero

Se procede de la misma manera para obtener la fecha de envero. Para cada grano de uva, el envero es un fenómeno brusco que tiene lugar en unas cuantas horas pasando del color verde al color rojo (en las variedades tintas) o del verde al translúcido (en las variedades blancas), una flexibilización de la baya y profundas transformaciones internas ligadas a un aumento brutal de la presencia de un regulador del crecimiento vegetal, el ácido abcísico.

El envero dura varios días para un solo racimo y transcurren unas cuantas semanas entre el envero del primer y del último grano de uva de una parcela.

Nota

La determinación de las fechas de mitad de floración media y de mitad del envero son las dos primeras tareas importantes de un viticultor atento.

2.2.3. Unos cuantos resultados

La tabla 2.1 adjunta resume numerosas observaciones sobre las fechas y/o duraciones de las principales «fechas de la vid» (o estados fenológicos).

La fecha y la duración del desborre y de la floración son muy variables según regiones, variedades y años, con una media de unos dos meses.

La fecha de floración es la fecha esencial, característica de la precocidad de cada añada. Ha variado en un mes en el último medio siglo en la Borgoña, en Bordelais.

La duración de la floración, determinada por la presencia del polen, ha variado entre trece y treinta y un días con una media de veintiún días (1982 a 1997) en los centros de captura de polen repartidos por los viñedos de la Gironde. Como información, recordemos que, si el clima girondinés no presenta ningún gradiente climático ligado a la altitud, se observa, sin embargo, un intervalo de maduración de quince a veinte días en variedades idénticas entre las muy precoces «Gravas de Burdeos» y los viñedos del Norte cerca de Charentes y del Este cercanos a la Dordoña.

La floración es un fenómeno estacionario para una parcela, un viñedo o una región. La fecha de mitad de floración caracteriza verdaderamente la precocidad de una añada, variando una treintena de días a lo largo de las 46 últimas cosechas.

Nota

La precocidad del desborre, observada o calculada a partir de las temperaturas de después del 1 de enero (Pouget, 1992), no indican en nada la precocidad de las cosechas puesto que la duración del período de desborre/floración es muy variable, dependiente directamente de la meteorología del momento.

La fecha de envero sigue a la floración con una diferencia de alrededor de sesenta horas, más corta y variable para la Pinot de Borgoña que para la Merlot noir de Burdeos.

La fecha de maduración está la mayoría de veces medida, sin motivo, por la fecha de recolección. La duración del período envero/maduración puede variar mucho de esta forma, alargándose o acortándose debido a los riesgos climáticos. En todos los casos, estos ciclos fenológicos varían con las variedades, más o menos tardías, con ciclo corto o largo, según el clima general (altitud, latitud) pero, en un viñedo determinado, las *duraciones* de cada fase son prácticamente estables.

Nota

En Burdeos, para la Merlot noir:

- la duración media del período floración/envero es de sesenta y siete días,
- la duración media del período envero/madurez es de cuarenta y seis días,
- la duración media del período floración/madurez es de ciento trece días.

Las cifras de cuarenta días desde el envero a la maduración y, de cien días de la floración a la maduración, a menudo citadas, son siempre demasiado escasas en Burdeos. El ciclo es un poco más corto para la Sauvignon Blanc (5 a 10 días) y netamente más largo (5 a 10 días) para la Cabernet Sauvignon.

Cada región, para cada variedad, dispone de datos de la misma índole (INRA, Protección de las plantas, comité interprofesional de vinos, Cámara de Agricultura...). Cada cual debe procurárselas o, si no existen, establecerlas según sus propias necesidades*.

2.3. El seguimiento de la maduración

2.3.1. Las muestras de maduración

El muestreo debe responder a dos criterios:

- la muestra de uvas seleccionada debe dar el mismo resultado de análisis que daría la parcela entera recolectada en ese mismo instante;

* N. del T.: Todos los organismos citados hacen referencia al estado francés, existiendo en cada país productor de vino, instituciones análogas a las citadas.

- las condiciones de muestreo deberían ser suficientemente simples, claras y definidas para así ser independientes de una muestra determinada.

Partiendo de este pliego de condiciones simplificado, proponemos un método de «control de maduración» respetando las bases estadísticas ya confirmadas y estableciéndolo sobre una práctica formal.

Nota

Para tener una incertidumbre de muestreo limitada al 5 %, es necesario tomar entre 100 y 200 bayas, según su composición; la incertidumbre es más elevada para los antocianos que para los azúcares o la acidez.

Los puntos de muestreo se toman, como para las determinaciones de floración o de envero, según los modelos siguientes (figuras 2.2 y 2.3):
- localización de las filas: por ejemplo 2 veces 2 filas, ida y vuelta;
- «dividir» las parcelas en «sub-parcelas»;
- localización de las cepas: por ejemplo, 1 cepa de cada 10, ó 20, ó 50...
- localización de racimos: sombra/sol; alto/bajo; rama salida de la yema de un lugar medio, poda Guyot, racimo inferior de la rama.

En todos los casos:

- alternar la parte de fila de sol y de sombra;
- eliminar los límites (10 a 20 m según el caso);
- rechazar los pedúnculos «anormales»: eutipiosis, escalda...; los pies con virus de la parcela; la eliminación de «vigores anormales» es muy subjetiva, para separar;
- alternar la cara de la uva interna/externa;
- alternar granos cercanos a los pedúnculos con los del final del racimo;
- en los casos de podredumbre, sin seleccionarlos posteriormente, los granos podridos no son apartados en el muestreo...

La cantidad muestreada no tiene ninguna influencia sobre el valor medio que no depende del número de muestras. Por razones prácticas, una muestra de 1 a 3 ó 4 bayas por racimo parece lo más adaptado a las comodidades de muestreo y de los posteriores análisis. Una muestra de un pequeño número de uvas (15 a 20) es muy imprecisa.

2.3.2. La extracción de los mostos

Tradicionalmente, se analiza el «mosto» sacado de las bayas recolectadas, es decir, el jugo de la pulpa. Puede ser extraído por diversos procedimientos, generalmente elegidos por el laboratorio que los analiza.

En el caso del control único clásico azúcares/acidez, las prensas tradicionales o adaptadas son totalmente satisfactorias. Hay que ensalzar los sistemas «impersonales» (ej.: presión hidráulica conocida) y conservarlos a lo largo de la campaña y, si es posible, a lo largo de los años.

Las extracciones con centrífugas o batidoras de cocina, liberan fuertemente, de manera continuada, taninos y antocianos pero supone una fuerte bajada de la acidez total (–0,7 a –1,5 g/l, media de –1,0 g/l), y una fuerte elevación del pH (+0,01 a +0,15, media de +0,07 pH). Están sólo adaptados al seguimiento de la maduración de los fenoles. La repetición de la extracción bien llevada es buena pero introduce un error del 2 al 5 %, más en el caso de descuido.

2.3.3. El análisis de los mostos

Los métodos de análisis de los jugos obtenidos no son el objetivo de esta obra pero se pueden recordar algunas reglas básicas:

- el mosto debe ser analizado rápidamente (en las 2 ó 3 horas si es posible);
- el mosto debe ser clarificado antes de analizarlo (decantación, centrifugación);
- la mejor estimación del contenido en azúcares se obtiene en la bodega por refractometría (correctamente comprobada) o en el laboratorio por reflectancia infrarroja. La densimetría es menos segura;
- en el cálculo del grado alcohólico legalmente, hace falta utilizar siempre la misma relación azúcares/alcohol, actualmente de 16,83 g/% TAV. Este rendimiento administrativo es retenido por los aparatos destinados a las transacciones comerciales o similares (ej.: aportes de los socios de una cooperativa);
- la medida del pH es muy interesante, aunque delicada –a pesar de las apariencias– y una incertidumbre de +0,1 pH corresponde a –20 % de iones H^+.

Un análisis de maduración eficaz supone un intermedio entre un análisis bastante completo –por tanto, largo, costoso– y un análisis somero –incompleto.

Se pueden retener las indicaciones siguientes:

- análisis indispensables: azúcares, acidez total;
- análisis importantes: ácido málico, pH, nitrógeno asimilable (al final de la maduración).

2.3.4. Un caso particular: la maduración fenólica

La extremada heterogeneidad de las bayas de uva en materia de compuestos fenólicos y su localización específica en la piel entraña dificultades particulares en la apreciación de la madurez fenólica. El interés de conocer bien esta importante cuestión, sin tirar de conclusiones apresuradas no válidas, impone algunas precauciones determinadas:

- Realizar un muestreo muy riguroso, completamente aleatorio, sobre un gran número de puntos de muestreo (al menos 200, si es posible 2 × 200 en doble muestreo).
- Si es necesario, reducir el número de muestras por parcelas (no comenzar antes del día 30 a 35 tras la mitad del envero) y el número de parcelas, mejor elegidos en función de su «edad vitícola» (vigor, rendimiento, estado sanitario...).
- Tratar las muestras según un protocolo preciso, y siempre idéntico: hora de muestreo, recogida de las bayas enteras, transporte y análisis muy rápido.
- Elegir el tipo de extracción de los compuestos fenólicos de la muestra. Se puede dosificar ya sea la totalidad de los compuestos –por extracción con calor, con ácido clorhídrico– ya los compuestos liberados por una extracción

mecánica enérgica –prensa de frutas, batidora– o los compuestos fácilmente extraibles –al pH del vino, en frío. La solución intermedia es la más sencilla, la más práctica y en buena concordancia con las extracciones llevadas a cabo en la vinificación. Los métodos llamados «Cámara de agricultura de la Gironde» que nosotros hemos puesto a punto desde 1970 y «Glories» explican estos diferentes aspectos.

- Comparar los resultados entre parcelas, en la misma fecha «fenológica» (número de días tras la mitad del envero observado).

Se observan a veces variaciones del contenido en antocianos de 1 a 3 y de 1 a 2 por el índice de polifenoles totales. Estas diferencias entre parcelas son interpretables entonces por las evoluciones porcentuales de algunos de ellos, de una muestra a otra no son por tanto inferiores a las incertidumbres acumuladas resultantes del muestreo, de la extracción y de los análisis. De forma útil pueden orientar en el orden de recolección difícil de fijar teniendo como única consideración el contenido en azúcares y/o ácidos. Más adelante se verá que la determinación de la «buena» maduración es compleja, multi-factorial dicen los especialistas, e incluye el componente fenólico que debe ser también lo más preciso posible.

2.4. Evolución de la uva en la maduración

Las transformaciones de la uva a lo largo de la maduración, desde el envero a la recolección, han sido el objeto de numerosos trabajos a partir de la tesis de É. Peynaud, elaborada en 1939 y siempre actual. Se pueden sacar diversas conclusiones prácticas.

2.4.1. El engrosamiento de la baya

Desde unos cuantos miligramos en el cuajado de los frutos, la baya pasa a tener de 1 a 3 g en la madurez, a lo largo de un crecimiento a una veloci-

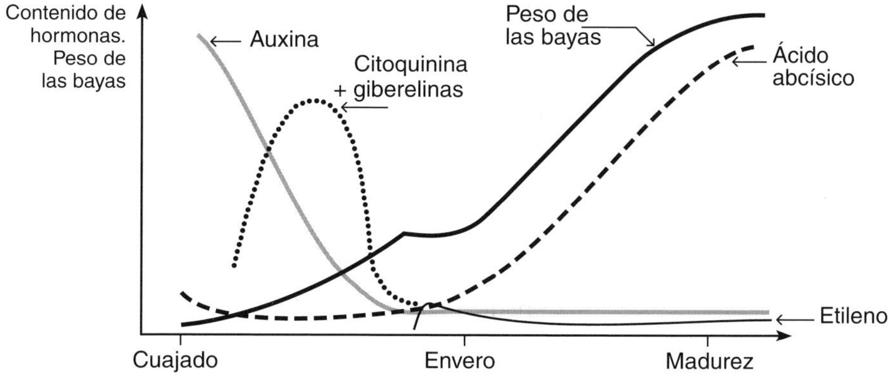

Figura 2.6.–Evolución del peso y diversos componentes de las bayas (según Champagnol, 1984).

dad muy irregular (figura 2.6). Este crecimiento depende a la vez de factores internos, ciertas hormonas vegetales (auxinas, citoquinina, giberelinas), del número de pepitas (tabla 2.2), y de factores externos, como la pluviometría, y sobre todo las precipitaciones desde la floración al envero, por tanto de la multiplicación de las células de la baya. Recordemos también que un ligero aumento de diámetro del 3% (aproximadamente 0,3 a 0,4 mm) por ejemplo en la víspera de la recolección supone un hinchamiento del 10%. A modo de ejemplo, el peso de la baya de Cabernet Sauvignon ha variado de 1,13 g a 1,60 g (entre 1986 y 1989 –parcelas de referencia de la Facultad de Enología de Burdeos), supone una diferencia de ±15% para regresar a la media de 1,31 g.

Tabla 2.2.–Influencia del número de pepitas sobre el peso de las bayas (según Huglin y col., Peynaud; media de 4 variedades)

Número de pepitas	Peso medio de las bayas en la maduración (g/l)
1	1,14
2	1,52
3	1,79
4	2,08

2.4.2. La acumulación de azúcares

La actividad clorofílica de las hojas fabrica sacarosa que asegura en primer lugar el crecimiento de las hojas y de las yemas, después se acumula en las uvas y la cepa. Una buena maduración exige una parada vegetativa, se podría decir que una parada en la demanda de azúcares de las yemas y las hojas, para que hubiera acumulación de azúcares en las uvas. No hay una buena maduración puesto que no hay parada vegetativa en climas tropicales, pero esto se observa igualmente en zonas templadas con vides muy (o demasiado) vigorosas y/o ciertos años sin sequedad estival, o con lluvias tardías, o en caso de riego no controlado.

La sacarosa se transforma en la uva en glucosa y fructosa fermentables, en cantidades más o menos iguales en la maduración. La uva contiene algunas décimas de gramos de arabinosa, xilosa... no fermentables. El contenido en azúcares de la uva en la madurez varía de 150 a 160 g hasta 250 g/l –supone del 9 al 14 % del grado alcohólico probable– y más en caso de sobremaduración.

2.4.3. La disminución de acidez

El ácido tartárico –característico de la vid– se forma en las hojas jóvenes y en las bayas verdes. A partir del envero, su contenido oscila alrededor de un valor medio, sin una evolución importante. Se observan diferencias sensibles entre variedades (figura 2.7) pero las diferencias limitadas entre añadas (ej.: de 5,9 a 6,6 g/l es la media anual de las cinco variedades principales de Burdeos).

El ácido málico está presente en todas las frutas y legumbres. Se forma a partir de los azúcares y alcanza su contenido máximo hacia el envero, hasta 17 a 23 g/l a partir del envero, su contenido disminuye más activamente con las temperaturas elevadas. Los contenidos en la maduración pueden variar de 1 a 3 según las variedades y de 1 a 2 según la añada. En Burdeos, los contenidos medios oscilan entre 2 y 7 g/l, dependiendo de la variedad y del año. El contenido en ácido málico es un excelente indicador de las diferencias de maduración entre añadas. Los contenidos bajos son característicos de años con un potencial de calidad elevado, salvo en zonas muy calurosas.

Los mostos de uvas sanas no contienen más que escasa cantidad de ácido cítrico (0,1 a 0,3 g/l), de ácido ascórbico (alrededor de 50 mg/l), de ácido galacturónico, de ácido pirúvico y oxoglutárico (20 a 100 mg/l).

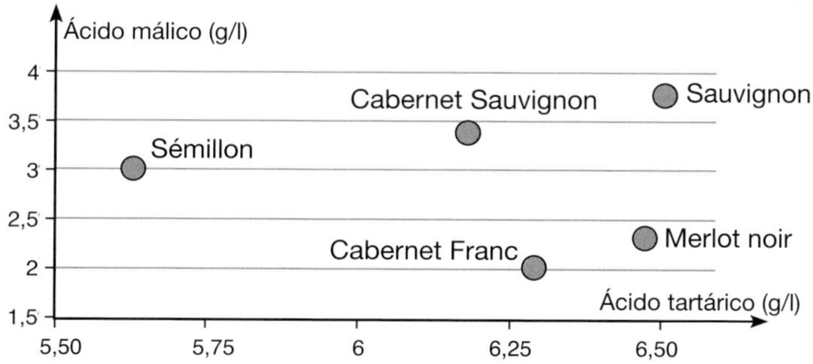

Figura 2.7.–Contenidos medios en ácido tartárico y málico de cinco variedades bordelesas.

En el caso de uvas dañadas de podredumbre «amargas», »ácidas» nos encontramos contenidos que pueden ser más elevados de ácido glucónico (desde 0,1, 5, 10 e incluso 20 g/l), de ácido acético, de ácido glucurónico, de ácido múcico y también de ácidos carbonilados, derivados de azúcares, como los ácidos ceto-glucónicos. Su papel sobre la acidez total de los mostos está limitado pero es importante su combinación con el SO_2 (capítulo 6); son indicadores de la degradación de la calidad de los mostos.

De la evolución de la acidez total y del pH, en sentido inverso, resultan a la vez variaciones en los contenidos de ácido tartárico y málico y de compuestos minerales. Hay acumulación de potasio hasta 2 o 3 g/l de mosto, en cantidades muy variables según los portainjertos (tabla 2.3), los suelos y el clima. Las lluvias tardías en suelos filtrantes (arenas) ricos en potasio pueden suponer bajadas de acidez y subidas de pH muy importantes y rápidas. Los otros elementos minerales tales como el calcio (100 a 200 en el mosto), el magnesio (50 a 150 mg/l), el sodio (generalmente menos de 20 mg/l) y el hierro (5 a 10 mg/l) no tienen una incidencia significativa sobre la acidez de los mostos.

2.4.4. La acumulación de compuestos fenólicos

Los cientos de compuestos fenólicos de la vid siguen rutas metabólicas muy variadas, no conocidas del todo en la uva donde son responsables del color y de una gran parte del sabor de los vinos tintos (cuerpo, astringencia...). Sobre todo localizados en la piel y/o las pepitas, están presentes en cantidades medias muy variables (tabla 2.4).

Los *taninos* son moléculas grandes constituidas por una condensación limitada de moléculas más pequeñas. Se habla de «taninos catéquicos condensados», muy diferentes de los «taninos elágicos hidrolizables» cedidos por la madera del roble o aportados por la mayoría de taninos de uso enológico. A lo largo de la maduración, se observan profundas transformaciones de la composición y de las propiedades de los taninos de los hollejos y de las pepitas que evolucionan hacia sabores más «dulces», más agradables. Estas evoluciones se aprecian mediante ciertos índices (índice «Glories», índice del poder tánico). Pueden y deben ser apreciados por la degustación a partir de las uvas en el proceso de maduración.

Tabla 2.3.–Influencia del portainjerto en la asimilación del potasio (según Cordeau, 1996)

	Asimilación del potasio		
	Fácil	**Media**	**Difícil**
101.14 M.G.	+		
Riparia G.M.			+
SO_4		+	
41 B.M.G.			+
1103 P		+	
3309 C			+
5 BB		+	
161.49 C		+	
Fercal	+		
44.53 M	+		
420 A M. G.			+
99 R	+		
140 Ru			+
110 R	+		
Gravesac		+	
G 1			+

Tabla 2.4.–Contenidos medios en compuestos fenólicos de bayas de las variedades más cultivadas (según Souquet y col.)

	Pulpa	**Hollejos**	**Pepitas**
Taninos (mg/kg bayas)	Trazas	De 100 a 500	De 1.000 a 6.000
Antocianos (mg/kg bayas)	0 (1)	De 500 a 3.000 (2)	0
Ácidos fenólicos (mg/kg bayas)	De 20 a 170	De 50 a 200	0

(1) Excepto variedades tintoreras, ricos en antocianos de los hollejos.
(2) Para vinos tintos.

Los *antocianos* son responsables directos del color rojo violáceo de los vinos jóvenes y, por tanto, indirectamente del color más rojo-anaranjado de los vinos viejos tras la condensación con los taninos catéquicos de la uva. Su aparición es muy alta en el momento del envero (paso del verde al rojo) y en los días que siguen. A continuación, la acumulación se produce más lentamente y puede presentar un máximo seguido de una disminución. Este máximo es, a menudo, poco marcado, más o menos enmascarado por la dilución debida a las lluvias y a los ataques de podredumbre. Debe ser vigilado, especialmente en ciertas variedades frágiles en condiciones calurosas, a fin de vendimiar antes de la degradación del color.

Los otros compuestos fenólicos son mucho menos abundantes. Los *ácidos fenólicos*, presentes en décimas de miligramo por litro, son el origen del pardeamiento de los vinos blancos y/o de ciertas desviaciones aromáticas bajo la acción de enzimas de las levaduras o de preparaciones comerciales a controlar (olores a farmacia, a cuadra...). Los *flavonoles* y *flavonoides* (10 a 100 mg/l) participan en el color de los vinos blancos aunque, sin embargo, no está totalmente explicada dicha participación. Los *resveratroles* pertenecen a la familia de los estilbenos, contribuyen a ciertas resistencias de las uvas a los ataques de los hongos y poseen efectos protectores muy favorables cara a cara con las enfermedades cardiovasculares.

2.4.5. Los compuestos aromáticos

Durante la maduración, se observan a la vez la desaparición de compuestos de carácter herbáceo desagradable y la formación de constituyentes de aromas varietales.

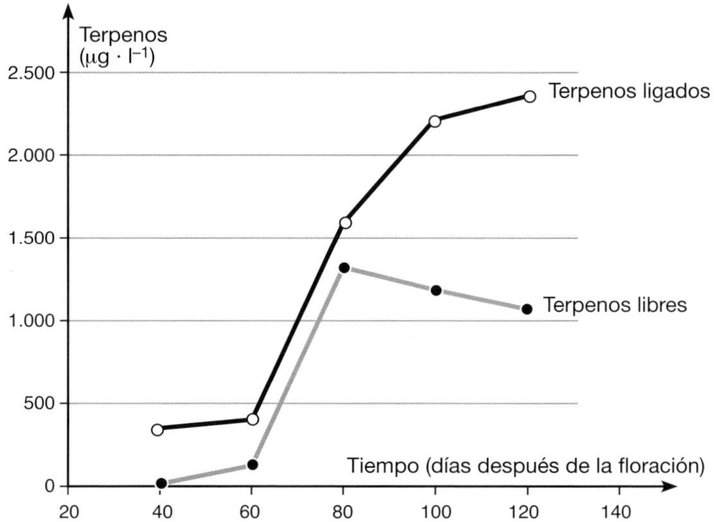

Figura 2.8.–Evolución media de terpenos en el transcurso de la maduración de la uva Muscat (según Bayonove, 1993).

Los conocidos desde más antiguamente dentro de los aromas varietales son los terpenos, característicos del aroma de Muscat. Están presentes bajo forma libre, percibidos directamente, y bajo forma combinada deben ser liberados en el transcurso de la vinificación por los enzimas de la uva, de las levaduras y/o de enzimas añadidos. Estos aromas se perciben en cantidades menores, de microgramos por litro, y pueden participar en el aroma de diversas variedades que no sean moscateles. Su contenido aumenta con la maduración (figura 2.8). Más recientemente, se han encontrado evidencias de diversos compuestos azufrados (mercaptometilpentanona, mercaptohexanol...) con olores de boj, de pomelo, de fruta de la pasión... característicos de Sauvignon blanc. Activos a dosis aún muy bajas, de unos cuantos nanogramos por litro, aumentan durante la maduración, ya sea bajo forma libre o bajo forma precursora. Sus moléculas son muy frágiles pudiendo ser destruidas en situaciones de sobremaduración (suelos calientes, años precoces) y/o por tratamientos demasiado tardíos de las uvas con antifúngicos cúpricos, que se deben evitar. Su dosificación rutinaria no está actualmente operativa; se debe seguir su evolución por el gusto de los hollejos de las bayas en la maduración. Todas las variedades contienen igualmente derivados de los carotenoides, los norisoprenoides, con olores de flores (violeta), de frutas (compota de manzana, frutas exóticas), de tabaco, de «petróleo»... con frecuencia agradables. Los híbridos de la especie *Vitis labrusca* (Noah, Isabelle, Clinton...) son conocidos por su aroma «a zorro» y «a frambuesa».

Los aromas herbáceos evocan el pimiento verde, el puerro, poco percibidos en los vinos. Más abundantes en ciertas variedades mal maduradas (Cabernet Sauvignon, Sauvignon blanc), se deben a la presencia de diversas metoxi-pirazinas con una tasa desde 5 a 30-40 nanogramos por litro. Su cantidad disminuye a lo largo de la maduración (figura 2.9), más rápidamente en situaciones calurosas, después del deshojado. Se ha demostrado recientemente que su evolución es paralela a la del ácido málico (figura 2.10) cuya cantidad, fácilmente identificable, se confirma así como un marcador excelente de la maduración.

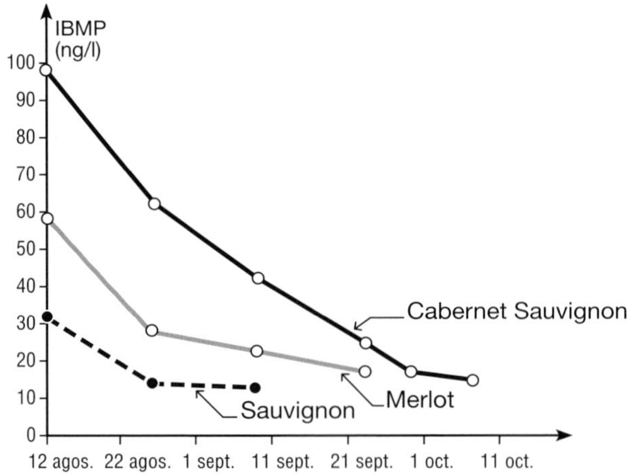

Figura 2.9.–Evolución de la concentración en isobutilmetoxipirazina (IBMP) de las uvas de tres variedades a lo largo de la maduración en 1997 en una misma añada de Burdeos (según Roujou de Boubeé y Dubourdieu, 1999).

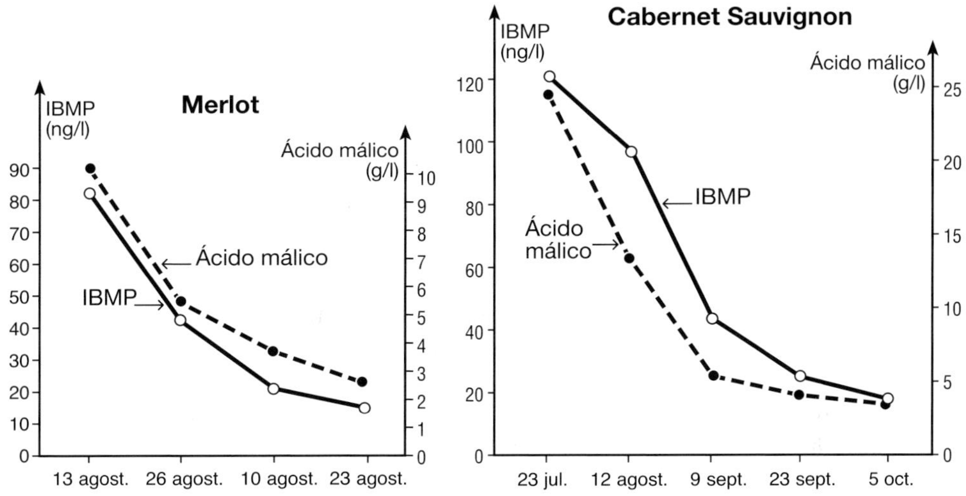

Figura 2.10.–Comparación de la evolución de los contenidos en IBMP y en ácido málico en mostos de Merlot y Cabernet Sauvignon a lo largo de la maduración en 1997 (según Roujou de Boubeé, 1999).

2.4.6. Las sustancias nitrogenadas

Una pequeña fracción de 20 a 70 kg de nitrógeno por hectárea que la vid extrae del suelo se reconduce a la uva, en cantidades que van desde 100-200 mg hasta 1.000-1.500 mg/l, bajo diferentes formas:

- El nitrógeno mineral, bajo forma de sales amoniacales NH_4^+, varía de 10-20 a 50-100 mg/l. Es una forma de nitrógeno directamente asimilable por las levaduras.
- El nitrógeno en forma amínica está constituido por entre 20 a 50 aminoácidos, que representan de un 20 a un 30 % del nitrógeno total. Su contenido varía mucho según las variedades, los suelos y el clima: es más elevado en condiciones frescas.
- Los péptidos y las proteínas son pequeños y grandes polímeros, respectivamente, de aminoácidos.

A lo largo de la maduración, hay un enriquecimiento global en nitrógeno, pero con reducción de la tasa de nitrógeno amoniacal.

El nitrógeno asimilable

Las levaduras necesitan una cierta cantidad de nitrógeno asimilable, constituido por el nitrógeno amoniacal y el nitrógeno amínico, salvo la prolina no utilizada por las levaduras. Esta cantidad de nitrógeno asimilable es recomendable para diagnosticar las posibles carencias. Conviene entonces ajustar el sulfato o el fosfato amónico (capítulo 3) cuando el contenido en nitrógeno amoniacal es inferior a 50 mg/l y/o el contenido en nitrógeno asimilable es inferior a 150 mg/l. Plantar hierba en los viñedos es una práctica para disminuir el vigor de las vides por competencia sobre la alimentación nitrogenada y de agua, que puede inducir ciertas carencias que se deben corregir.

2.4.7. Las sustancias pécticas

Las sustancias pécticas reagrupan moléculas complejas muy diversas, constituyendo las paredes de las células vegetales. Son liberadas desde el momento de la extracción de los jugos celulares y tranformadas por los enzimas de las uvas y por los enzimas pectolíticos añadidos. La abundancia de sustancias pécticas es una fuente de dificultades de clarificación para los desfangados, clarificaciones propiamente dichas y filtraciones. En caso de desarrollo de podredumbres, se forman «glucanos» con un fuerte poder de colmatación.

2.4.8. Las sustancias lipídicas

Los lípidos de la uva se encuentran sobre todo en las pepitas (75 %), luego en los hollejos (15 %) y en la pulpa (9 %) mientras que el raspón es muy pobre en ellos (1 %). Las materias grasas de las semillas no tienen un papel importante en la vinificación, salvo aplastamientos anormales durante los bombeados, prensados, etc.

Los lípidos de los hollejos se encuentran como pruina. Por transformación enzimática espontánea en presencia de oxígeno, se forman alcoholes y aldehídos con 6 átomos de carbono («compuestos de C6») responsables del carácter herbáceo y vegetal de los mostos y vinos. Se encuentran también ácidos grasos (principalmente el ácido oleanólico) que constituyen un «factor de supervivencia» necesarios en los buenos acabados de la fermentación alcohólica por parte de las levaduras

2.5. Criterios, incidentes y accidentes en la maduración

El conocimiento de los mecanismos de la maduración en sus vertientes climática y bioquímica, permite desarrollar métodos de fijación de las fechas de maduración y, por tanto, de recolección.

2.5.1. Las diferentes maduraciones

La observación muestra la existencia de madureces muy diferentes en sus objetivos, en sus motivos y, por tanto, en sus estimaciones.

- La madurez fisiológica: las semillas son aptas para germinar poco tiempo después del envero. Esta madurez carece de importancia enológica.
- La madurez vitícola: la vid no crece más, no hay formación ni desarrollo de hojas jóvenes. Toda la actividad clorofílica se puede orientar hacia la uva. Esta sencilla observación es esencial: hay años precoces en la madurez vitícola, y por tanto enológica, otros tardíos (ej.: 1997 en Burdeos) y al contrario (ej.: 1998 en Burdeos).
- La madurez fenológica: la vid ha realizado su ciclo vegetativo normal: alrededor de 113 días después de la floración o 46 días después del envero para la Merlot noir en Burdeos. El clima post-floración influye mucho sobre las características de las añadas (acidez, azúcares, color, aroma...) pero modifica escasamente las duraciones de los ciclos vegetativos, de

3 a 5 días o menos. Las escalas de madurez catalogan las precocidades relativas a las variedades, clasificadas por las relaciones de Chasselas (escala de Pulliat) y, por tanto, el orden prácticamente inmutable de las maduraciones en una situación determinada.

- La madurez industrial corresponde tanto a la concentración máxima de azúcares (grado probable), como a la cantidad total de azúcares por hectárea, o como a un valor límite de acidez. Este criterio es muy simple e importante, pero no se le debe considerar un criterio único.
- La madurez aromática corresponde a la manifestación óptima de los aromas varietales sin perturbación por parte de los aromas herbáceos (punto 2.4.5).
- La madurez fenólica (de las uvas tintas) es un concepto muy importante que corresponde a un «máximo de buenos taninos»: hemos visto las dificultades de su determinación.
- La madurez climática expresa los riesgos y los imponderables resultantes del clima acotando la fecha óptima de recolección.
- La madurez mediática explota ciertas fechas simbólicas (vendimias de agosto, de 31 de diciembre...) como elemento de promoción comercial.
- La madurez enológica es la única real para el responsable de la vinificación, a veces en discusión sobre este tema con el responsable del viñedo. Esta madurez debe optimizar al conjunto de las madureces, en función de los tipos de vinos investigados. La madurez ideal es inalcanzable (¿por naturaleza?) pero la experiencia demuestra que es posible aproximarse mediante observaciones, medidas y reflexiones metódicas que terminan siempre con *las fechas* de las vendimias, parcela a parcela.

2.5.2. Índices y modelos de maduración

Un número muy elevado de índices y modelos climáticos publicados pero poco empleados muestran la dificultad del problema. Diversos índices climáticos (Branas, Huglin, Winckler...) describen bien las características de diferentes añadas *a posteriori*. Su valor y su uso predictivo son limitados.

Los índices bioquímicos relacionan los contenidos en azúcares y la acidez. La relación S/A (azúcares/ácidos expresada en g/l) es la más simple. Ésta crece bastante regularmente durante la maduración, pero su valor ideal resulta muy variable según las situaciones y las añadas. Se han propuesto modelos provisionales de acidez y de azúcares: ninguno tiene en cuenta el conjunto de factores de una óptima madurez enológica.

2.5.3. Podredumbres y accidentes durante la maduración

La podredumbre gris, o vulgar, está directamente ligada al desarrollo del hongo *Botrytis cinerea* sobre las uvas en maduración.

Además de las pérdidas de volumen a veces importantes, es la causa de una degradación de la uva por lo que de ella consume (azúcares, ácidos de la uva, nitrógeno amoniacal y tiamina, aromas varietales...) y por lo que en ella produce (ácido glucónico, acidez volátil, laccasa que degrada polifenoles, esterasas que degradan los aromas fermentativos, compuestos carbonílicos que se combinan con el SO_2, coloides colmatantes, malos gustos). El conjunto de estas transformaciones se resume en las figuras 2.11 y 2.12 y en la tabla 2.5.

La podredumbre amarga, ácida, resulta del desarrollo de *Botrytis cinerea* acompañada de numerosas levaduras oxidativas y de bacterias acéticas. Se observan aumentos muy importantes de acidez volátil, de acidez total (acumulación de ácido glucónico), de acetato de etilo y de productos que se combinan con SO_2 y/o favorecen su formación (figura 2.13). Ésta grave enfermedad debe ser prevenida en el viñedo, eliminada por tratamientos severos y limitando sus consecuencias mediante una higiene rigurosa en bodega.

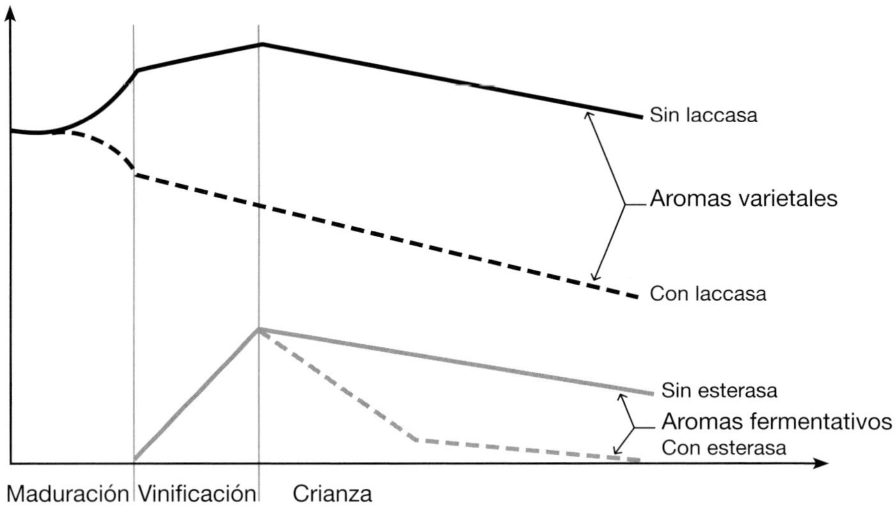

Figura 2.11.–Influencia de la podredumbre sobre los aromas varietales y fermentativos.

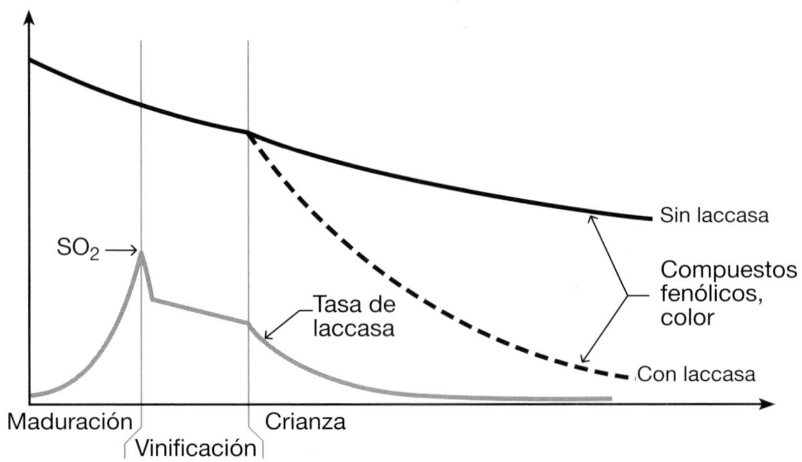

Figura 2.12.–Evolución esquemática de la laccasa y de los compuestos fenólicos.

Como estimar la tasa de podredumbre

El examen visual en el viñedo, si es posible, y en la bodega permite una estimación útil para la uva blanca y más general para la uva tinta.

La tasa de actividad de la laccasa es estimable en la bodega (por colorimetría o medición del oxígeno consumido). Los resultados no serán fiables más que tras un muestreo de las uvas y una extracción del contenido de los hollejos (donde se encuentra la laccasa) muy rigurosos. Los daños aparentes y reales de la podredumbre y la tasa de laccasa evolucionan de forma distinta (figura 2.14).

La cantidad de ácido glucónico, que se acumula en las uvas aunque la actividad de la laccasa pueda atenuarse, constituye un buen acercamiento a los daños acumulados de la podredumbre.

Tabla 2.5.–Evolución esquemática de diversos componentes según el tipo de podredumbre

	Podredumbre		
	Gris	**Agria**	**Noble**
Peso 100 bayas	↘	↘	↘↘↘
Azúcares (g/l)			↗↗↗
pH		↘↘↘	↗
Acidez total		↗↗↗	
Ácido tartárico			↘
Ácido málico			↗
Ácido acético		↗↗↗	
Ácido cítrico			↗↗
Ácido glucónico (*)	↗↗	↗↗↗	↗
Ácido múcico		↗↗	↗
Acetato de etilo		↗↗↗	
Ácidos ceto-glucónicos		↗↗↗	↗
Ácidos cetónicos		↗↗↗	↗
Na, Ca, K			↗
Fosfatos			↗
Amoníaco	↘		↘
Proteínas			↗
Tiamina	↘	↘	↘
Glicerina			↗↗
Polialoholes (*)			↗
Glucano (*)	↗↗	↗↗	↗
«Antibióticos»	↗	↗	↗
Sotolón (*)			↗↗
Terpenos	↘↘	↘↘	↘
«Olor a podrido»	↗↗↗	↗↗↗	
Esterasas	↗↗	↗↗	↗
Laccasa (*)	↗↗↗	↗↗↗	↗

(*) «Marcador» de Botrytis.

Su puesta en marcha es hoy posible. En todos los casos, un enfoque múltiple, mediante la observación y/o medida de numerosos aspectos y componentes de la podredumbre, es la mejor solución (figura 2.15). Este enfoque se propone en un sistema reciente (Grapescan).

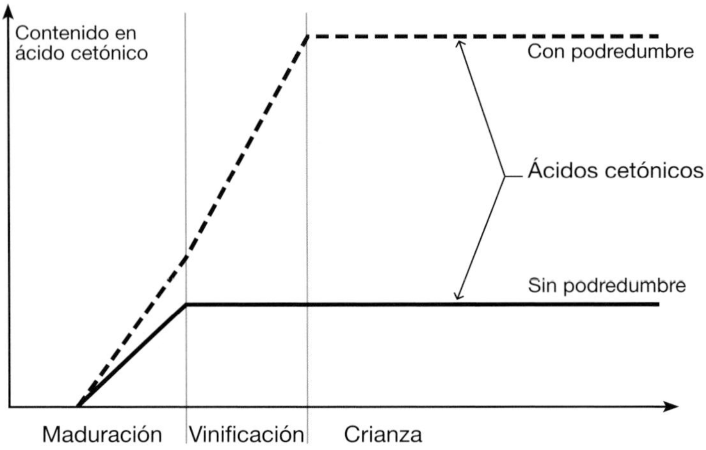

Figura 2.13.–Influencia de la podredumbre sobre el contenido en ácidos cetónicos que se combinan con SO_2.

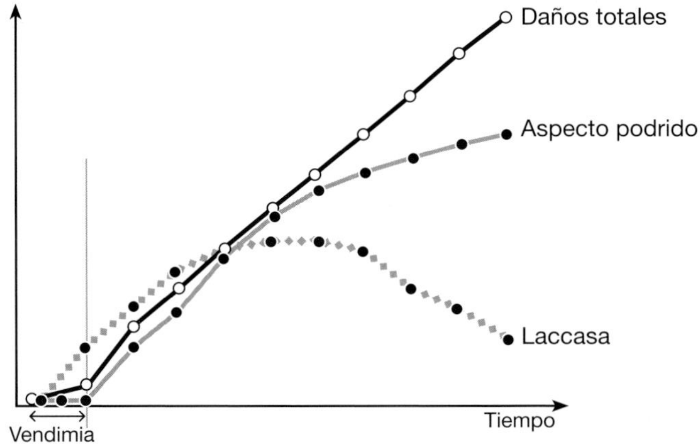

Figura 2.14.–Evolución de la laccasa, del aspecto de las uvas y de los daños de la podredumbre.

2.5.4. Los accidentes vitícolas

Sin desarrollar aquí estos aspectos vitícolas, recordemos que una buena maduración exige una vid en buen estado: desarrollo vegetativo parado pero hojas y raíces activas. Citemos algunos accidentes particularmente graves: arañas amarillas y rojas, hemípteros, bloqueo radicular por sequedad o asfixia por humedad, carencias diversas como de magnesio o potasio, enroscamientos, mildiu tardío, secamiento del raspón...

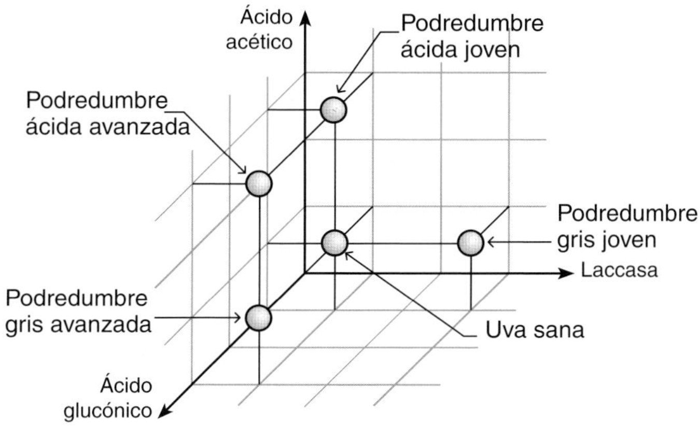

Figura 2.15.–Composición esquemática de diversos tipos de podredumbre.

Todos pueden bloquear la evolución 10, 20 ó 30 días antes de la maduración normal y también inducir gustos indeseables (ej.: secamiento del raspón).

2.5.5. Las sobremaduraciones

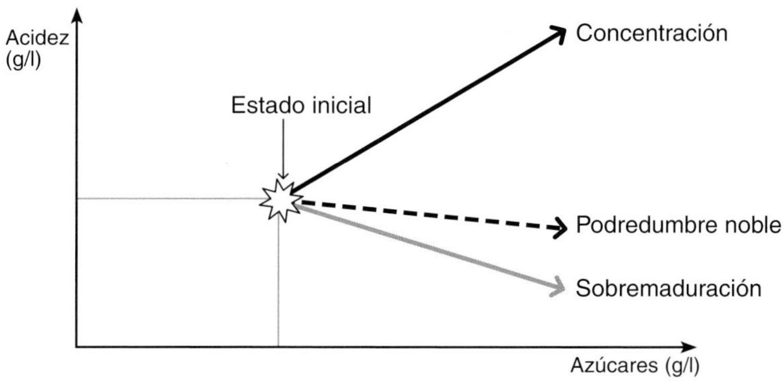

Figura 2.16.–Evolución de la acidez y de los azúcares en la sobremaduración.

Espontáneamente o voluntariamente, las sobremaduraciones entrañan una nueva transformación de las uvas maduras. Según el caso, según las velocidades relativas de los fenómenos de concentración y de transformación de los azúcares, de los ácidos y de otros compuestos, se obtienen resultados muy diferentes, a menudo positivos, y a veces a evitar (figura 2.16):

- La sobremaduración simple, en la planta, persigue una disminución de la acidez y un aumento de los azúcares así como la transformación de los aromas de los compuestos fenólicos. Puede derivar hacia vinos bastos sin viveza, poco afrutados, con colores demasiado evolucionados. Con frecuencia muy favorable en situaciones tardías (variedades, regiones, añadas), la sobremaduración debe ser vigilada en situaciones contrarias en las que una uva muy buena puede resultar degradada en cuestión de unas cuantas (decenas) horas. Se practica la sobremaduración fuera de la planta, en cámara caliente (capítulo 5).

- La pasificación sobre planta, sobre sarmientos fructíferos... aísla la uva durante unas cuantas semanas. Esta práctica es rara.
- Los «vinos de hielo» revientan la concentración general de los mostos por la eliminación de agua bajo la forma de hielo. La «crio-extracción» (capítulo 5) reproduce este fenómeno natural aleatorio en cámaras frías.
- La «podredumbre noble» resulta del desarrollo de *Botrytis cinerea*, sola, sobre uvas maduras, la mayoría de las veces con hollejos gruesos. Esta evolución progresiva puede darse varias semanas, suponiendo modificaciones considerables en la composición, siendo esto aprovechado recolectándolas mediante «vendimia fraccionada» de racimos aislados (o de granos) que han alcanzado la calidad óptima, llamada «rôtie» en Sauternes y alrededores (figura 2.17) y eliminando la «podredumbre agria». Aparte de las evoluciones de azúcares, ácidos..., la uva se enriquece de sustancias aromáticas nuevas (ej.: sotolón) que son el encanto de los vinos obtenidos.

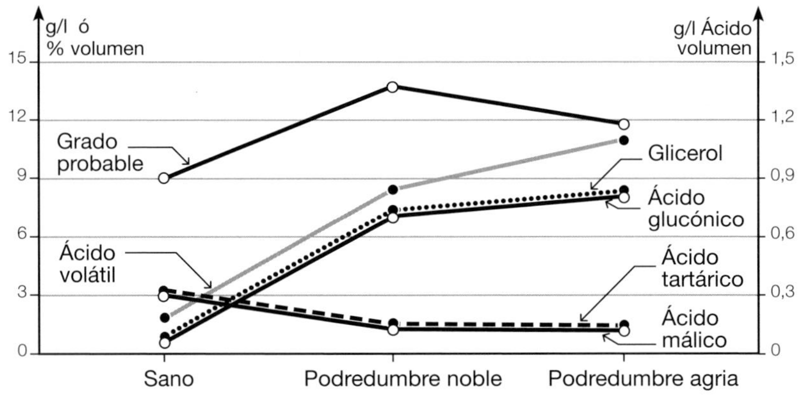

Figura 2.17.–Composición de los mostos según las podredumbres (Cámara de Agricultura de la Gironde, 1976, 20 clones de Sémillon).

2.6. La fijación de las fechas de vendimia

La fecha ideal de recolección para cada parcela, probablemente inaccesible, sigue siendo el «secreto» del éxito de innumerables viñedos que elaboran mejores vinos que sus vecinos teniendo el mismo aire, los mismos suelos y las mismas variedades, ¡son estos «fundamentos del viñedo» que definió Olivier de Serres (1600), hace 400 años!

La toma de decisión es el resultado de un conjunto de respuestas sencillas a preguntas sencillas resumidas en la ficha adjunta (figura 2.18), considerando una puntuación de 1 a 5.

Ficha general de parcela

Observación del día:

DESCRIPCIÓN GENERAL				
Variedad:	Clon:		Portainjertos:	Clon:
Fecha de plantación:	Entre filas (m):		Dist. patrones (m):	Densidad: patrones/ha
Espaldera alta (m):	baja (m):		Superficie foliar (m^2/ha):	
Fechas: Desborre:		Floración:	Envero:	

ESTADO GENERAL			0	1	2	3	4	5
Vigor	malo	bueno						
Rendimiento		óptimo						
Escalda	nulo	muy fuerte						
Eutipiosis	nulo	muy fuerte						
Blanco de la raíz	nulo	muy fuerte						
Reparto foliar	malo	bueno						
Reparto de uvas	malo	bueno						
NOTA GLOBAL	malo	bueno						
ESTADO FOLIAR (intensidad de ataques)								
Parada vegetativa								
Mildiu								
Oidio								
Botrytis								
Enroscamiento								
Mosaico de vidriera								
Arrepollado								
Hemípteros								
Enrojecimiento								
Ácaros								
Carencias	clorosis							
	potásica							
	magnésica							
	otras							
Golpe de sol								
Sequedad								
Asfixia radicular								
Granizo								
Salinidad								
Polución								
Otros								
NOTA GLOBAL	mala	buena						
ESTADO DE LAS UVAS (daños)								
Mildiu								
Oidio								
Black Rot								
Podredumbre	gris							
	verde							
	agria							
	«noble»							
Estado del racimo								
Corrimiento								
Sequedad								
Desecamiento peduncular								
Granizo								
Otros								
NOTA GLOBAL	mala	buena						

Figura 2.18.–Ficha general de parcela.

2.6.1. El estado general del viñedo

Para cada parcela homogénea (suelo, portainjertos, variedad, edad...) se anotan diferentes aspectos. Se debe prestar una atención particular al vigor, al rendimiento.

2.6.2. El estado foliar y de las uvas

Teniendo el mismo criterio, se anotan los posibles accidentes vitícolas (enfermedades, parásitos, carencias...) y la parada vegetativa. Por otra parte, los granos de uva maduros se desprenden fácilmente del raspón: en el caso de recolección mecánica, no se deben utilizar reglajes enérgicos, brutales.

2.6.3. El ascenso fenológico

A partir de las observaciones regionales por agrupaciones interprofesionales del vino, las cámaras de agricultura, el Instituto técnico de la viña y del vino (ITV), es fácil situar la precocidad general de cada cosecha, su clasificación por rendimientos de los últimos años.

Las notas de las parcelas significativas de cada explotación, permiten tener en cuenta las fechas locales, beneficiándose así los conocimientos para toda la zona.

2.6.4. La composición de las uvas

Ahora, y solamente después de las observaciones vitícolas necesarias, conviene abordar el análisis de las uvas, 20 a 25 días después de la mitad del envero. Están mejor controladas precisamente aquellas parcelas representativas hacia el fin de la maduración que sobrevolar todo el viñedo muy pronto de forma aproximativa. Alrededor de 30 a 35 días después del envero, se procede a un examen más concienzudo, más amplio teniendo en cuenta el ácido málico, el nitrógeno asimilable y los compuestos fenólicos (para uvas tintas). En todos los casos, la degustación de las uvas permite observar la evolución contraria de los caracteres herbáceos y afrutados así como el sabor de los taninos. Este trabajo es arduo pero muy útil.

2.6.5. La organización de la recolección

Cada empresa debe poder vendimiar, a mano o de forma mecanizada, en todo momento, sea cual sea el estado de los suelos del viñedo, el del trabajo de la bodega o del clima en el momento dado.

Nota

Sólo las madureces de la uva, parcela a parcela, debe determinar las fechas de vendimia.

3. LAS FERMENTACIONES

3.1. La fermentación alcohólica

Utilizada desde hace seis o siete mil años para producir cerveza y vino en Mesopotamia y en Egipto, la fermentación alcohólica se conoce como un hecho «científico» desde el siglo XIX. En 1817, Gay-Lussac establece las bases de la ecuación de transformación del azúcar en alcohol. En 1866, Pasteur demuestra el papel esencial de las levaduras. En 1897, Buchner evidencia el carácter enzimático de la transformación del azúcar en alcohol. Prácticamente, la fermentación alcohólica se puede presentar como una transformación química por medio de enzimas en el interior de microorganismos. Su conocimiento necesita tanto de la química, de la enzimología y de la microbiología. Trataremos de aplicar estos conocimientos a las condiciones de la enología práctica.

3.1.1. Un poco de química

Ecuación de Gay-Lussac

La ecuación básica, según Gay-Lussac, nos presenta:

Glucosa	→	Etanol	+	Gas carbónico	+	Calor
$C_6H_{12}O_6$		$2\ C_2H_5OH$		$2\ CO_2$		
180 g		92 g		88 g (= 44,8 l a 0 °C)		
100 g		51 g		49 g		

Esta ecuación muy esquemática nos indica que 100 g de azúcares producen alrededor de 50 g de alcohol y 50 g de gas carbónico. La fermentación de 180 g de azúcares, supone alrededor de un litro, que tiene un grado probable de aproximadamente 11 % vol., libera alrededor de 50 l de CO_2 a 20 °C. Esto supone un riesgo sanitario considerable para el personal en caso de acumulación, puesto que un contenido de entre 1 y 2 % en el aire es ya peligroso. La fermentación de 100 hl de mosto puede entrañar riesgos para 2.500 a 5.000 m^3 de aire.

Desde Pasteur se dice que la ecuación de Gay-Lussac es imprecisa; se forman otros numerosos compuestos además del alcohol y el CO_2. Estos productos «secundarios», por sus concentraciones, poseen actividades enológicas importantes. La tabla 3.1 reúne los nombres, contenidos, orígenes y propiedades de estos componentes principales.

El enólogo puede, a veces, favorecer o frenar estas formaciones dominando todos los efectos secundarios. A modo de ejemplo, una fermentación franca, rápida, forma menos productos secundarios. Hay menos aromas fermentativos pero también menos compuestos carbonílicos y menos ácido acético.

Tabla 3.1.–Algunos componentes producidos y/o transformados por fermentaciones en los vinos (según *Traité d'oenologie y Œnologie*)

		Funciones químicas					Orígenes		Contenido en los vinos (mg/l) (t=trazas)
		Ácido	Alcohol	Carbonílico	Éster	Compuestos azufrados	Uva	Fermentaciones	
1	1,3 -diglicerofosfato							glicolisis	t
2	2, 3-butanodiol		+					fermentación gliceropirúvica	300-1.300
3	2-fosfoglicerato							glicolisis	t
4	3-fosfoglicerato							glicolisis	t
5	4-hidroxibutirato de etilo				+			éster	t-3
6	Acetato de etilo				+			éster	30-100
7	Acetato de hexilo				+			éster	t-0,3
8	Acetato de isoamilo				+			éster	t-0,3
9	Acetato de isobutilo				+			éster	t-0,2
10	Acetato fenil 2-etanol				+			éster	t-0,3
11	Acetoína			+				fermentación gliceropirúvica	t-1
12	Ácido acetil-acético	+		+				derivado del ácido acético/pirúvico	t
13	Ácido butírico	+						derivado del ácido acético/pirúvico	t
14	Ácido cáprico	+							t-4
15	Ácido caproico	+							t-3
16	Ácido caprílico	+							t-4
17	Ácido cis-aconítico	+						respiración	t

		Funciones químicas					Orígenes		Contenido en los vinos (mg/l) (t=trazas)
		Ácido	Alcohol	Carbonílico	Éster	Compuestos azufrados	Uva	Fermentaciones	
18	Ácido citramálico	+						derivado del ácido acético/pirúvico	100-500
19	Ácido cítrico	+					+	respiración, uva	100-500
20	Ácido dimetil glicérico	+						derivado del ácido acético/pirúvico	100-500
21	Ácido fórmico	+						derivado del ácido acético/pirúvico	t
22	Ácido fumárico	+						respiración	t
23	Ácido isocítrico	+						respiración	t
24	Ácido málico	+					+++	respiración	de 0 a varios g
25	Ácido oxalacético	+		+				respiración	t-20
26	Ácido oxoglutárico	+		+			+	respiración	10-100
27	Ácido pirúvico	+		+			+	glicolisis	10-100
28	Ácido succínico	+						fermentación gliceropirúvica	200-1.500
29	Ácido isovaleriánico	+							t-0,5
30	Alcohol amílico activo (2-metil-2-butanol)							aminoácido	30-100
31	Alcohol isoamílico (2-metil, 1-butanol)		+					aminoácido	80-300
32	Alcohol isobutílico (2-metil, 1-propanol)		+					aminoácido	50-150
33	1-Butanol		+					aminoácido	1-10
34	Butirato de etilo				+			éster	t
35	Caprato de etilo				+			éster	t-0,5
36	Caproato de etilo				+			éster	t-1
37	Caprilato de etilo				+			éster	t-2
38	Diacetilo		+					fermentación gliceropirúvica	t-4
39	Dihidroxiacetona 3-fosfato	+						glicolisis	t

		Funciones químicas					Orígenes		Contenido en los vinos (mg/l) (t = trazas)
		Ácido	Alcohol	Carbonílico	Éster	Compuestos azufrados	Uva	Fermentaciones	
40	Etanal		+					fermentación	10-100
41	Etanol			+				fermentación	aprox. 100.000
42	Fructosa			+			+		t
43	Fructosa 1, 6-fosfato			+				glicolisis	t
44	Fructosa 6-fosfato			+				glicolisis	t
45	G-Butirolactona							aminoácido	0-5
46	Glucosa			+			+		t
47	Glucosa 6-fosfato			+				glicolisis	t
48	Gliceraldehído fosfato		+					glicolisis	t
49	Glicerina/glicerol			+			+ podredumbre	fermentación gliceropirúvica	5.000-10.000
50	Glicerol 3-fosfato							fermentación gliceropirúvica	t
51	Lactato de etilo								t-200
52	Malato de dietilo								t-2
53	Metionol							aminoácido	0-5
54	Feniletanol							aminoácido	10-100
55	Fosfoenolpiruvato							glicolisis	t
56	1-propanol							aminoácido	10-50
57	Succinato de dietilo								t-1
58	Triptofol							aminoácido	0-1
59	Tirosol							aminoácido	20-50

Orígenes de los productos secundarios de la fermentación

Cada molécula de glucosa (o de fructosa) tiene 6 átomos de carbono y se escinde en 2 moléculas de 3 átomos de carbono con la presencia de un ión fosfato. La dihidroxiacetona-fosfato se transforma en glicerina, alrededor de 8 g por 100 g de alcohol para 12 % vol. El gliceraldehído-fosfato da lugar a ácido pirúvico (3 átomos de carbono) y después al etanol (2 átomos de carbono) pero con numerosos intermediarios y derivados tales como el ácido acético, ácido láctico, ácido succínico, ácidos cetónicos…

La transformación de los aminoácidos de la uva, o formados por la propia levadura, dan lugar a numerosos alcoholes superiores, que tienen más de 2 átomos de carbono, tales como los alcoholes propílicos, butíricos o amílicos. Hay igualmente formación de derivados azufrados.

Las enzimas de las levaduras participan también en la revelación de los aromas varietales después de la fermentación: el mosto de Sauvignon es neutro y el vino tiene aromas varietales.

Los ésteres se forman por reacciones entre alcoholes y ácidos, bajo la acción de esterasas de las levaduras y directamente por condensación del precursor del ácido acético.

Esquemáticamente los alcoholes superiores comunican olores bastos, grasos y poco agradables, salvo el fenil etanol con olor a rosa. Su formación es más importante en presencia de fangos, a pH elevado, a temperatura elevada, y con fuertes aireaciones. Los ésteres presentan olores agradables, afrutados, florales, más intensos a temperatura baja, en un medio fuertemente desfangado con ciertas levaduras. Estos ésteres fermentativos son importantes para los vinos jóvenes, pero desaparecen espontáneamente con el tiempo, al cabo de unos cuantos meses: esta hidrólisis se acelera por la temperatura.

Existe también una transformación de los ácidos fenólicos de la uva en etil y vinil fenoles por las enzimas de las levaduras (capítulo 9).

Los aromas fermentativos tienen un gran interés para los vinos jóvenes, pero su papel es insignificante para los vinos que se consumen más allá de tres a diez meses después de la cosecha.

La fermentación maloalcohólica

Las levaduras de fermentación (*Saccharomyces cerevisiae*) consumen del 10 al 20-40 % del ácido málico presente en los mostos.

Ácido málico	→	Etanol	+	Gas carbónico
134 g		92 g		
1 g		0,69 g		
(0,085 % vol.)				

La formación de alcohol es despreciable, pero el efecto desacidificante puede ser reducido o ampliado por la selección de cepas adaptadas (capítulo 5).

Las levaduras de la especie *Schizosaccharomyces* transforman el 100 % del ácido málico, suponiendo un efecto desacidificante importante. Su puesta en juego en enología queda limitada porque existen riesgos elevados de malos gustos, a pesar de los progresos recientes (Strehiaino).

Algunas de estas transformaciones realizadas por las levaduras se esquematizan en la figura 3.1.

3.1.2. Un poco de enzimología

Las reacciones químicas de los mostos en fermentación mencionadas de forma anexa son en realidad reacciones enzimáticas que suceden en el interior de las células de las levaduras. Cada molécula (ej.: glucosa) reacciona con un conjunto de dos proteínas, la coenzima asegura una función general (ej.: eli-

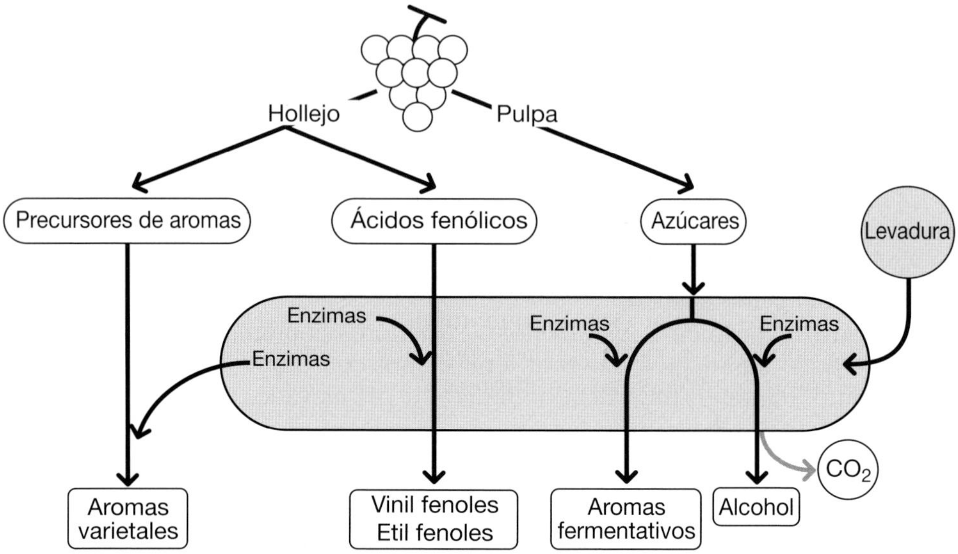

Figura 3.1.–Esquema de algunas transformaciones provocadas por las levaduras.

minación de CO_2...) y la enzima específica de la molécula realiza la transformación (ej.: molécula de glucosa).

La fermentación alcohólica pone en juego decenas de complejos enzimáticos.

$$\text{Etanal} \xrightarrow[\text{ADH}]{\text{NAD–H} \rightarrow \text{NAD}} \text{Etanol}$$

con NAD-H/NAD: nicotinamida adenosín dinucleótido/ hidrogenado, pareja de coenzimas, no específicas, y ADH: alcohol deshidrogenasa, enzima específica.

Se pueden citar las parejas NAD-NADH y ATP-ADP porque sus papeles son muy importantes y sus actividades son un respaldo para medir la actividad fermentativa.

Fermentación alcohólica y desprendimiento de calor

Esta actividad enzimática corresponde también a transferencias de energía y, en el caso de la fermentación alcohólica, a desprendimientos de calor observados desde siempre. Diversos estudios antiguos indican un desprendimiento de 24 a 40 kcal/mol de azúcar (1 mol = 180 g) con un valor citado con frecuencia de 33 kcal. Trabajos recientes llevados a cabo con el valor teórico de 25,6 kcal/mol y un valor práctico un poco más elevado de 27 a 28 kcal/mol debido a la respiración de las levaduras en su desarrollo, mucho más energéticos.

En la práctica, esta cifra significa que la temperatura de un litro de mosto que contiene 180 g de azúcares (supone aproximadamente 10,5 a 11 % vol.) se elevaría de 27 a 28 °C en ausencia de pérdidas térmicas y si las levaduras resistieran este aumento.

El soporte lógico «Balance Térmico de la Bodega» (BTC)* que hemos puesto a punto (1985 con J.-M. Maron) calcula las temperaturas de fermentación y las posibles necesidades térmicas para los mostos según las condiciones de fermentación (local donde están los tanques de fermentación, temperatura exterior).

* N. del T.: BTC: «Bilan Thermique de Chai».

3.1.3. Un poco de microbiología

Bien observadas desde 1680 (Van Leeuwenhoeck, inventor del microscopio), las levaduras no son reconocidas como las responsables de las fermentaciones (pan, cerveza, vino) hasta que en 1866 Pasteur establece que las fermentaciones provienen de la multiplicación de levaduras preexistentes, condenando así la «generación espontánea» hasta la fecha habitualmente aceptada.

Toda la fermentación alcohólica sucede en la célula de levadura. Los azúcares atraviesan la pared exterior y la membrana plásmica más interna. Los trabajos realizados desde hace veinte años han demostrado el papel esencial de estas paredes –y de su estado– que administran la entrada y la salida de compuestos del medio y de la célula y, por tanto, la actividad misma de dicha célula (respiración, fermentación, reproducción).

Las levaduras de fermentación

Desde hace sesenta años, los viñedos importantes han establecido catálogos de *especies* de levaduras. Desde los años 1980, se sabe estudiar las *cepas* de levaduras mediante el análisis de su contenido genético (ADN cromosómico o mitocondrial) y seguir su evolución desde el viñedo al vino ya elaborado.

La uva es pobre en levaduras, de 1.000 a 100.000/baya solamente. Se han encontrado sobre todo levaduras poco o nada fermentativas como *Rhodotorula, Kloeckera apiculata, Candida, Pichia.* Éstas no pueden asegurar una fermentación alcohólica normal. La especie *Saccharomyces cerevisiae* es poco abundante sobre la uva pero es prácticamente la única especie fermentativa.

Saccharomyces cerevisiae se vuelve rápidamente dominante en los mostos en fermentación, pero este dominio es más lento en ausencia total de sulfitado (ej.: vinificación para la obtención de coñac). Después de varios días de vendimia, *Saccharomyces cerevisiae,* omnipresente en las bodegas, asegura una siembra del mosto espontánea importante, bien conocido por los enólogos y a veces molesto (ej.: desfangado de vinos blancos). Esta siembra puede estar acompañada de desarrollos bacterianos a evitar mediante una higiene precisa y rigurosa.

La mayor parte de las fermentaciones espontáneas son acabadas por un pequeño número de cepas (1 a 3) muy mayoritarias. Se encuentran la mayoría de las veces sobre el conjunto de tanques de fermentación, más en las vinificaciones en tinto, con remontados, que en blancos, sin remontados. Las fermentaciones de numerosas cepas son a menudo más lánguidas. Estas cepas pueden mantenerse o no a lo largo de las añadas sucesivas, o encontrarse en las bodegas vecinas o lejanas.

Las siembras realizadas con levaduras secas activas (LSA) de los primeros tanques de fermentación influyen en gran medida en la flora microbiana de otros tanques, sobre todo en vinificaciones de tintos.

Esta implantación mayoritaria de cepas autóctonas y la práctica masiva de la siembra mediante LSA desde hace 20 años o más podría hacer temer una estandarización de las características de las fermentaciones. No hay nada que permita afirmarlo hoy, pero parece tan poco razonable utilizar una sola cepa para todas las cosechas y todas las bodegas de una región (¡esto se ha recomendado!) como multiplicar las cepas de levaduras nuevas sin haber probado siempre todas las cualidades que se les requieren.

La clasificación de las levaduras enológicas

Las levaduras enológicas pertenecen a un amplio grupo de hongos unicelulares (Ascomicetos, Basidiomicetos y Deuteriomicetos) incluyendo alrededor de 80 géneros, 600 especies y 4.000 nombres. La mayor parte de las cepas fermentativas útiles pertenecen al género *Saccharomyces* y casi siempre a la especie *Saccharomyces cerevisiae*. Las denominaciones «*oviformis*», «*bayanus*» y «*uvarum*» a menudo utilizadas en el pasado y en ciertos documentos recientes resultan obsoletas.

Las diferencias reales e importantes entre levaduras se refieren a su morfología (apiculadas, ovoides, multiplicación por gemación o bipartición), y a sus propiedades fisiológicas (aptitud para fermentar o consumir tal o cual azúcar o ácido). Estas diferencias entre especies hoy se completan y se sustituyen por el análisis del ADN que permite una identificación fácil de las cepas, es decir de las variedades de la especie *Saccharomyces cerevisiae* que se diferencian, por otro lado, por sus propiedades enológicas (levaduras aromáticas de refermentaciones...). El número de cepa permite solamente la identificación de levaduras comerciales.

Las levaduras *killer*

Ciertas cepas de levaduras, llamadas *killer* (asesinas), segregan una proteína que daña la pared celular de las cepas llamadas «sensibles» que son destruidas en unas cuantas horas. También existen levaduras «neutras» que no producen toxinas y tampoco son sensibles al factor *killer*.

Este fenómeno se conoce desde 1963 y las diferentes cepas de levaduras se pueden clasificar por su tolerancia al efecto *killer* que no es determinante para su eficacia práctica. La proteína *killer* se estabiliza con bentonita y rápidamente se inactiva por encima de 32 °C, con presencia de taninos.

El desarrollo de las fermentaciones alcohólicas

Durante mucho tiempo misteriosa por su carácter espontáneo, ruidoso, tumultuoso y por sus mecanismos complejos, la fermentación alcohólica sigue siendo mal conocida en su desarrollo, o sea, en la transformación (total) de azúcar en alcohol. Existen progresos recientes, difundidos insuficientemente.

El seguimiento de la fermentación alcohólica

Todos los enólogos conocen –y deben practicar– el estado regular de densidad y temperatura, ya utilizado en 1772 y recomendado por Chaptal (1801). Se sigue la transformación del azúcar (densidad = 1,6) en alcohol (densidad = 0,8) con desprendimiento de CO_2 (unos 100 g/l para un vino de 12 % vol.) lo que supone una bajada de densidad de 1,085 a 0,995 aproximadamente.

Nota

Se emplea por error la expresión «densidad de 1.085» para decir densidad volumétrica de 1.085 o densidad de 1,085.

Se pueden tener en cuenta o practicar otros métodos tales como medir el volumen del CO_2 liberado, la variación del índice de refracción, contenido de alcohol y/o de azúcares con otras herramientas muy variadas.

Prácticamente la medida manual de la densidad representa hoy en día más del 98 ó 99 % de las determinaciones. Entre numerosos dispositivos que no han dado todavía resultados totalmente satisfactorios, se pueden probar mediciones de densidad en continuo (prácticamente todas en una o dos horas) mediante un densímetro operativo (ej.: sistema Microbar®).

La temperatura indica las consecuencias de la actividad de las levaduras señalando la posible velocidad futura pero el valor medido depende en gran parte de la condiciones exteriores (temperatura, tipo de tanques de fermentación).

El seguimiento de la fermentación debería incluir el control de la población de levaduras, distinguiendo entre vivas y muertas. Estas mediciones son posibles pero demasiado raras en la práctica. Ahora existen métodos lo suficientemente simples y rápidos como para utilizarlos cuando la situación lo requiera.

El recuento de levaduras

La observación microscópica directa permite contar las levaduras totales en un mosto en fermentación. La operación necesita poco material (diluyente, células de recuento y microscopio) y poco tiempo (de 5 a 10 minutos por medición) pero no ofrece información sobre la actividad de las levaduras.

El recuento de levaduras vivas, es decir que pueden ser activas, únicamente se hacía mediante la observación de levaduras que forman montones (colonias) visibles a simple vista en placas Petri. Este método es simple pero no produce resultados más que tras una espera de 48 horas para las levaduras y de 4 a 8 días para las bacterias.

Las levaduras vivas y muertas reaccionan de diferente forma ante ciertos colorantes. Se diferencian directamente por un examen microscópico ordinario (coloración con azul de metileno) o al microscopio por fluorescencia. El resultado es muy rápido (10 a 30 minutos); se practica directamente en diversas bodegas y numerosos laboratorios.

Más recientemente (1997), hemos podido aplicar la cantidad de ATP en mostos en fermentación al añadir reactivos comerciales. Se mide entonces la «actividad de las levaduras» en relación directa con las levaduras vivas y en relación inversa con la cantidad de azúcares residuales (figura 3.2).

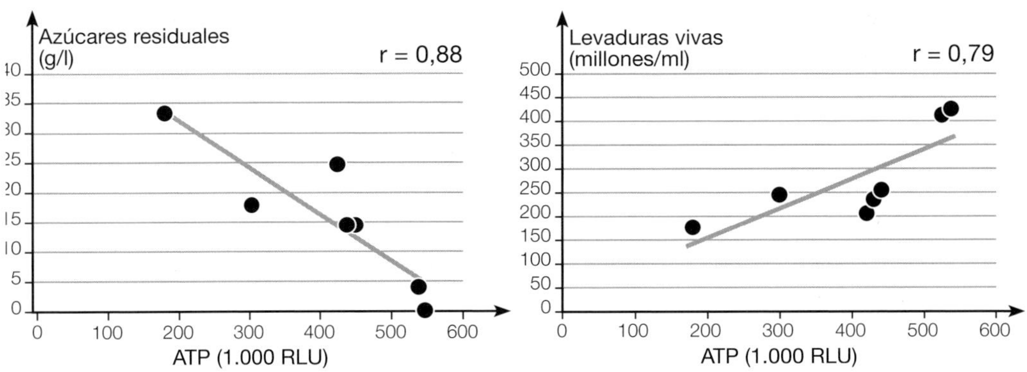

Figura 3.2.–Relaciones entre cantidad de ATP, levaduras vivas y azúcares residuales (Cámara de Agricultura de la Gironde, 1997).

Estas (nuevas) mediciones no son necesarias para todos los tanques de fermentación, todos los días. Deben utilizarse en situaciones de riesgo, en todo inicio difícil de las fermentaciones y para controlar la actividad de las levaduras. Su interpretación debe hacerse en colaboración con técnicos de formación adecuada.

La cinética de las fermentaciones

La fermentación alcohólica es una transformación dinámica de azúcares en alcohol, cada vez mejor conocida.

Al principio, las levaduras de la uva, de la bodega y/o las añadidas, se multiplican respirando, sin fermentar, sin signos exteriores hasta tener una población de alrededor de 1 millón de levaduras/ml. Este período puede durar desde varias horas a varios días según la siembra de levaduras, el sulfitado y la temperatura.

Esta multiplicación continúa durante la fermentación de los primeros gramos de azúcares: el número de levaduras puede alcanzar de 20 a 150 millones de levaduras/ml (figura 3.3).

La figura 3.3*a* muestra el desarrollo de una fermentación «normal» con una gran población de levaduras en todo el principio de la fermentación, permaneciendo elevada con una supervivencia de levaduras excelente, superior al 80-90 %, continuándose incluso después de la desaparición de los azúcares, ahora al cabo de 13 a 15 días.

La figura 3.3*b* representa una fermentación difícil: población de levaduras escasa con un máximo tardío rápidamente seguido de una fuerte caída de la vitalidad

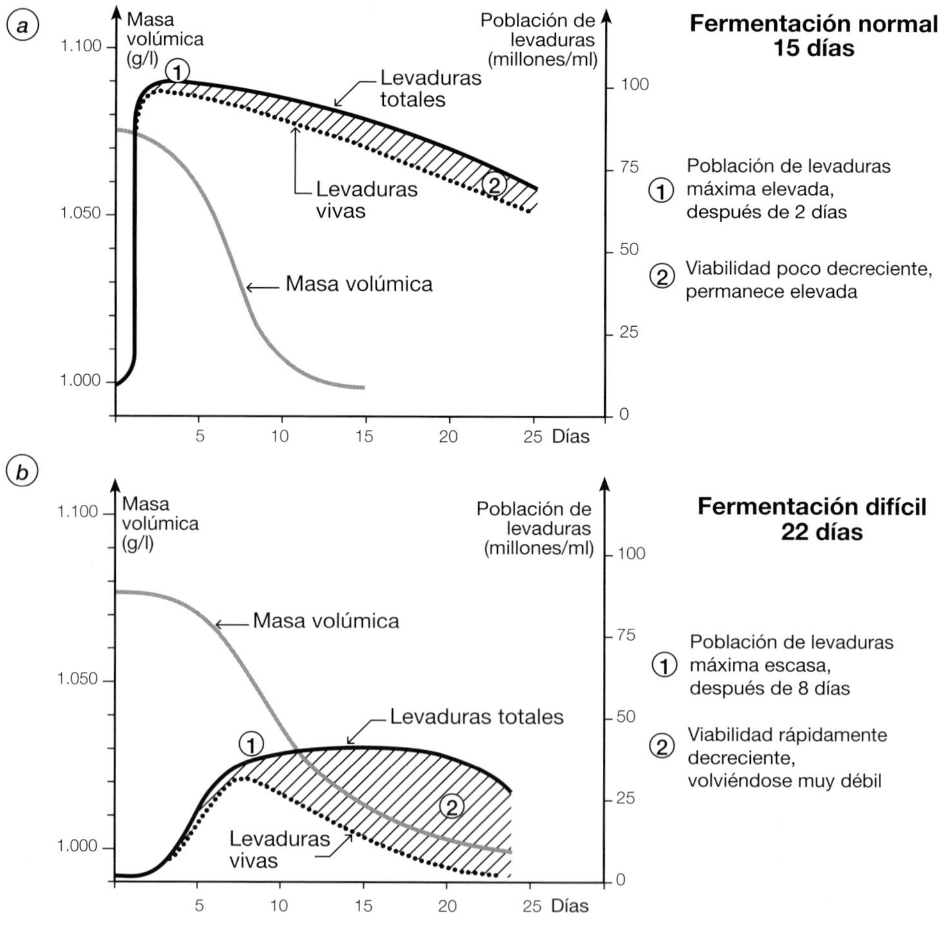

Figura 3.3.–Evolución de los azúcares y de las levaduras en el transcurso de una fermentación alcohólica: (a) normal; (b) incompleta (según Strehiaino, 1994).

a la vez que queda una cantidad importante de azúcares sin fermentar. La fermentación se detiene hacia el vigésimo día debido a la ausencia de levaduras vivas.

En todos los casos, se observan sucesivamente la fase de crecimiento, la fase estacionaria y la fase decreciente de la población de levaduras.

Las velocidades de fermentación que varían mucho pueden alcanzar valores de 4 a 6 g de azúcares por litro y hora (con una velocidad instantánea de 8 % vol./h) dependiendo de la temperatura y de las poblaciones de levaduras activas. La velocidad máxima se alcanza bastante rápidamente después de solamente 20 a 50 % de azúcares fermentados en el caso de fermentaciones normales y más tarde en el caso de fermentaciones débiles.

Las figuras 3.3*a* y *b* muestran dos ejemplos de cinética en un mismo mosto fermentado a 22 y a 30 °C. Las velocidades máximas son muy diferentes (1,6 y 4,7 g de azúcar por litro y hora) alcanzándose este máximo más rápidamente en el caso de la fermentación rápida y completa (después de alrededor de 10 horas o 70 horas en el caso de fermentación lenta e incompleta).

Las figuras 3.4*a* y *b* emplean una representación diferente. En el caso de fermentación lenta, se observa claramente que la velocidad de fermentación

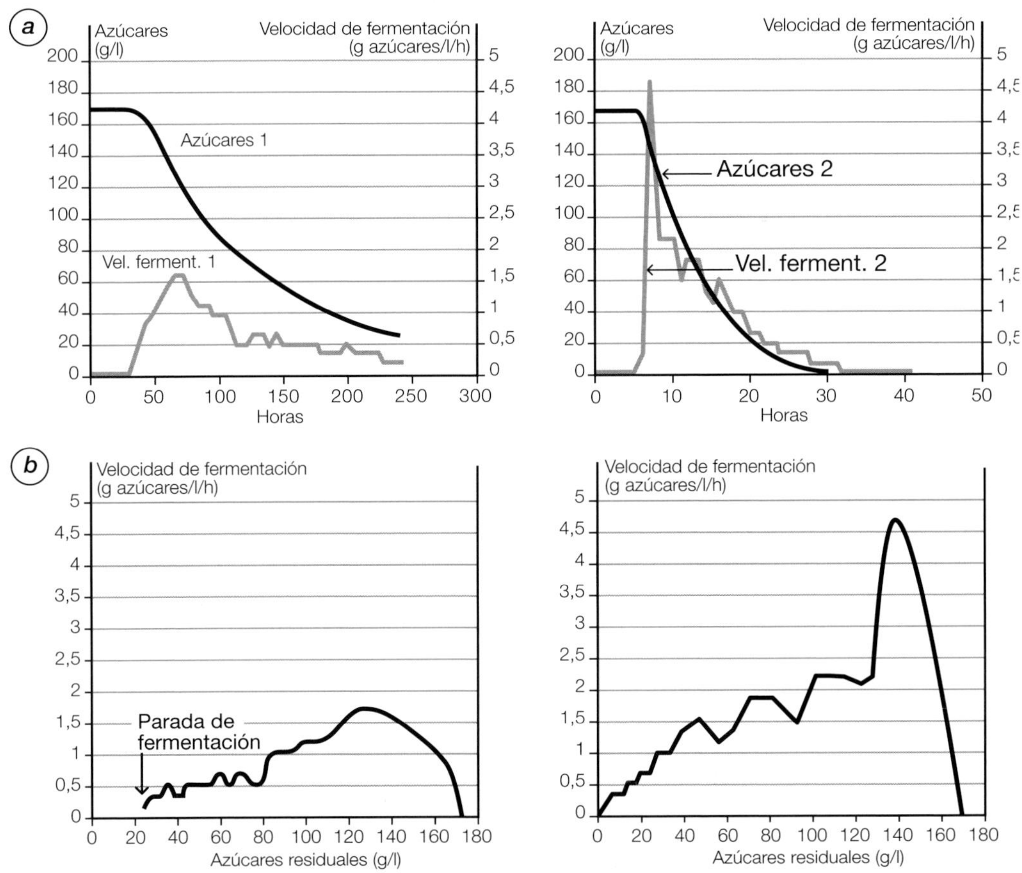

Figura 3.4 –Cinéticas de fermentación: (a) incompleta; (b) completa (Cámara de Agricultura de la Gironde).

tiende hacia cero por lo que quedan alrededor de 20 g de azúcares por litro. Esta representación poco habitual de la velocidad de fermentación en función del contenido de azúcares es más informativa que las curvas tradicionales trazadas en función del tiempo. Está particularmente adaptado a una previsión del desarrollo de las fermentaciones.

Los modelos de la fermentación alcohólica

El seguimiento tradicional de la fermentación mediante la medición de la densidad describe el fenómeno pero sin poder analizarlo en profundidad ni preverlo.

En colaboración con el laboratorio de microbiología del Cuerpo de Químicos (CNRS) de Toulouse (J.-P. Bovee, P. Strehiaino, J.-P. Riba), hemos podido adaptar a la enología diversos modelos microbiológicos. El solo conocimiento del contenido en azúcares y en alcohol, determinado a partir de la densidad (o de cualquier otro método: refractrometría, contenido medido por absorción de la radiación infrarroja) permite calcular tres modelos de principios muy diferentes. Desde la fermentación de 10 a 30 % de azúcares, se puede hacer una previsión a 24, 48 y 72 horas del desarrollo futuro del fenómeno con una incertidumbre limitada a 2-5 g/l. Entonces se pueden calcular las posibles necesidades térmicas, tanto de calor como de frío, y los posibles riesgos de parada de la fermentación que corresponden a una velocidad de fermentación nula y, por tanto, habiendo azúcares residuales (figura 3.5).

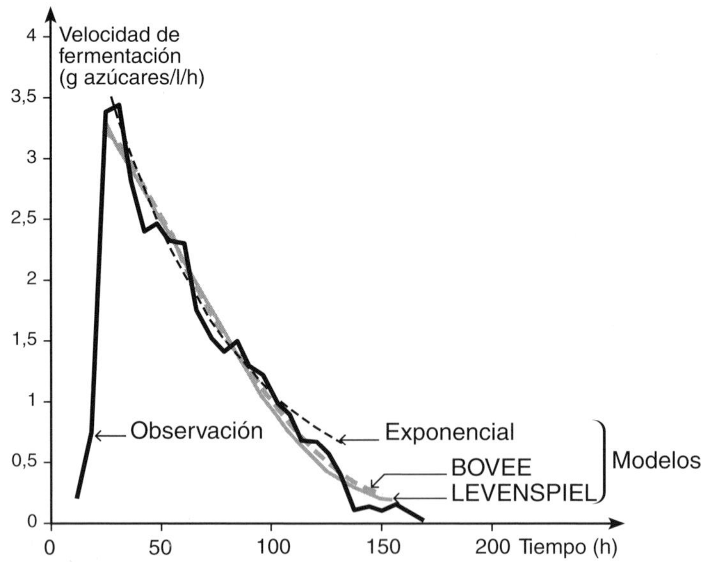

Figura 3.5.–Ejemplo de previsión de velocidad de la fermentación alcohólica con la ayuda de tres modelos diferentes (Blouin y Danel, 1998).

La puesta en juego de estos modelos ya anticuados (1981-1995) está limitada actualmente por la falta de captadores operativos que puedan llevar al conocimiento del contenido en azúcares/alcohol del mosto en fermentación. La multiplicación de nuevos aparatos plantea esperar a su desarrollo. Éstos permiten así generar en tiempo real ayudas a la decisión (figura 3.6) para los responsables de la vinificación. Las «luces intermitentes» serán las alertas para el responsable de la bodega quién estará mejor informado para tomar las mejores decisiones.

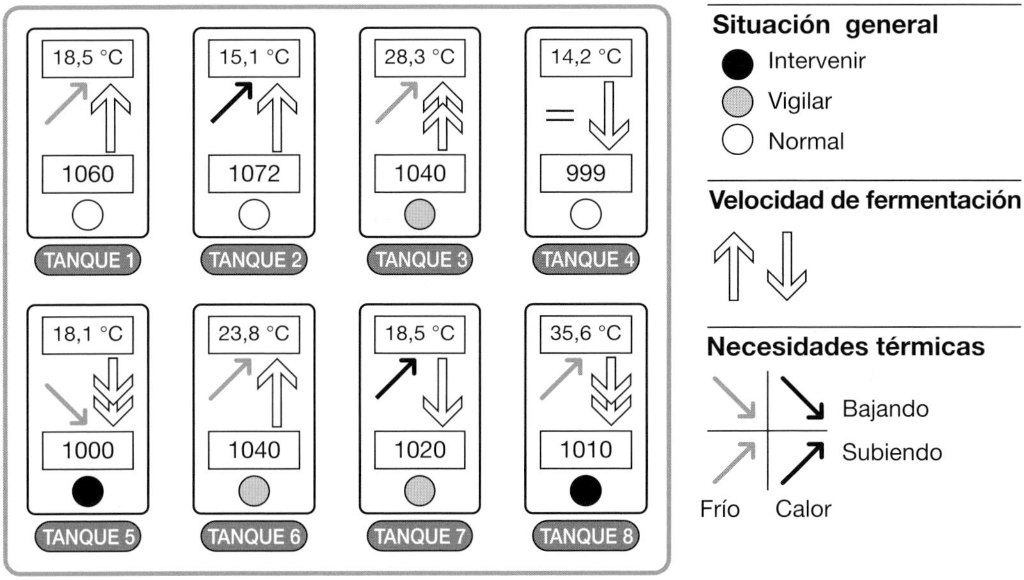

Figura 3.6.–Seguimiento de la fermentación: ejemplo de tablero de mando de ayuda a la decisión (Cámara de Agricultura de la Gironde).

3.1.4. Condiciones de las buenas fermentaciones

Los nutrientes

Para multiplicarse y fermentar, las levaduras necesitan diversos alimentos directamente utilizables, los nutrientes.

El oxígeno

Aunque llamada «vida sin aire» por Pasteur, la fermentación no puede prescindir del oxígeno, cuyo papel es indispensable en la multiplicación de las levaduras: se airean muy intensamente las levaduras de panadería o de vinificación. El oxígeno también tiene un papel esencial permitiendo la síntesis de esteroles y de ácidos grasos insaturados de larga cadena carbonada (C_{18}) a partir de los constituyentes de la pruina. Además del efecto «factor de crecimiento» existe, según la expresión de Lafon-Lafourcade, formación de «factores de supervivencia» necesarios para los fines de la fermentación pero que se forman únicamente al inicio de ésta. Las aireaciones son las herramientas más poderosas para el buen desarrollo de las fermentaciones, debiendo intervenir de forma eficaz en toda situación (figura 3.7):

- Una aireación bien conducida aporta 6 a 8 mg de oxígeno por litro. Puede ser renovada. Las necesidades totales son de alrededor de 10-20 mg/l para la fermentación.

- Es necesario airear las levaduras pero no el mosto ni el vino, interviniendo sobre las levaduras en plena actividad, cuando ha sido fermentado del 10 al 30-40 % de azúcares con una bajada de densidad de 10 a 30 puntos más o menos (en general, la densidad es superior a 1.050-1.030).

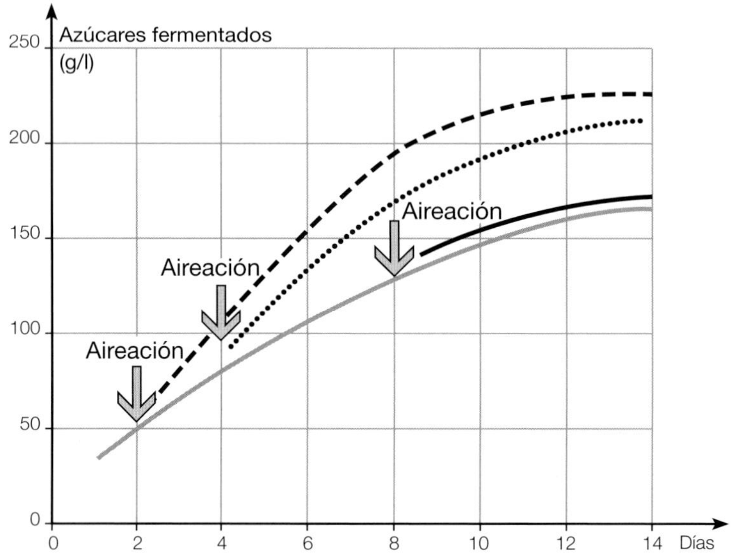

Figura 3.7.–Efectos de la aireación en diferentes momentos de la fermentación sobre la fermentación del azúcar (según J. Ribéreau-Gayon).

- Estas aireaciones durante la fermentación no presentan ningún riesgo de oxidación para los componentes del vino porque el medio es entonces muy reductor. Aireaciones excesivas (ej.: todos los días) son inútiles y pueden disminuir los aromas afrutados y reforzar los caracteres pesados.

El nitrógeno

Las levaduras necesitan nitrógeno «asimilable» constituido por nitrógeno amoniacal y diversos aminoácidos. Se deben enriquecer los mostos que contienen menos de 50 mg/l de nitrógeno amoniacal y/o menos de 150 mg/l de nitrógeno asimilable (dosis por el índice de formol). Se utiliza el sulfato de amonio (mejor que el fosfato de amonio) con dosis de 10-20 g/hl (máximo legal: 30 g/hl en la UE, siendo la media de 20 a 40 mg/l de N) o los sulfitos/bisulfitos de amonio (máximo 20 g/hl, 28 a 50 mg de N/l). Un exceso de nitrógeno favorece la fermentación del carbamato de etilo (capítulo 9) que puede modificar los caracteres aromáticos, con menos productos secundarios de fermentación. Este aporte se debe realizar al inicio de la fermentación, como las aireaciones (ver más arriba). La pareja nitrógeno amoniacal/aireación da los mejores resultados (figura 3.8).

Las carencias de nitrógeno asimilable

- El desarrollo de hierba en los viñedos, practicado esencialmente para dominar la alimentación de agua y de nitrógeno de las viñas puede provocar carencias nitrogenadas en los mostos. Estos «enherbados» deben ser controlados, limitados y corregidos si es necesario mediante fertilización nitrogenada del viñedo y/o aporte de sales amoniacales a los mostos.

- Los mostos se enriquecen en nitrógeno asimilable gracias a las maceraciones de los hollejos fortuitas o provocadas; se empobrecen por desfangados demasiado severos.
- La adición de nitrógeno amoniacal y/o asimilable de los mostos se debe practicar en todas las situaciones con riesgo efectuando prevenciones correctivas adaptadas.

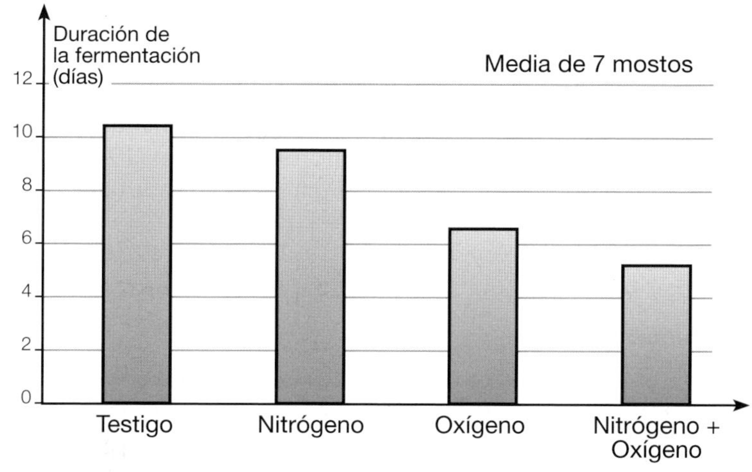

Figura 3.8.–Influencia del nitrógeno y del oxígeno sobre las duraciones de la fermentación alcohólica (Sablayrolles, 1995).

Las vitaminas

Las levaduras necesitan una docena de vitaminas, habitualmente presentes en cantidades suficientes en los mostos. Se observan, sin embargo, ciertas carencias en tiamina (vitamina B1) en los mostos de uvas sobremaduras y/o podridas. En estas condiciones, se deben añadir 50 mg/l de clorhidrato de tiamina (capítulo 6), aportando nitrógeno amoniacal.

Las acideces elevadas

A menudo se mencionan como favorables para el buen desarrollo de las fermentaciones alcohólicas, pero no tienen efectos positivos directos porque las levaduras fermentan mejor a pH elevado. Corresponden simplemente a mostos sin sobremaduraciones, menos ricos en azúcares pero más ricos en nitrógeno asimilable, vitaminas... Son también un freno ante el desarrollo de las bacterias, las cuales se deben controlar mediante una higiene rigurosa.

Los inhibidores

Los azúcares

A muy altas concentraciones, hacia 700 g/l, los azúcares impiden la multiplicación de microorganismos (ej.: mermeladas, mostos concentrados). En cantidades menores, el efecto inhibidor es limitado pero sensible por encima de 250-300 g de azúcares/l donde se observan dificultades fermentativas.

El alcohol

El efecto antiséptico bien conocido del alcohol se manifiesta también frente a las levaduras cuya actividad ralentiza. Su efecto varía con la temperatura, los azúcares propios de las levaduras, la aireación; es sensible a partir de 12,5-13 % vol. y casi total hacia 15-17 % vol.

Los subproductos de la fermentación

Las levaduras siempre forman ácidos grasos de 6-8-10 átomos de carbono (ácido hexanoico, octanoico y decanoico) en la cantidad de unos cuantos miligramos por litro. Modifican la permeabilidad de las paredes celulares de las levaduras y, en cantidades un poco elevadas, impiden la penetración de los azúcares y/o la salida de alcohol. C. Geneix y S. Lafon-Lafourcade (1984) han demostrado que la adición de «cortezas de levaduras» (paredes de levaduras muertas purificadas) fijaba estos ácidos grasos inhibidores y jugaba un papel activador muy eficaz. Se utilizan productos comerciales en cantidades de 20-30 g/hl, al inicio de la fermentación, a la vez que el nitrógeno amoniacal y el oxígeno.

Diversos inhibidores

Varios pesticidas tienen actividad anti-levaduras directa (folpel, thirame, diclofluanide, captanos...) Sus residuos perturban los inicios y/o finales de fermentación. Diversos productos anti-oidio (IBE, inhibidor de la biosíntesis de esteroles) suponen una modificación del metabolismo de las levaduras y de sus productos secundarios. Las dificultades serias aparecen en caso de tratamientos demasiado tardíos o demasiado intensos. Las cortezas de levaduras fijan los residuos de los pesticidas.

Los taninos

Tienen un efecto curtiente con las proteínas, por tanto con las levaduras, pero su efecto inhibidor es probablemente desdeñable.

Las bacterias lácticas y la Botrytis cinerea

Tiene un efecto inhibidor observado en los casos de uvas muy podridas o de contaminaciones bacterianas fuertes, por efecto de una higiene deficiente. El sulfitado y/o la cocción suprimen estos inconvenientes.

El SO_2

Es conocido y utilizado como inhibidor enológico (capítulo 6).

Los factores físicos del desarrollo de las levaduras

La temperatura

Existen levaduras que pueden fermentar de –3 a –5 °C a + 40 ó + 45 °C pero prácticamente todas las fermentaciones enológicas se desarrollan entre 10 y 35 °C. En este intervalo de temperatura, la velocidad se duplica por toda elevación de temperatura de alrededor de 10 °C, para caer espectacularmente por encima de 35 °C, destruyéndose toda fermentación a 60-70 °C. Estos aumentos de temperatura favorecen la presencia de azúcares residuales importantes, de un rendimiento de alcohol menor y de un contenido en ésteres volátiles aromáticos reducido. Los inconvenientes son mayores en los casos de graduaciones alcohólicas altas y de carencia de oxígeno. Las fermentaciones de los mostos blancos a temperaturas elevadas, por encima de unos 25 °C, producen vinos con aromas bastos característicos (olor a caucho) pero no se observan estos inconvenientes en vinos tintos fermentados a 30-35 °C, para extraer los compuestos fenólicos.

Se deben evitar los choques térmicos (ej.: día/noche en tanques de acero al aire libre), particularmente al final de la fermentación. Los aumentos de temperatura al final de la fermentación, hacia 20-23 °C para los vinos blancos, no disminuyen la cantidad de ésteres volátiles agradables, formados en la primera mitad de la fermentación, pero facilitan la transformación de azúcares residuales. Las comparaciones entre vinificaciones con perfiles térmicos precisos (ej.: 15 a 20 ó 20 a 15 °C) no han mostrado diferencias aromáticas significativas.

Presión

El CO_2 es inhibidor de la fermentación pero debe alcanzar 7 bares para bloquearla completamente.

Agitación

La agitación es necesaria para evitar la acumulación de las levaduras en el fondo de los recipientes: la agitación natural por el CO_2 es suficiente, salvo en recipientes muy pequeños con bajas temperaturas en los que el removido puede ser necesario.

3.1.5. Las «buenas prácticas» de la fermentación alcohólica

Fenómeno a la vez espontáneo y muy complejo, la fermentación alcohólica de los mostos resulta acertada aplicando de forma metódica varias «buenas prácticas» bastante sencillas.

Los objetivos

El más frecuente, investigar la transformación completa lo suficientemente rápida y sin intermitencias de los azúcares fermentables (glucosa o fructosa) en alcohol con un rendimiento aceptable, la formación de aromas fermentativos agradables y un contenido mínimo de compuestos secundarios desagradables olfativamente (alcoholes superiores, acetato de etilo, compuestos azufrados) o gustativamente (ácido acético). La fermentación de los vinos con azúcares residuales (ej.: vinos blancos suaves y licorosos) obedece a reglas particulares (capítulo 7).

El esquema básico

A partir de un mosto o de una vendimia exprimida en buenas condiciones (capítulo 4), con un sulfitado razonable, se procede a las operaciones siguientes.

Adición de levaduras

Las levaduras aportadas por la uva son ampliamente complementadas por células provenientes del material, de la bodega... Estos aportes son limitados por una higiene rigurosa, el sulfitado, el desfangado...; desde hace veinte años, se practica regularmente la adición de levaduras con una técnica fiable, muy diferente de las células propuestas después de los trabajos de Pasteur y sus discípulos ya obsoletos.

Las levaduras secas activas (LSA)

A partir de los trabajos de selección llevados a cabo en la mayor parte de los viñedos del mundo y por los fabricantes de tres o cuatro grandes firmas, se dispone actualmente de una gama de más de cientos de cepas de LSA, que evolucionan cada año. Para una selección precisa, uno se puede remitir a un catálogo descriptivo e independiente propuesto por el Instituto Técnico de la Viña y el Vino, la SICAREX Beaujolais...*

Las cepas se clasifican según distintos criterios: especie, características *killer*, función *starter* o de acabado, usos especiales, aromas fermentativos y varietales, color del vino, propiedades particulares. Debido a esta abundancia, la elección práctica se basará en las siguientes reglas básicas:

- aptitud fermentativa comprobada (salvo para vinos blancos con azúcares residuales),
- sin defectos conocidos (gustos extraños, espuma...),
- buenos resultados ya observados en bodega o en situaciones próximas,
- utilizar muchas cepas (2 a 5 por ejemplo) para una bodega, en tanques distintos,
- ensayar con regularidad algunas novedades para su validación local.

El uso de LSA específicas (aromáticas, extractoras de color, criófilas...) no debe ser un hecho generalizado más que después de observaciones personalizadas precisas y repetidas.

Recordemos en fin que las cualidades de una levadura se ponen de manifiesto en un contexto determinado y en el momento del consumo habitual del vino: las ausencias que se dan, a veces importantes, al final de la fermentación se atenúan siempre después de unos meses y a menudo son insignificantes tras uno o dos años.

Las LSA deben ser utilizadas mediante un método preciso, habitualmente descrito en los envases o como se describe a continuación:

- Dosis: 10 g/hl (5 g son poco eficaces, 20 g son inútiles).
- Rehidratación: según las indicaciones del proveedor o como sigue. Para 100 hl con 10 g/hl, dispersar 1 kg de LSA en 10 litros de agua azucarada (alrededor de 50 g/l de sacarosa) a 37 °C en un recipiente de 20-50 litros. Esperar 20 minutos y homogeneizar bien.
- Adición de las levaduras: incorporar las levaduras reactivadas en 100 hl de mosto o de vendimia mezclando cuidadosamente, por bombeo con material desinfectado. La incorporación localizada es menos recomendable.

La adición de levaduras debe dar lugar a una población de aproximadamente 1 millón de levaduras vivas/ml.

Esta adición se debe hacer lo más pronto posible, a una temperatura suficiente por encima de 15 °C (después de calentar en caso de permanecer el líquido con frío, maceración inicial con frío o vendimias frías). Añadir las levaduras de forma tardía es poco eficaz, existiendo competencias entre las levaduras indígenas y las aportadas.

---

* N. del T.: Estas instituciones francesas tienen su equivalente dentro de la Administración española.

Preparación de pies de cuba

Para reducir costes y/o mejorar la eficacia de las LSA, ciertos enólogos preparan sus pies de cuba de LSA. La operación es delicada pero realizable con un control estricto de las condiciones de cultivo (temperatura regulada, fuerte aireación...) basada en los conocimientos microbiológicos prácticos adaptados. Eficacia y rentabilidad deben asegurarse en las bodegas de cierta importancia.

Las condiciones de fermentación

La temperatura debe conservarse mediante una regulación en torno a ciertos valores buscados (ej.: 18-20 °C para vinos blancos secos; 28-32 °C para los vinos tintos clásicos) con una aptitud limitada en 1-2 °C. Sólo las intervenciones preventivas controladas son satisfactorias, con o sin automatismos electrónicos informatizados.

Al principio de la fermentación activa, tras la transformación de 30 a 50-80 g de azúcares, con una bajada de densidad de 10 a 30 g/l, hacia 1.070-1.060 g/l, se tienen que ventilar las levaduras, aportando cortezas de ellas si es necesario. Parece preferible aportar el nitrógeno amoniacal y la tiamina un poco más tarde, hacia 1.060-1.040 g/l, cuando las levaduras ya hayan dejado atrás su población máxima (figura 3.9).

Aporte de oxígeno

Para aportar alrededor de 8-10 mg/l de oxígeno útil teniendo en cuenta las pérdidas, se deben aportar alrededor de 500 g de oxígeno/cuba de 100 hl dando un caudal de 6 l de oxígeno –o de 30 l de aire/minuto para una operación de 30 minutos. Se deben aumentar proporcionalmente los caudales para los recipientes mayores evitando los excesos de espuma y los desbordes utilizando difusores adpatados (ej.: tubo de acero inoxidable y una presión limitada a unos 0,5 bares).

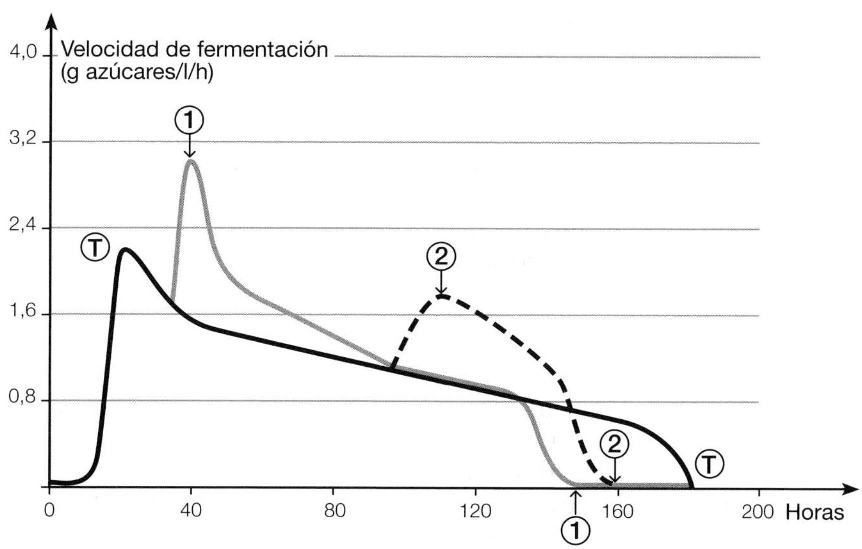

Figura 3.9.–Influencia del nitrógeno amoniacal precoz (1) o tardía (2) sobre la velocidad de fermentación (según Barre).

Existen numerosos «activadores de fermentación» compuestos que contienen nitrógeno, vitaminas, cáscaras de levadura, materiales inertes: de buena eficacia, pueden sustituir a productos elaborados de coste más elevado.

Como ya se indicó, las fermentaciones deben ser seguidas de forma regular, una o dos veces al día: densidad, temperatura, aspecto general, degustación rápida para poner en marcha investigaciones complementarias (cantidad de azúcares, acidez volátil) y las intervenciones necesarias, de manera preventiva.

Nota

El control de las fermentaciones alcohólicas pasa por una definición precisa de los objetivos, una vigilancia continua y la puesta en juego de las intervenciones lo antes posible.

3.1.6. Las paradas de fermentación

Diferentes investigaciones epidemiológicas han mostrado que del 20 al 30 % de los tanques de fermentación presentarían dificultades de acabado de la fermentación, la mayor parte de las veces sin consecuencias graves pero siempre preocupantes, con coste económico, con pequeñas desviaciones y, a veces, graves alteraciones.

En todos los casos estas dificultades corresponden a una falta de actividad fermentativa de las levaduras: número insuficiente, mortandad excesiva y/o «dinamismo» limitado. Las causas son resultado directo de los mecanismos descritos anteriormente: carencia inicial de levaduras, condiciones físico-químicas desfavorables, inhibidores endógenos (ácidos C6, C8, C10). La solución óptima pasa por las medidas preventivas descritas:

- adición de levaduras eficaz de alrededor de 100 millones/ml antes de 1.050-1.060 y viabilidad elevada, superior al 90-95 %;
- control de la temperatura, de la aireación y de la alimentación nitrogenada y vitamínica;
- evitar grados alcohólicos probables demasiado elevados y chaptalizaciones tardías (por debajo de 1.040-1.050 en general);
- eliminar los inhibidores de la fermentación aportando cáscaras de levaduras al principio de la fermentación.

Las situaciones de riesgo

El control de las dificultades de fermentación pasa por el diagnóstico de las situaciones de riesgo:

- ciertas bodegas con incidentes muy frecuentes;
- los vinos rosados/claretes y los vinos blancos secos demasiado desfangados;
- sobremadurez y/o podredumbre;
- carencias nitrogenadas por escasa fertilización; desarrollo de hierbas incontrolado;
- tratamientos fitosanitarios excesivos, demasiado numerosos, demasiado tardíos, con producto anti-levaduras;
- siembras de bacterias por mala higiene, sin sulfitado;

Los riesgos se convierten en elevados en caso de acumulación de circunstancias desfavorables, que de forma individual son despreciables.

Estos riesgos se confirman cuando la viabilidad de las levaduras baja por debajo del 70-80 % en presencia de azúcares: las dificultades de fermentación aparecen después de 1 a 3 días. Los valores de actividad de levaduras por ATPmetría en los casos dudosos permiten completar el diagnóstico que será más precoz utilizando modelos de fermentación ya contrastados, de tratamientos más eficaces.

En caso de ralentización fuerte, o de parada, es necesario relanzar la fermentación, lo más temprano posible, en colaboración con un enólogo experto:

- En todos los casos, dosificar el grado alcohólico, azúcares residuales, ácidez volátil y ácido málico.
- Restablecer las temperaturas óptimas de 21-22 °C para los vinos blancos y rosados y de 25-28 °C para vinos tintos.
- Un ligero sulfitado (2 a 3 g SO_2/hl) favorece a veces el nuevo arranque.
- Si es posible, controlar el grado alcohólico probable mediante mezclas de vinos (*coupage*) bien pensadas. La mezcla inadecuada de una cuba normal con una con problemas conduce a veces a tener dos tanques de fermentación con problemas, por lo que una bajada de 1-2 % vol. del grado alcohólico es muy eficaz.
- Añadir 20-30 g/hl de cáscaras de levaduras, incluso si la eficacia óptima está en tratamiento preventivo.
- Organizar la re-adición de levaduras «finalizadoras» (catálogo de proveedores de LSA) preparando un pie de cuba activo controlado y cuidadosamente incorporado. La preparación del pie de cuba se debe hacer según las indicaciones precisas de cada casa, generalmente en dos tandas con una aclimatación al medio alcohólico. Existen en el mercado levaduras preparadas para este uso, en forma de granulados específicos.

Nota

Cuando los volúmenes de mosto, la legislación y el tipo de vino lo permiten, se puede optar por guardar unos gramos de azúcar por litro, mejor que arriesgarse a accidentes serios (oxidación, acidez volátil, gustos a levadura) debido a fermentaciones demasiado escasas.

3.2. La fermentación maloláctica

Probablemente tan antigua como la alcohólica, la fermentación maloláctica no se identifica y conoce hasta hace poco. En 1772, el Abad Gandelot nota una transformación favorable del vino «cuando la uva está en flor o comienza a madurar». En 1864, Berthelot nota la bajada de acidez. Los primeros estudios científicos no aparecen hasta principios del siglo XX (Kulisch, Mösslinger, Muller-Thurgau) y particularmente con Siefert quien propone la primera ecuación exacta. Durante más de cincuenta años, todos los enólogos observan, describen y cuantifican este fenómeno, con opiniones muy contradictorias clasificando entonces a veces la fermentación maloláctica entre las «enfermedades de los vinos». La discusión permanece abierta para los vinos blancos y rosados, según las regiones, pero el interés general permanece en los vinos tintos, incluso si ciertos autores se preguntan aún sobre el interés nutricional del ácido málico.

El conocimiento además del control de la fermentación maloláctica va progresando muy rápidamente a partir de 1958 cuando P. Ribéreau-Gayon propone un método de estimación del ácido málico muy rápido, muy simple, poco costoso, por cromatografía de papel. Este método permite seguir simplemente el fenómeno y controlarlo. Más recientemente todavía, la evolución de los analizadores automáticos secuenciales ha permitido el desarrollo de la cantidad precisa de ácido málico por vía enzimática que nosotros pusimos a punto en 1964. Tenemos aquí un ejemplo de progreso tecnológico a partir de métodos analíticos.

3.2.1. Un poco de química

La transformación del ácido málico se lleva a cabo según la ecuación siguiente:

Ácido málico	→	Ácido láctico	+	Gas carbónico
COOH–CHOH–CH_2OH–COOH		CH_3–CHOH–COOH		CO_2
134 g		90 g		44 g
1 g		0,67 g		

Un gramo de ácido málico –ácido fuerte– se transforma en 0,67 g de ácido láctico –ácido débil– con eliminación de CO_2. La transformación tiene lugar en el interior de la célula de las bacterias lácticas (figura 3.10) bajo la acción de la única «enzima maloláctica» prácticamente sin desprendimiento o absorción de energía. Las bacterias tiene simplemente necesidad de nutrientes (azúcares, aminoácidos) para multiplicarse y alcanzar una población suficiente.

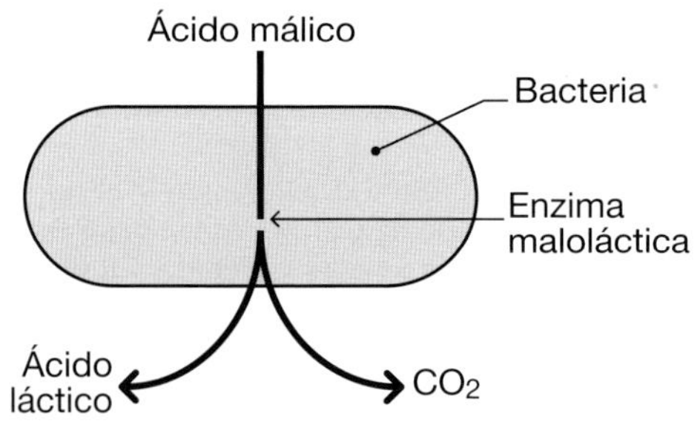

Figura 3.10.–Esquema de la fermentación maloláctica mediante bacterias.

La transformación del ácido cítrico forma diacetilo y diversos compuestos. Las transformaciones de azúcares, de ácido tartárico, de la glicerina por las mismas bacterias son alteraciones del vino (capítulo 9).

3.2.2. Un poco de microbiología

Las bacterias lácticas son organismos muy simples, sin un núcleo individualizado, con pared con coloración «Gram +», por oposición a las bacterias acéticas «Gram –». Las bacterias lácticas del vino son tanto bacilos alargados (alrededor de 0,5-1 a 10 µm) (género *Lactobacillus*) como cocos esféricos (1-1,5 µm de diámetro) (género *Pediococcus* o *Leuconostoc*). Algunos (*Pediococcus*) forman poco ácido acético a partir de glucosa (homofermentativos) mientras que otros (heterofermentativos) forman cantidades importantes: esta diferencia tiene poco interés enológico.

Las especies enológicas más frecuentes son *Oenococcus oeni* (ex *Leuconostoc oenos*) y *Lactobacillus plantarum*.

3.2.3. Las condiciones de la fermentación maloláctica

La observación de experimentos y la investigación han determinado las condiciones favorables y desfavorables para el buen transcurso de la fermentación maloláctica permitiendo así atenuar el carácter aparentemente caprichoso.

- El crecimiento de bacterias lácticas tiene lugar a partir de cantidades mínimas de azúcares para alcanzar la población de alrededor de 1 millón de bacterias/ml necesaria para el arranque de la degradación del ácido málico. Salvo excepciones, el mosto o el vino es bastante rico en azúcares, aminoácidos y vitaminas para esta fase de crecimiento.
- Las bacterias pueden desarrollarse a partir de un pH de 2,9-3,0 pero el óptimo de crecimiento se sitúa hacia un pH de 3,7-3,8, con una multiplicación posible para cepas diferentes. La actividad maloláctica es óptima hacia un pH de 3,0-3,2.
- La actividad de las bacterias se ralentiza fuertemente por el SO_2 libre, a partir de unos 10 mg/l, pero con fuertes diferencias entre cepas (capítulo 6) y el SO_2 combinado ralentiza el crecimiento: el sulfitado de los mostos se debe limitar para evitar la acumulación de SO_2 después de la fermentación.
- La actividad fermentativa crece con la temperatura, con un óptimo hacia 20-23 °C en presencia de alcohol.
- El alcohol entorpece a las bacterias sobre todo más allá de los 13 % vol. aun cuando existen ciertas cepas que se desarrollan hacia 16-20 % vol. y pueden provocar la alteración de vinos licorosos.
- Los polifenoles tienen un papel variable, mal conocido, globalmente escaso.
- Una ligera aireación parece favorecer el buen desarrollo de las fermentaciones malolácticas.
- La interacción de levaduras-bacterias es compleja: antes de la fermentación alcohólica, las levaduras favorecen el desarrollo de bacterias y enriquecen el medio (aminoácidos) mientras que las molestan en su desarrollo después de la fermentación alcohólica por producción de inhibidores (ácidos grasos de 6-8-10-12 átomos de carbono, proteínas).
- En muchos vinos en los que se conoce la presencia de bacteriófagos se pueden destruir ciertas cepas de bacterias: su importancia práctica es limitada por la gran diversidad de cepas.

3.2.4. Las «buenas prácticas» de la fermentación maloláctica

Fenómeno a la vez muy frecuente y caprichoso, el éxito de la fermentación maloláctica, en plazos razonables y sin incidentes, pasa por diversas prácticas simples. Se puede decir esquematizando mucho que en vez de poder provocarla de golpe conviene en primer lugar no impedirla.

¿Fermentación maloláctica o no?

Sin entrar en una polémica obsoleta ni querer generalizar la práctica bordelesa, desde casi medio siglo, en todos los viñedos, se pueden proponer las siguientes respuestas:

- La fermentación maloláctica se impone para el conjunto de los vinos tintos a los que les confiere suavidad, equilibrio y estabilidad microbiológica. La disminución de la actividad no es excesiva más que en situación límite, debiendo controlarse por otros procedimientos, frecuentemente vitícolas (capítulo 5). Numerosas D.O. preconizan o imponen la fermentación maloláctica en sus vinos.
- La fermentación maloláctica no es general más que para ciertos vinos blancos septentrionales, típicamente los vinos de Chardonnay, de Champagne y de la Borgoña. Los resultados son más variables, menos favorables con las cepas más ricas en aromas varietales (Riesling, Sauvignon...), en las zonas meridionales y/o menos ácidas que se conocen, más allá de las transformaciones aromáticas diversamente apreciadas (aromas «mantecosos»). Por otro lado, se busca habitualmente más acidez, frescor, en los vinos blancos que en los vinos tintos para una misma región.
- Los vinos rosados y claretes están, como la mayoría de las veces, en posición intermedia.
- Las incertidumbres nutricionales provocadas por la desaparición del ácido málico en beneficio del ácido láctico no están claramente establecidas.

Las buenas prácticas son las siguientes:

- Limitar los sulfitados de los mostos a valores mínimos, gracias a un buen estado sanitario de las uvas y a una estricta higiene general de la bodega.
- Mantener la temperatura del vino tras la fermentación alcohólica hacia 20-22 °C, sin variaciones.
- Evitar las acideces demasiado fuertes: la fermentación maloláctica es bastante más complicada que útil en caso de acideces elevadas y de un pH bajo. Si es necesario, puede ser eficaz desacidificar ligeramente un lote (capítulo 5) para facilitar la actividad de las bacterias lácticas y luego utilizarlas para sembrar los otros lotes.
- El mejor aporte de bacterias está formado por los «pies de cuba» naturales aislados de cubas en las que se haya dado una buena fermentación maloláctica. Esta unión está limitada a un mismo VCPRD de una misma bodega, además de otras posibles limitaciones (color, tipo de vino). Fuera de estos límites, la siembra en cascada es la mejor herramienta del enólogo, siendo suficiente la mayoría de las veces.
- Se dispone de pocos fermentos malolácticos operativos en constante evolución. Su eficacia práctica exige una puesta en juego estricta, según las indicaciones de los diferentes proveedores cada vez más orientadas hacia siembras directas que reúnen la ya muy probada eficacia de unos cuantos complejos de siembras después de múltiples regeneraciones. La siembra directa de los mostos, antes de la fermentación alcohólica, parece que se ha abandonado debido a su incierta eficacia y a la existencia de riesgos reales.

La utilización de siembras internas

Ha sido propuesta la concentración de bacterias (Descout), inmediatamente después de la finalización de una fermentación maloláctica exitosa de un cierto lote, por filtración con tierras (capítulo 10), y la reincorporación a otro lote. La técnica es eficaz y recomendable en instalaciones bien equipadas para esta filtración tan precoz.

Nota

El dominio de la fermentación maloláctica pasa por prácticas simples pero totalmente controladas de forma preventiva lo máximo posible. Las intervenciones tardías son menos eficaces, más costosas y más arriesgadas.

3.2.5. El final de la fermentación maloláctica

El desarrollo de la fermentación maloláctica se debe seguir imperativamente por medio de análisis rigurosos, de 1 a 3 veces por semana según la velocidad del fenómeno. La cromatografía sobre papel, posible en bodega, es suficiente para observar el inicio y el transcurso general pero el final debe ser seguido mediante una dosificación enzimática. La fermentación maloláctica se termina cuando quedan de 0,1 a 0,3 g/l de ácido málico, raramente menos.

Salvo excepción, conviene entonces intervenir para parar la actividad de las bacterias lácticas. La transformación de ácido cítrico se puede apreciar o no, por formación de compuestos aromáticos típicos. La transformación de trazas de azúcares residuales con formación de acidez volátil está prohibida. Una fermentación maloláctica normal, pura, no forma trazas de acidez volátil (+0,05 a +0,15 g/l aproximadamente), pudiéndose elevar esta acidez volátil de 0,15 a 0,4 g/l aproximadamente en unas cuantas horas debido a un mini picado láctico (capítulo 9).

Desde la desaparición del ácido málico, el vino debe ser trasegado y sulfitado para obtener alrededor de 25-35 mg/l de SO_2 libre. La refrigeración hasta 5-10 °C, menos si es posible, es igualmente muy recomendable. Las clarificaciones y las filtraciones nos hacen entrar en la crianza de los vinos.

La lisozima

Diversos estudios han demostrado que una proteína, la lisozima, presente de forma natural en la clara del huevo, tenía un cierto efecto bactericida. Con dosis suficientes (10 a 25 g/hl), puede prevenir, retardar o detener la fermentación maloláctica. Este producto no tiene la autorización de empleo en el año 2000*.

3.3. Las fermentaciones de acabado

La expresión «fermentaciones de acabado» propuesta por É. Peynaud recoge diversas evoluciones y prácticas demasiado desatendidas.

Después de la fermentación de los azúcares a alcohol, la elevada población de levaduras de ese momento pierde lentamente su vitalidad. Hay una transformación de las últimas fracciones de azúcares tras el inicio de una degradación de las células de levaduras (autolisis). Según los casos, se desarrolla un «gusto a levadura» después de aparecer aromas complejos y modificarse la estructura: el vino se vuelve redondo, se suaviza por la liberación de coloides proteicos y/o glucídicos parcialmente conocidos. Esta evolución habitualmente es favorable, excluyendo todos los incidentes de oxidación de los recipientes que no están completamente llenos o de reducción en recipientes herméticos y todos los desarrollos bacterianos no deseados (fermentación maloláctica no deseada, picados lácticos...). Esta «estancia sobre lías» ha sido durante mucho tiempo involuntaria, después prohibida y, por último, de nuevo provocada. Su éxito pasa por un estricto seguimiento organoléptico y analítico (SO_2 libre, acidez volátil) con un control tecnológico total de las aireaciones y de la temperatura: es más frecuente en barricas para vinos blancos. Los finos con fermentaciones malolácticas aumentan los riesgos de alteraciones bacterianas.

* N. del T.: El empleo de la lisozima como agente antibacteriano en Francia.

La regla básica puede ser la siguiente. Tras la fermentación, se procede a un balance analítico completo y a una cata prospectiva atenta. En el caso de vinos muy sanos, destinados a crianza de al menos varios meses, se refrigeran hasta 10-15 °C tras sulfitar y trasegar las «lías gruesas» después de unos días de ligera aireación. En el caso de almacenamiento en tanques llenos, se dosifica el SO_2 libre (y total) después de 3-4 días y se vigilan las evoluciones oxidativas o reductoras. El removido de las lías, con ligera aireación si es necesario, evita las heterogeneidades, los gustos a lías. Esta operación es delicada y exige muchos cuidados (ej.: removido con nitrógeno, bomba sumergida en circuito cerrado...). Para vinos de consumo rápido, ricos en aromas varietales, a menudo es preferible trasegar después de clarificar rápidamente antes de hacer nuevos trasiegos, sin un exceso de aireación. Las filtraciones muy precoces, aconsejadas durante mucho tiempo, parecen ahora menos «a la moda» pero siguen siendo a menudo razonables.

Nota

El vino «recién nacido» es frágil y su primera crianza decide en gran medida su futuro. Necesita un seguimiento meticuloso, adaptado a cada caso, sin ocuparse de modas especialmente variables en este campo.

4. LA EXTRACCIÓN DE MOSTOS

Antes del comienzo de la fermentación, en unos cuantos (decenas de) minutos, la uva intacta en la cepa se transforma en una compleja masa de jugo y materias sólidas. Recolección, transporte, descarga, estrujado, despalillado y prensado provocan una transformación físico-química que comienza a definir las características del vino final.

4.1. Los mecanismos de extracción de los mostos

Con la uva en la cepa, los diferentes componentes se reparten entre raspón, hollejo, pulpa y semillas. En el interior de cada célula vegetal, estos componentes están aislados por membranas, vacuolas, cloroplastos... al abrigo del aire. Desde la cosecha, hay una ruptura de la piel de la baya y de las paredes celulares con una mezcla brutal de los componentes y de decenas de enzimas propias de la uva, en presencia del oxígeno del aire. Esta «tempestad bioquímica» pone en marcha las primeras acciones de maceración, oxidación, disolución, hidrólisis desde la cepa hasta el envasado, en condiciones no controladas.

La tabla 4.1 resume la localización y el papel de los principales componentes de la uva sobre las características del futuro vino:

- Las proteínas, más abundantes en la madurez y en caso de podredumbres, pasan de la forma nitrogenada proteica insoluble a formas nitrogenadas solubles, utilizables por las levaduras.
- El conjunto de las manipulaciones de la uva libera a la vez cantidades crecientes de sustancias pécticas y de enzimas pectolíticos que las degradan, sobre todo entre 15 y 60 °C.
- En las cepas del tipo Muscat se distingue un desarrollo aromático por liberación de compuestos terpénicos típicos, mediante las glucosidasas de la uva, limitado por un contenido de glucosa elevado del jugo.
- Desde el contacto con el aire, hay transformación de ácidos grasos de la pruina con liberación de «compuestos de C6» (alcoholes hexanol y hexanol y aldehídos hexenol y hexenal) de carácter herbáceo muy claro. Esta desviación aromática se incrementa debido a maceraciones y a contenidos de burbas que conviene limitar en el caso de fermentaciones de mostos claros (blancos, rosados).
- Todas las uvas contienen una oxidasa, la tirosinasa, que oxida muy rápidamente ciertos compuestos (derivados tartáricos de ácidos hidroxicinámicos) y los transforman en productos pardos (quinonas) reaccionando con los taninos para provocar el pardeamiento del mosto. Esta transformación se ve

Tabla 4.1.–Composición de las bayas y consecuencias organolépticas

	Hollejo	Pulpa	Semillas	Raspón	
Peso	13-20	75-85	3-6	2-7	100 %
Compuestos fenólicos	36	6	38	20	100 %
Actividad oxidásica	620	100	740	460	
Componentes de la baya					
Azúcares	+	+++	//	//	
Ácidos orgánicos	+	+++	//	+	
Compuestos aromáticos	+++	+	//	//	
Compuestos nitrogenados	++	++	//	//	
Materias minerales	++	++	+	+++	
Materias pécticas	+++	+	//	//	
Glucanos	+++	+	//	//	
Lípidos	//	//	+++	//	
Efectos organolépticos					
Dulce	//	+++	//	//	
Ácido	+	+++	//	//	
Salado	//	+	//	++	
Amargo	+(+)	//	+++	+++	
Astringente	+++	+	+++	+++	
Color	+++	(+)	(++)	(++)	
«Grasa» *	+	++	– –	– – –	
Aroma varietal	+++	++	//	//	
Terpenos libres y ligados [(1)]	70	30	0	0	
Aroma herbáceo	+++	+	//	++	
«Pirazinas» [(1)]	50	40	0	0	

+ a +++ o – a – – – : efecto positivo o negativo creciente.
// : sin objeto.
[(1)] Según *Enologie*, Cl. Flanzy, 1998.
* N del T.: Un vino es graso cuando es rico en alcohol y glicerina.

acentuada por las peroxidasas y es provocada, de forma intensa, cuando hay una hiperoxigenación.

- En el caso de desarrollo de *Botrytis cinerea*, la uva contiene otra oxidasa, la laccasa, capaz de destruir los antocianos y de degradar diversos compuestos aromáticos.

Esta «tempestad enzimática» juega un papel decisivo sobre las características del vino. Es difícil de controlar totalmente pero el enólogo podrá sacar provecho de ella interviniendo sobre la intensidad de los métodos de extracción de los mostos, sobre la intensidad del contacto con el aire y el aporte de SO_2, sobre las temperaturas, sobre las técnicas de clarificación y sobre la duración de las diferentes operaciones.

Nota

El conjunto de las operaciones de extracción del mosto debe realizar una extracción fraccionada, selectiva. El vino sólo procede de uva pero no de toda la uva. Los ensayos de extracciones muy enérgicas o totales (¡que se repiten cada diez años!) son siempre decepcionantes.

4.2. La recolección

La recolección debe limitarse al fruto, a la uva madura, sin presencia de hojas, de sarmientos ni de racimos verdes y/o alterados. La vendimia manual podía lograr bastante fácilmente este objetivo pero con resultados prácticos variables. La aparición de vendimiadoras, en 1970, y su rápido desarrollo –entre 1974 y 1982– y su renovación actual –alrededor de 600 a 800 máquinas por año– han transformado las condiciones de vendimia. Tras las polémicas iniciales, los progresos de las máquinas y la experiencia adquirida, se pueden hoy definir las posibilidades y los límites de los diferentes sistemas de recogida, sin olvidarse de la reducción de costes de recolección de alrededor del 50 % en la recolección mecanizada.

En la práctica, la vendimia mecanizada está estabilizada desde hace diez años y se puede encontrar en todos los viñedos (46 departamentos franceses) con la excepción de los vinos de «vendimias fraccionadas sucesivas» (Sauternes y alrededores) o de racimos enteros (maceración carbónica con ciertas excepciones...). Está más limitada en las regiones más inclinadas, en parcelas muy pequeñas, para las cepas muy frágiles, y para los vinos excepcionales. La tabla 4.2 presenta las ventajas y los inconvenientes de las dos técnicas de vendimia.

En todos los casos, la recolección mecanizada debe respetar ciertas reglas muy sencillas:

- preparar el viñedo para tener los racimos bien repartidos, sin amontonamientos, a una altura regular y preferiblemente con viñas en espaldera. El deshojado puede facilitar la recolección;
- recolectar en la fecha óptima, cuando los granos se separan fácilmente;
- regular las máquinas con un vigor mínimo para reducir la recolección de hojas y sarmientos;
- asegurar una higiene rigurosa;
- asegurar un transporte rápido a la bodega.

Tabla 4.2.–Ventajas e inconvenientes de la recolección manual y mecánica

	Recolección manual	Recolección mecánica
Aplastamiento del racimo	limitado o nulo	variable según cepas, materiales, a veces elevado
Riesgo de oxidación precoz	limitado o nulo	real, limitado por la rapidez
Presencia de hojas	normalmente escaso	variable, limitado por el deshojado previo a la recolección
Recolección de racimos verdes	normalmente despreciable	variable según cepas, espaldera y los reglajes
Posibilidad de selección de cepas	muy elevada	únicamente a mano antes de recolectar
Eliminación de «podredumbre seca»	difícil	importante
Riesgo de contaminación exterior	despreciable	real (carburante, aceite)
Elección de fechas de recolección	limitada, nula o muy costosa	casi total
Higiene del material	fácil	difícil, larga
Eliminación de raspones	nula	importante (60-80 %)
Rapidez	muy escasa (8-15 días/ha)	muy elevada (1-4 h/ha)

Nota

La protección contra la oxidación mediante la puesta bajo gases inertes (nitrógeno, CO_2), enlonado y/o sulfitado tienen efectos limitados puesto que la disolución del oxígeno es casi instantánea. Por otra parte, sólo el exceso de oxidación es perjudicial.

4.3. Transporte, recepción y descarga

Además de los aparatos en sí mismos (cestos, cuévanos, volquetes, remolques; ver tabla 4.3), el transporte de la uva de la viña a la bodega tras la descarga hacia los útiles de estrujado-escurrido-despalillado-prensado debe seguir algunas sencillas reglas.

Rapidez

Los fenómenos parásitos de maceración, oxidación... son proporcionales al tiempo y a la temperatura. Intervalos de 10 a 30 minutos son a menudo insignificantes, intervalos de unas cuantas horas al sol son siempre perjudiciales.

Los hollejos no representan más que un pequeño porcentaje del jugo total que está esencialmente aislado en la pulpa con una composición muy variable. El centro (zonas 2 y 3 de la figura 4.1) es muy pobre en K, Ca y ácido málico que están más concentrados hacia los hollejos y las semillas mientras que el contenido en azúcares y en ácido tartárico crece con bastante regularidad del interior hacia el exterior de la baya. Esta variabilidad explica la composición de los mostos en el transcurso del prensado.

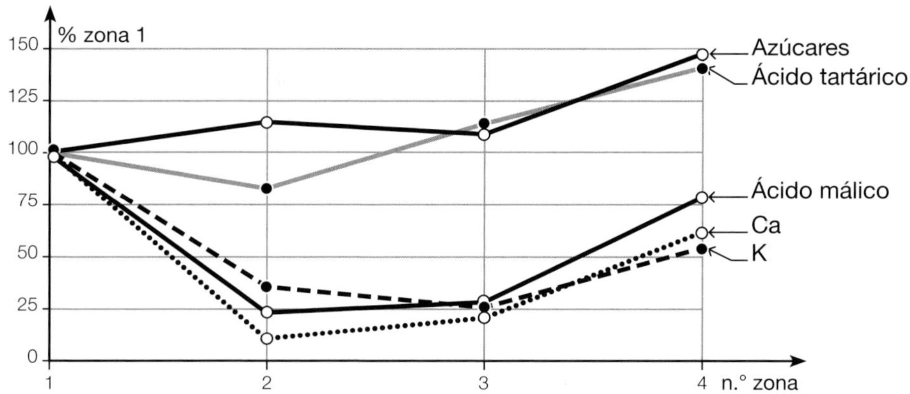

Figura 4.1.–Heterogeneidad de la baya (según Possner y Kliever, 1985).

4.5.2. Las variaciones de composición de los mostos

A partir de innumerables trabajos realizados desde hace décadas y despreciando aquí las diferencias entre las líneas de extracción del mosto, se pueden dar varios ejemplos característicos (figura 4.2). La extracción de burbas varía mucho según los tipos de prensas pero también a lo largo del tiempo. La tabla 4.5 presenta algunos resultados indicativos que confirman esta extraordinaria variabilidad de las burbas e influye notablemente en la relación mosto claro/mosto total así como en los contenidos de componentes aislados de las burbas (aromas varietales y herbáceos, componentes de la pruina...).

En el transcurso del fluir del mosto, se observa una cierta estabilidad de la mayor parte de los componentes hasta alcanzar el 70-80 % del mosto total. Por encima de estos valores, se nota una subida a menudo muy rápida y fuerte –a veces de 1 a 4 ó 5– de numerosos componentes muy diferentes tales como potasio, cal-

Tabla 4.5.–Contenidos de burbas (g/l) según las presiones y el volumen extraído

Volumen extraído (% total)	Prensa vertical	Prensa continua	Prensa horizontal de tornillo	Prensa neumática
0-30	3-6	30-120	20-70	30-40
30-70	3-6	40-250	20-40	15-30
70-100	3-6	50-100	15-70	10-15

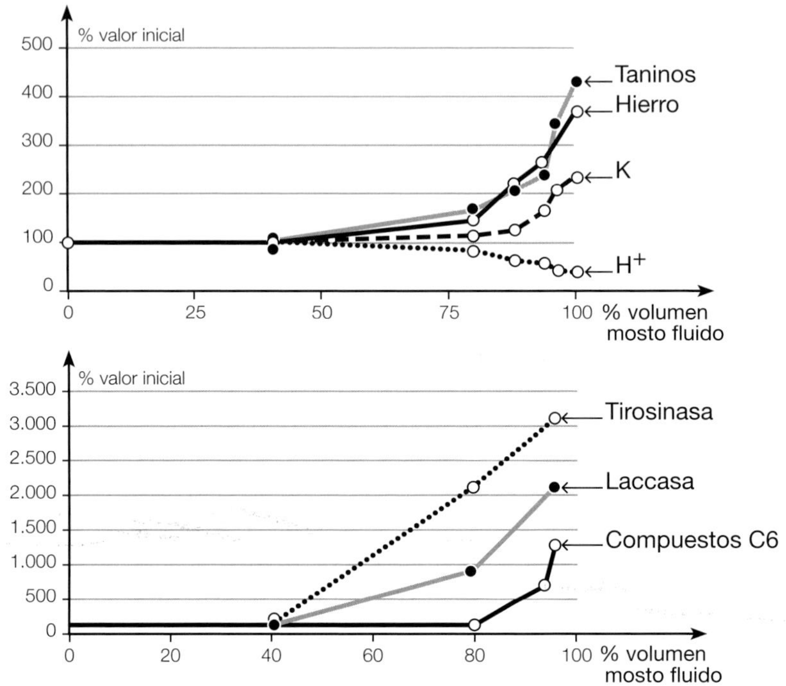

Figura 4.2.–Evolución de la composición de los mostos a lo largo del prensado.

cio, hierro, pH, pero también oxidasas, compuestos herbáceos «de C6» y terpenos (aroma de Moscatel). Las evoluciones del ácido tartárico y de la acidez total son variables y más limitadas con bajada de la acidez al final del prensado. Sucede lo mismo para el contenido en azúcares, con excepción de las uvas muy «botritizadas» (podredumbre noble) que no liberan sus elevados contenidos en azúcares (hasta 300-400 g/l) hasta el final del prensado. Parece muy claramente que los 10-20 últimos porcentajes de mostos blancos son ricos en elementos inútiles o perjudiciales y de constitución claramente aberrante (pH de 4,0 y mayor, varios gramos de taninos y de potasio por litro, 20 a 50 mg de Fe/l). Ricos en oxidasas y altamente saturados de oxígeno, están a veces muy oxidados, rojizos. Los ricos en compuestos herbáceos de C6, son de degustación muy desagradable.

Los contenidos más elevados de terpenos –y probablemente de otros compuestos aromáticos varietales– son interesantes si se controlan los componentes perjudiciales. Las evoluciones son similares pero menos amplias para la extracción de vinos de prensa tintos.

Los «marcadores» de trituración

Además de la determinación de burbas, polifenoles, potasio... se pueden seguir los efectos de las maceraciones, trituraciones y otras operaciones de los racimos en algunas cantidades concretas.

Los «compuestos de C6» representan los caracteres herbáceos; el TDN (trimetil-1,1,6 dihidro-1,2 naftaleno) caracteriza los defectos del tipo «hidrocarburos, gasoil, queroseno». Estos contenidos resultan delicados pero deberían ser más utilizados para definir las propiedades de las diferentes líneas de extracción de mosto.

4.5.3. El escurrido

Salvo en el caso de la recolección de «vinos delicados», en cajas perforadas, existe una liberación rápida de mosto. En el caso de recolección mecanizada y transporte-descarga un poco larga, este jugo liberado puede alcanzar del 30 al 70 % del mosto total. Con frecuencia es más útil separarlo rápidamente para tratarlo de forma específica (ej.: sulfitado). Entonces, bien se pone a fermentar (vinificación en blanco o sangrado en vinificación en tinto), o bien se reincorpora a la vendimia (vinificación en tinto clásica). Se utilizan diversas técnicas (tabla 4.6).

Tabla 4.6.–Comparación de sistemas de escurrido

	Caja de fondo perforado	Mesa de escurrido (vibrante)	Tolva de escurrido (sin contrapresión)	Escurridor dinámico (con contrapresión)	Prensa horizontal
Ventajas	separación muy precoz	separación muy eficaz	escurrido fácil	escurrido muy fácil	polivalencia
	simple	mostos limpios	gran caudal	caudal muy grande	escasas burbas
	económico	posibilidad de clasificación manual	continuo	continuo	
	transporte fácil	continuo			
		utilizable para separar semillas de mosto			
Inconvenientes	limpieza cuidadosa	inversión	inversión	inversión elevada	escurrido limitado
	escurrido limitado		voluminoso	voluminoso	lento
	discontinuo		burbas abundantes	burbas muy abundantes	discontinuo

4.5.4. Un prensado correcto

Prensas

Desde las prensas manuales dibujadas en el Antiguo Egipto, los viticultores han fabricado cientos de modelos, más o menos distintos. Hoy en día, se puede hacer una presentación rápida de las principales características y aptitudes de algunos sistemas de prensado que existen en el mercado (tabla 4.7 y figura 4.3).

Tabla 4.7.–Comparación entre algunos tipos de prensa

	Ventajas	Inconvenientes	Observaciones
Prensa vertical	muy delicada (con la vendimia); fraccionamiento fácil; mantenimiento fácil; mecanismos simples; pocas burbas	lenta; discontinua; poca capacidad; desmenuzados difíciles	automatización posible
Prensa «champenois» (gran superficie)	muy delicada; fraccionamiento fácil; mantenimiento fácil; mecanismos simples; producción interesante; pocas burbas	bastante lenta; discontinua; desmenuzados difíciles	
Prensa horizontal de tornillo	fraccionamiento fácil; numerosos automatismos	discontinua; reglajes bastante complejos; burbas bastante elevadas; limpieza delicada; voluminosa	muy utilizada
Prensa horizontal neumática	delicada; mostos homogéneos; programas muy diversos; muy pocas burbas; muy buena relación; mosto claro/mosto total	discontinua; inversión elevada; limpieza delicada; voluminosa	
Prensa continua	continua; rápida; poco voluminosa; económica; buen rendimiento en jugo bruto	fraccionamiento difícil; pocos reglajes; burbas a veces muy elevadas; mala relación mosto claro/mosto total	en regresión
Tanque de prensado	polivalencia	inversión elevada; complejidad de manejo	muy adaptada para rosados y claretes

Prensas continuas y discontinuas

Esta discusión pasional ha exaltado las conversaciones de las últimas décadas mezclando los mejores y los peores aparatos y olvidando también tanto las diferencias en el campo económico como las competencias de los usuarios.

La observación muestra una verdadera regresión de las ventas y reventas de prensas continuas, prohibidas en ciertas regiones. Conservan un lugar aceptable dentro de las prensas de tornillo bastante grande (Ø de 400 mm y más), de rotación lenta (1-2 t/min.) y con una eliminación importante de los vinos extraídos de baja calidad.

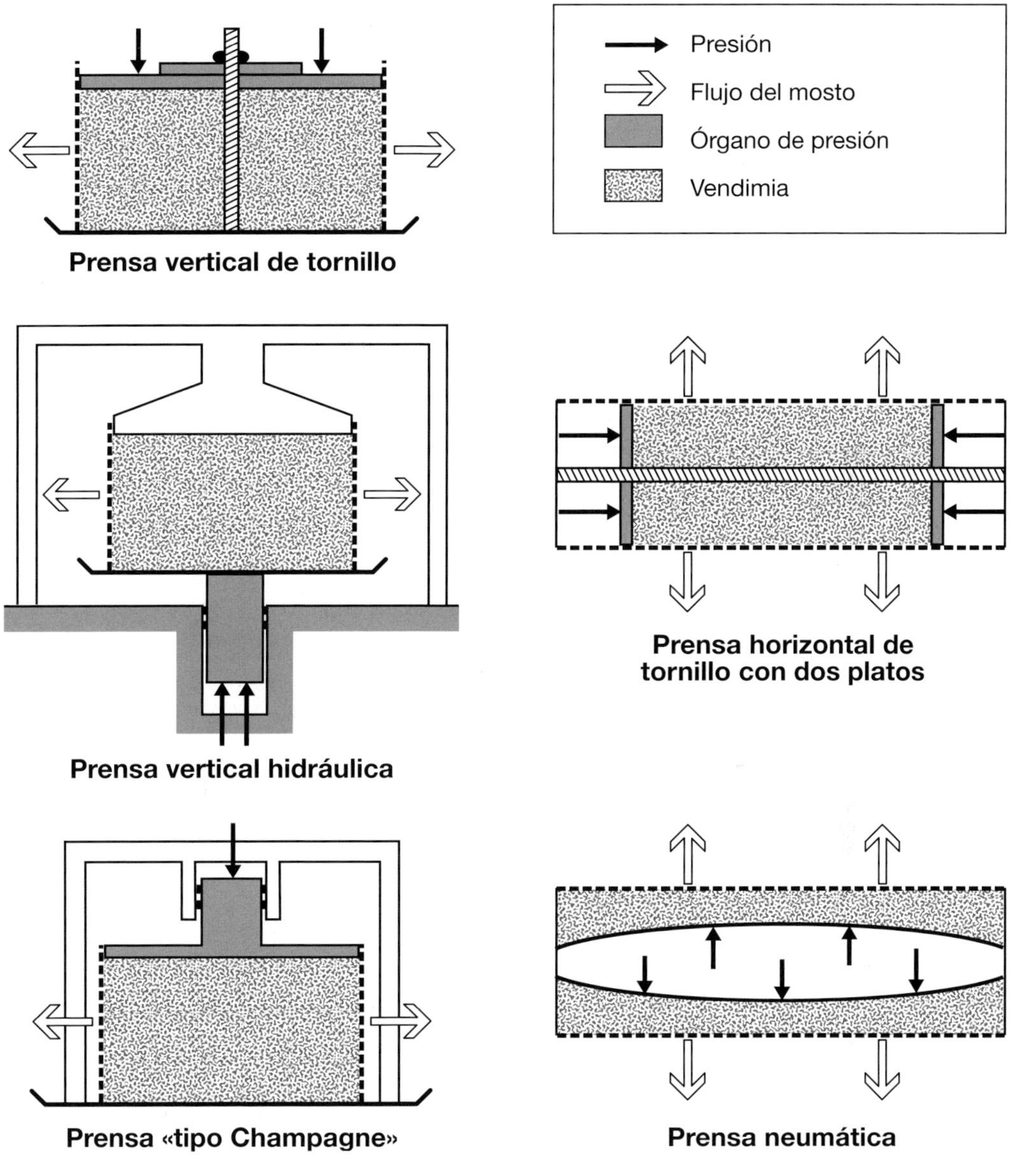

Figura 4.3.–Esquemas de las principales prensas discontinuas.

Notas

Las prensas neumáticas modernas producen mostos de composición menos diversa y con menos burbas que las prensas mecánicas horizontales antiguas.

Las prensas verticales presentan novedades, carcasa de acero inoxidable, programación hidráulica, manutención por medio de una carretilla elevadora... permiten beneficiarse a la vez de ventajas enológicas del sistema y de un uso práctico. Los antiguos y los nuevos modelos parecen particularmente interesantes para el prensado de orujos tintos, en una sola operación, sin desmenuzado.

Prensado

Todos los prensados deben basarse en el conjunto de principios siguiente:

- Alimentar la prensa de forma regular y cuidadosa. El «atiborramiento» axial propuesto para ciertas prensas (de calidad) es un sinsentido enológico: la vendimia es triturada antes del prensado mismo.
- Extraer lentamente el máximo de mosto a bajas presiones, desmenuzando el orujo para eliminar las bolsas de mosto (ej.: limitador de retroceso y tornillo giratorio para las prensas horizontales mecánicas). Lo esencial de los buenos mostos es extraerlos rápidamente cuando falte mucho tiempo para extraer las últimas fracciones de mala calidad.
- Sincronizar la formación de mostos y su flujo. El funcionamiento de la prensa se acciona a la vez por un limitador de presión y una evaluación del caudal para poner en marcha las fases sucesivas. Según los modelos, se deben elegir los programas por vía mecánica (cursores, cuadros de mando) o electrónica.
- Fraccionar el mosto:
  - Si es posible, aislar el principio del prensado de uvas sueltas (1 a 2-3 % del mosto total), cargado de polvo y residuos diversos que se hallan sobre sus hollejos.
  - Siempre aislar el mosto del final del prensado (10 a 20 % en general) de calidad muy inferior pero que necesita más tiempo. Este mosto puede ser objeto de cuidados específicos antes de su posible incorporación al resto del mosto obtenido.

Laccasa y prensado

La laccasa, aislada del desarrollo de *Botrytis cinerea*, se localiza en la piel de las uvas. Su actividad puede ser importante con anterioridad a la aparición de los primeros síntomas visuales (cambio de color de la baya, presencia de conidióforos). Su liberación es muy variable a lo largo de la extracción de los mostos. Los desmenuzados provocan una extracción intensificada.

Aditivos del prensado

Para facilitar la evacuación regular del mosto, se han ensayado diversos aditivos que pueden tener un papel de drenantes:

- Los raspones juegan este papel; el despalillado (de variedades blancas) complica y ralentiza el prensado evitando la formación de bolsas de mosto que no se vacían.
- Los sarmientos[1] pueden reemplazar a los raspones. Su empleo es clásico para «formar los taponamientos» de las prensas continuas; puede provocar una desecación excesiva y una rotura del material.
- Las fibras de polietileno[1] (ej.: Drenopor® de alrededor de 1 mm de longitud y 10-20 mm de diámetro) dan resultados experimentales interesantes, con dosis de alrededor de 1 g/kg.
- La bola de arroz[1] con dosis de 20 a 30 kg/tonelada, permite el mejoramiento cuantitativo (caudal) y cualitativo (limpidez, color) del prensado de vendimias blancas, cuyos racimos estén muy botritizados.

---

[1] Estas prácticas no están autorizadas por la reglamentación vigente.

4.5.5. Algunas perspectivas de futuro

Los usuarios de prensas esperan (futuras) máquinas con automatismos manejados a partir de lo principal, la composición de los mostos obtenidos, y no solamente a partir de una medida de presión, de duración o de caudal. Los medidores sencillos (conductímetro, pH-metro, turbidímetro...) aportan informaciones muy útiles con costes económicos adicionales limitados en relación al precio global de los aparatos. Deberían ser adaptables al material existente bajo forma de automatismo controlado.

Estas informaciones pueden ser explotadas de forma manual (ej.: separar los mostos del vino de la prensa a partir de tal valor de conductividad fijado por la experiencia).

4.6. La selección de la vendimia

Muchos riesgos incurridos en la vendimia desde la extracción de los mostos se atenúan o se suprimen por clasificaciones adaptadas. Los textos franceses emplean por igual la expresión «clasificaciones sucesivas», en femenino: este cambio de género de la palabra muestra la antigüedad de esta práctica para los vinos aislados con podredumbre noble (de Sauternes y alrededores).

4.6.1. Métodos de clasificación

La tabla 4.8 presenta algunos tipos de selección, desde la implantación del viñedo a la bodega pasando por las fechas de vendimia. Todas estas intervenciones tienen un efecto directo muy positivo, sin ningún inconveniente cualitativo. El coste adicional es real, es el precio de la máxima calidad. Este coste adicional es muy variable pero, excepto en vinos licorosos, representa raramente la mitad del coste de las vendimias clásicas, es decir, 1.500-3.000 F/ha (230-460 €/ha) ó 0,2 a 0,5 F/botella (0,03-0,08 €/botella). Está parcialmente compensado por una vinificación, una crianza y una comercialización más fáciles, véase como un ahorro en las inversiones en otros materiales. Ciertos grandes vinos (*cru*), adeptos tradicionales de estas selecciones sorprenden a la vez por la simplicidad de sus equipamientos y la calidad de sus productos.

4.6.2. Algunos principios prácticos

Las clasificaciones o selecciones, cuanto más precoces, son más eficaces. El deshojado no es una clasificación de racimos pero favorece la homogeneidad de la maduración y reduce las necesidades de clasificar.

El escalonamiento de las recolecciones tiene un coste desdeñable y una eficacia muy elevada.

Es posible y recomendable seleccionar antes de una recolección mecánica, en situaciones difíciles.

Las mesas de selección deben estar situadas lo antes posible tras la recolección. La instalación sobre el remolque en el campo es bien conocida. Algu-

Tabla 4.8.–Comparación de diferentes métodos de clasificación de la vendimia

	Método	Ventajas	Inconvenientes	Efectos principales							
				Eliminación de podredumbre	Eliminación de hojas	Eliminación de raspones	Eliminación de cuerpos extraños	Eliminación de racimos mal madurados	Rotura de raspones	Eliminación de agua	Reducción de amargor, astringencia
En el viñedo	**Elección de parcela**	definitivo	fijo; limitado en la explotación	//	//	//	//	//	//	//	//
	Elección del encepamiento	definitivo; muy marcado; poco costoso	fijo	//	//	//	//	//	//	//	//
	Modo de conducción	controla el vigor; fija condiciones de desarrollo	rígido; a veces costoso	(++)	//	//	//	//	//	//	//
	Deshojado	reduce riesgos de podredumbre; facilita la maduración	coste	(+++)	++	//	//	//	–	+	++
	Aclareo	reducción de rendimiento; vinos más ricos; mejor maduración	pérdida de volumen; coste elevado (200/800 cepas/día); vigor posterior aumentado	++	(++)	//	//	+++	//	//	++
	Fecha de recolección	muy eficaz; poco costosa	arriesgada; exige una gran flexibilidad de puesta en marcha	//	//	//	//	+++	//	//	+++

En la recolección	**Selección «negativa» en la viña**	eliminación de racimos insuficientes	coste; organización del personal	+++	+	//	//	+++	//	//	//
	Selección «positiva» en la viña	posibilidad de selección muy detallada	coste elevado	+++	+++	//	//	+++	//	//	+++
	Selección sobre cesto en el campo	muy precoz	trabajo difícil	++	++	+++	+++	++	//	//	++
En la bodega	**Mesa de selección estática**	posibilidad de selección muy detallada	coste; lentitud; tamaño; necesidad de personal	+++	+++	+	+++	++	//	+	++
	Secador[1]	eliminación de agua de lluvia, rocío	coste; tamaño	//	//	//	//	//	//	+++	//
	Mesa vibrante	buen escurrido; facilita selección posterior	coste	//	++	//	+++[2]	//	//	++	
	Despalilladora meánica	clásica	control de reglajes	(+)	(+)	++(+)	++	–	(– – –)	//	(– – –)
	Despalilladora manual	muy buena limpieza; cuidadosa	lenta; necesidad de personal	++	+++	+++	+++	++	– – –	//	+++

\+ a +++ o – a – – – : efecto positivo o negativo creciente.
// : sin objeto.
1 Generalmente acoplado a una mesa de selección.
2 De los elementos de hierro con un imán.

nos prefieren un trabajo más fácil y más eficaz en bodega en condiciones más cómodas (figura 4.4).

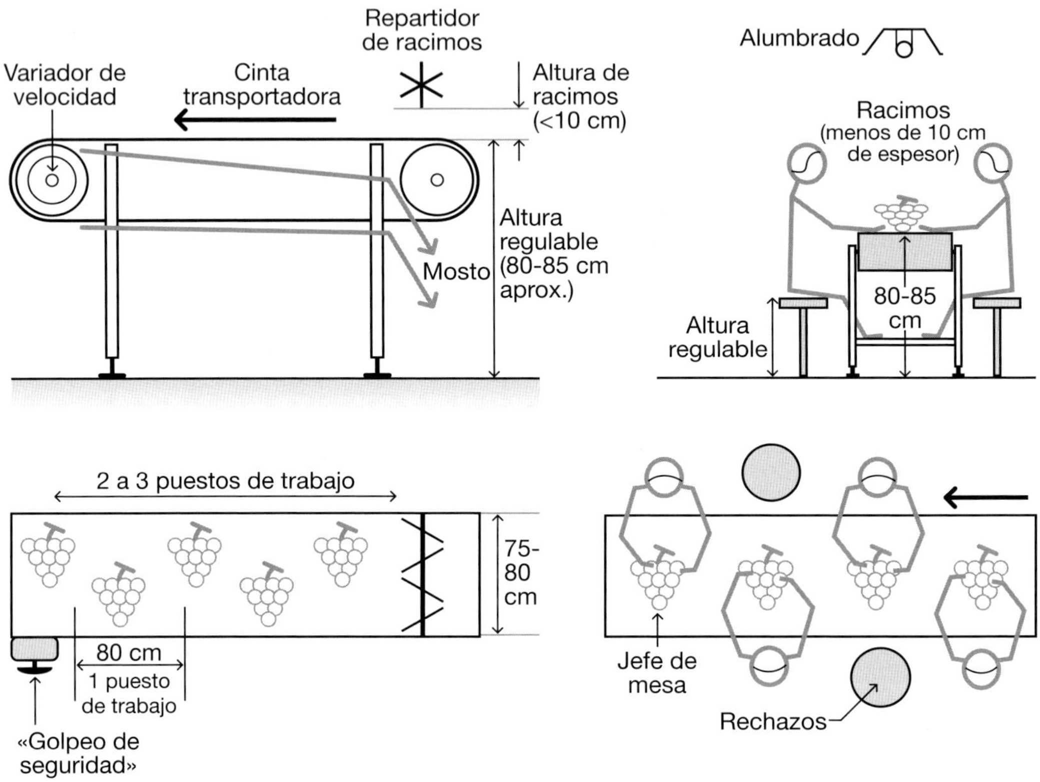

Figura 4.4.–Esquemas de mesas de selección (según Jacquet, 1991).

La selección inmediatamente tras el despalillado y antes del prensado o del encubado es difícil puesto que es una vendimia ya muy avanzada. No protege los aparatos de los cuerpos extraños peligrosos susceptibles de estropearlos.

4.7. El desfangado

Los mostos obtenidos, desde la viña al encubado, están cargados de burbas o fangos formados por restos sólidos de pulpa, de raspones, de semillas y de partículas de tierra pero también de levaduras, bacterias y coloides más o menos floculados. Estas sustancias se conservan para la maceración en vinos tintos pero deben controlarse en vinificaciones de «mostos claros» de vinos blancos, rosados y claretes.

4.7.1. Los efectos del desfangado

La eliminación de los fangos o burbas tiene numerosos efectos a investigar o reducir.

- La eliminación de una parte de las levaduras (por debajo de 100.000 levaduras/ml después de un buen desfangado) retarda el comienzo de la fermentación por parte de las levaduras presentes en los racimos: la adición de levaduras es necesaria en la práctica y también es más eficaz, sin la participación de levaduras indígenas.
- La eliminación de restos de hollejos reduce la fermentabilidad de los mostos privándolos de los ácidos grasos de la pruina, fuente de «factores de supervivencia» necesarios al final de la fermentación. Esta eliminación explicaría a veces las reducciones de aromas varietales y de «gustos a podrido» situados en los hollejos en los casos de desfangados severos.
- Las burbas eliminan una fracción a veces importante de residuos de pesticidas que están presentes en los hollejos.
- Los mostos desfangados dan lugar a vinos menos ricos en alcoholes superiores de olores bastos y en «compuestos C6» de olores herbáceos pero más ricos en ésteres etílicos de ácidos grasos de olores agradables (figura 4.5).

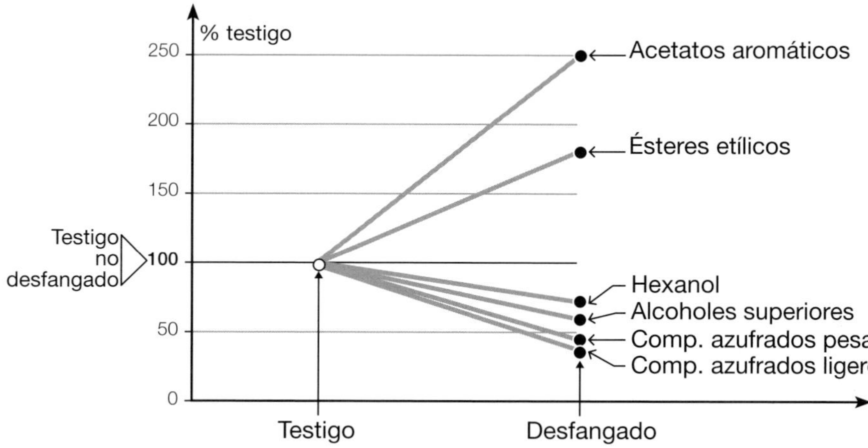

Figura 4.5.–Desfangado y composición de los vinos.

- Los mostos desfangados dan lugar a vinos más pobres en compuestos azufrados, en compuestos desagradables (reducido, col, ajo...), bastos (sobre todo el metionol) y ligeros (sobre todo el metanetiol) formados por las levaduras (figura 4.5).
- La separación de los restos terrosos reduce en gran parte los contenidos en hierro y en calcio de los vinos.

4.7.2. Elección de la intensidad del desfangado

La intensidad del desfangado puede apreciarse midiendo el peso o el volumen de los fangos separados mediante una centrifugación favorecida, en el laboratorio. Es más simple, más rápida y más económica la medición de la

Tabla 4.9.–Comparación de los diferentes métodos de desfangado

		Ventajas	Inconvenientes	Observaciones
Estático	**«sin más»**	clásico; poco material	lento, discontinuo; inmovilización del local; eficacia limitada y poco controlable; pérdidas de volumen de calidad	muy utilizado
Estático	**con enzimas**	rápido; intenso; fangos compactos	a veces demasiado intenso	controlar calidad de enzimas
Estático	**con clarificación**	clarificación más completa; fangos bastante compactos	lento, discontinuo; elección delicada del clarificante; depurado a veces en exceso	
Dinámico	**centrifugación**	continuo, automático; posibilidad de caudales altos; válido para vinos; buena eficacia	inversión importante; funcionamiento costoso; eficacia a veces insuficiente en vendimias «podridas»	controlar las aireaciones externas
Dinámico	**centripetación**	continuo; delicado; inversión limitada	método reservado para mostos con pocos fangos	poco utilizado
Dinámico	**flotación**	continuo; rápido; «delicado»	eficacia a veces insuficiente	poco utilizado (en francia); interesante en pre-desfangado
Dinámico	**tamizado**	rápido; simple	limitado a partículas gruesas	utilizable para tratar los efluentes
Dinámico	**filtro de aluvionado**	polivalencia; clásico; limpidez regulable	puesta en marcha delicada; rápida colmatación	
Dinámico	**filtro rotativo**	utilizable en mostos muy cargados y fangos; muy eficaz; posibilidad de caudales elevados; polivalencia	inversión elevada; vigilancia precisa necesaria; consumo de tierra elevado; clarificación siempre muy favorable	buena adaptación a bodegas grandes
Dinámico	**filtro-prensa**	utilizable en mostos muy cargados y fangos; muy eficaz; poca vigilancia; adaptable para vinos	caudales limitados; clarificación siempre favorecida	buena adaptación a bodegas medianas
Dinámico	**filtro tangencial**	utilizable en mostos muy cargados y fangos; muy eficaz; adaptable para vinos	clarificación simpre muy favorecida; inversión elevada	asegurar una turbidez suficiente

«turbidez» con la ayuda de un turbidímetro (a veces llamado nefelómetro). La lectura instantánea se puede realizar en bodega a un coste moderado; se expresa en NTU (*Nephelometric Turbidity Unit*). Varía de 0-0,2 (agua o vino «brillante») a 1.000-3.000 NTU. También se puede estimar esta turbidez comparando tubos de turbideces conocidas: la precisión es peor pero suficiente para las necesidades del desfangado. El término medio entre un desfangado demasiado forzado y otro insuficiente está actualmente fijado hacia 100-250 NTU. Esto se corresponde con un volumen de fangos concentrados por centrifugación de 0,3 a 0,5 % pero con un volumen de fangos decantados no concentrados mucho más importante, del orden del 5 al 10 %. Por debajo de 50 NTU, los riesgos de fermentación son muy elevados; por encima de 250-300 NTU, los malos gustos son frecuentes. En todos los casos el desfangado debe producirse inmediatamente después de la extracción del mosto para reducir las solubilizaciones de las partículas y las transformaciones físico-químicas nefastas.

4.7.3. Las técnicas del desfangado

La tabla 4.9 presenta la totalidad de las técnicas de desfangado.

Las decantaciones

Principios

Las partículas más densas se separan del líquido que las contiene. Para ser operativo, es necesario una velocidad de decantación lo suficientemente rápida, que se desprende de la ley de Stokes:

$$v = \frac{(\rho_p - \rho_l)\, d^2\, g}{18\, \eta}$$

siendo ρ_p y ρ_l las masas volúmicas de las partículas y del líquido (kg/m^3), respectivamente; d diámetro de las partículas (m); g aceleración de la gravedad (m/s^2); η viscosidad dinámica (Pa·s); v velocidad de caída (m/s).

La velocidad aumenta:

- aumentando la aceleración *g*: centrifugar a 1.000-10.000 g;
- disminuyendo la viscosidad η utilizando enzimas pectolíticos que degradan los compuestos pécticos.

Es casi imposible modificar la densidad o el tamaño de las partículas. Las más densas y/o las más gruesas tienen las velocidades de decantación más elevadas.

La máxima eficacia y la rapidez del desfangado están limitadas por la naturaleza misma de los fangos.

Las diferentes técnicas

El enólogo saca provecho de estos principios en diversas técnicas, a menudo complementarias.

Desfangado estático y adición de enzimas

La puesta en el tanque del mosto permite la separación de las partículas en suspensión, por gravedad natural. Se obtienen los mejores resultados con las siguientes reglas:

- Sulfitar correctamente para evitar todo comienzo de fermentación.
- Utilizar tanques de desfangado tan bajos como sea posible.
- Evitar las variaciones de temperatura que provocan corrientes de convección.
- El frío retarda el desarrollo de las levaduras pero también frena la acción clarificante de las enzimas propias de la uva o añadidas.

Para completar la acción de las enzimas de los racimos, se dispone, desde 1960 aproximadamente, de preparaciones enzimáticas comerciales. Reduciendo el tamaño de las moléculas pécticas, estos preparados mejoran la extracción de los mostos por tanto del escurrido y del prensado y, disminuyendo la viscosidad del mosto, facilitan la sedimentación de las partículas del fango. El desfangado es más rápido y más intenso, a veces demasiado, salvo en presencia de los glucanos producidos por las podredumbres que no pueden ser eliminados por las «glucanasas». Estos productos se emplean preferentemente sobre vino, en ausencia de bentonita que fijaría el enzima, tras un ensayo previo destinado a fijar su dosis óptima.

Utilizados en la vendimia, facilitan el prensado (rapidez, rendimiento en mosto), pero hay riesgo también de aumentar los defectos debidos a uvas podridas. Facilitan las clarificaciones y filtraciones posteriores. Los productos comerciales actuales son muy eficaces con una dosis muy variable de 0,5 a 3 ó 5 g/hl aproximadamente según las marcas y los mostos. A falta de ensayos sistemáticos de dosis, conviene establecer la dosis mínima suficiente observando los resultados para cada situación, cada cuba y siguiendo las indicaciones de los proveedores. Conviene emplear enzimas «purificadas» (llamadas FCE) que no liberan fenoles volátiles (vinil-4-fenol) de olores desagradables (capítulo 9). Ciertas especialidades comerciales complejas permiten reforzar los aromas varietales por medio de la liberación de terpenos ligados a las cepas que los contienen (Moscatel).

Desfangado y clarificaciones

Se puede acelerar o acentuar el desfangado mediante clarificación con caseína, con bentonita, con gelatina, con PVPP, o gel de sílice solos o combinados. La eficacia óptima requiere ensayos previos con o sin adición de enzimas para evitar el empleo de aditivos superfluos o negativos. Estos clarificantes están reservados para mostos muy cargados, demasiado ricos en taninos...: empobrecen los mostos de buena calidad. Los complejos del tipo tanino-gelatina añadidos, a veces aconsejados, parecen paradójicos y sólo pueden referirse a situaciones excepcionales, muy raras.

La centrifugación (capítulo 10, figura 10.25)

Es una forma de decantación en la que velocidad de separación de las partículas se acelera por la creación de una aceleración de 1.000 a 10.000 *g* (*g*, aceleración de la gravedad). Esta técnica elimina muy rápidamente una gran proporción de partículas bastante gruesas, aunque puede llegar a quedar una pequeña cantidad de partículas muy pequeñas y de coloides. El turbio residual correspondiente sólo se puede eliminar por decantación/clarificación/filtración bien elegidas mediante ensayos.

La centripetación

Consiste en reunir las burbas hacia el centro de una cuba cilindro-cónica en la que el mosto se inyecta tangencialmente a gran velocidad. El sistema es simple, muy adaptado al desfangado ligero de los mostos obtenidos con suavidad. Es un sistema poco utilizado en enología (figura 4.6) a pesar de su simplicidad y su rapidez.

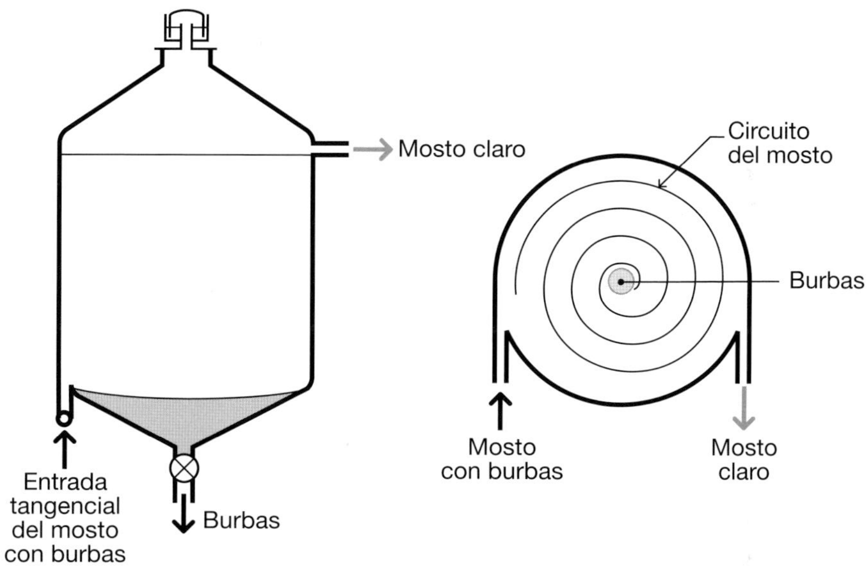

Figura 4.6.–Desfangado por centripetación.

La flotación o «desfangado por lo alto»

Consiste en arrastrar las partículas de abajo a arriba mediante un flujo de burbujas gaseosas (nitrógeno en general). Se eliminan por desbordamiento y/o con rastrillo. Nosotros hemos aplicado el sistema, bien conocido en la industria, al desfangado de mostos (material Degremont, 1986). Ha sido recuperado en diversos países vinícolas para el tratamiento rápido en continuo de mostos (figura 4.7). Si es necesario, se puede completar por un desfangado estático, una estabulación líquida en frío...

Las filtraciones (capítulo 10)

Las partículas son retenidas por un soporte en función de su tamaño. Se utilizan los filtros de aluvionado continuo pero sobre todo los filtros rotativos, los filtros prensa o los filtros tangenciales más aptos para el tratamiento de mostos con fangos o incluso los fangos que pueden tener entre 30-50 % de materias sólidas en suspensión. El principal problema enológico es el riesgo de una clarificación demasiado acusada. Se obtienen turbideces inferiores a 5-20 NTU que se deben corregir antes de la fermentación. Estos aparatos caros

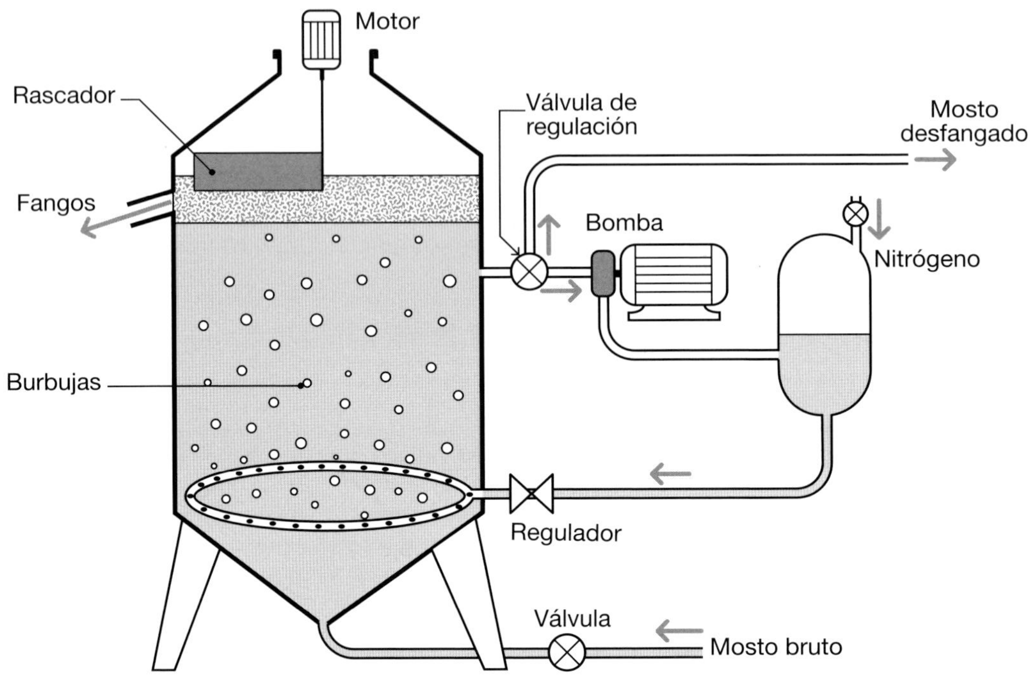

Figura 4.7.–Esquema general de flotación.

aseguran una excelente rentabilización mediante la obtención de un volumen muy importante de jugo, de mosto y de vino de calidad. En el caso frecuente de una filtración «rápida», se debe intervenir rápidamente tras la extracción de los mostos sin dejar macerar con las burbas en condiciones de temperaturas bajas.

Tabla 4.10.–Comparación técnica y financiera de sistemas de extracción de mostos

		A	B
Racimos (kg)	kg	100	100
Volumen de mosto total.	l	85	70
Mosto «1.ª categoría».	%	50	85
Volumen de mosto (l)	1.ª categoría	42,5	59,5
	2.ª categoría	42,5	10,5
Precio (F/l)	1.ª categoría	7,0	7,0
	2.ª categoría	3,0	3,0
Volumen de negocio (F)	1.ª categoría	297,5	416,5
	2.ª categoría	127,5	31,5
Volumen de negocio (F)	**TOTAL**	**425,0**	**448,0**

4.7.4. La gestión general del desfangado

Algunos aspectos cuantitativos y económicos

La tabla 4.10 plantea el problema general de la extracción de los mostos blancos a partir de dos situaciones sencillas. Resulta que la elección técnica –calidad de los vinos– y económica –volumen de negocio a corregir de los costes de funcionamiento– deben ser consideradas globalmente. Para resumir, es inútil buscar un gran rendimiento de mosto en bruto en el prensado y teniendo un prensado largo y/o una producción de abundantes fangos (hasta 200-250 g/l a veces) seguido de desfangados severos y costosos. Es preferible limitarse a un rendimiento bruto más moderado de mostos de alta calidad que son valorados con facilidad.

El seguimiento cualitativo de la extracción de mostos blancos

La extracción de los mostos es el resultado de una larga serie de operaciones obligatorias u opcionales (figura 4.8), según los tipos de vinificación. Cada operación principal se caracteriza por sus objetivos, sus riesgos pero también por los parámetros a controlar y que se pueden medir y, al menos, estimar (tabla 4.11). Según el caso, hacen falta observaciones puntuales (ej.: tipo de material), medidas por sondeo (ej.: enriquecimiento en hierro, cantidad de trituración por unidad de «compuestos C6» o de TDN, trimetil-1,1,6 deshidro-1, 2 naftaleno), observaciones sistemáticas simples (ej.: cantidad de fangos antes y después del desfangado) o prever un seguimiento continuo pudiendo desembocar en el manejo de los aparatos.

¿Cómo seguir la calidad de los mostos del prensado?

De cara a la relativa dificultad de dosificar regularmente el potasio, el pH o los polifenoles totales a lo largo del prensado, podemos utilizar la medición en continuo de la conductividad (Blouin-Salimi, 1990). Esta medida está directamente relacionada con el conjunto de los componentes a controlar (polifenoles, oxidasas, materias minerales...). Esta técnica se propone para el manejo automático de nuevas prensas: puede adaptarse a todos los aparatos, a un coste moderado, para producir vinificaciones operativas destinadas a un control manual «inteligente».

Es muy práctico utilizar una ficha-resumen (figura 4.9) para visualizar los puntos fuertes (puntuación 4 y 5) y débiles (puntuación 1 y 2) para aportar las modificaciones necesarias.

La extracción de los mostos es la primera intervención enológica en la «cadena de la calidad». Fija las condiciones posteriores de la vinificación de forma casi definitiva puesto que las correcciones son difíciles y poco eficaces, con efectos secundarios perjudiciales (ej.: empobrecimiento aromático). El acierto es necesario, pasando por una larga sucesión de pequeñas operaciones bien controladas puesto que son seguidas y corregidas permanentemente a partir de un buen conocimiento de los fenómenos ocurridos.

«Hay más malos prensadores que malas prensas.»

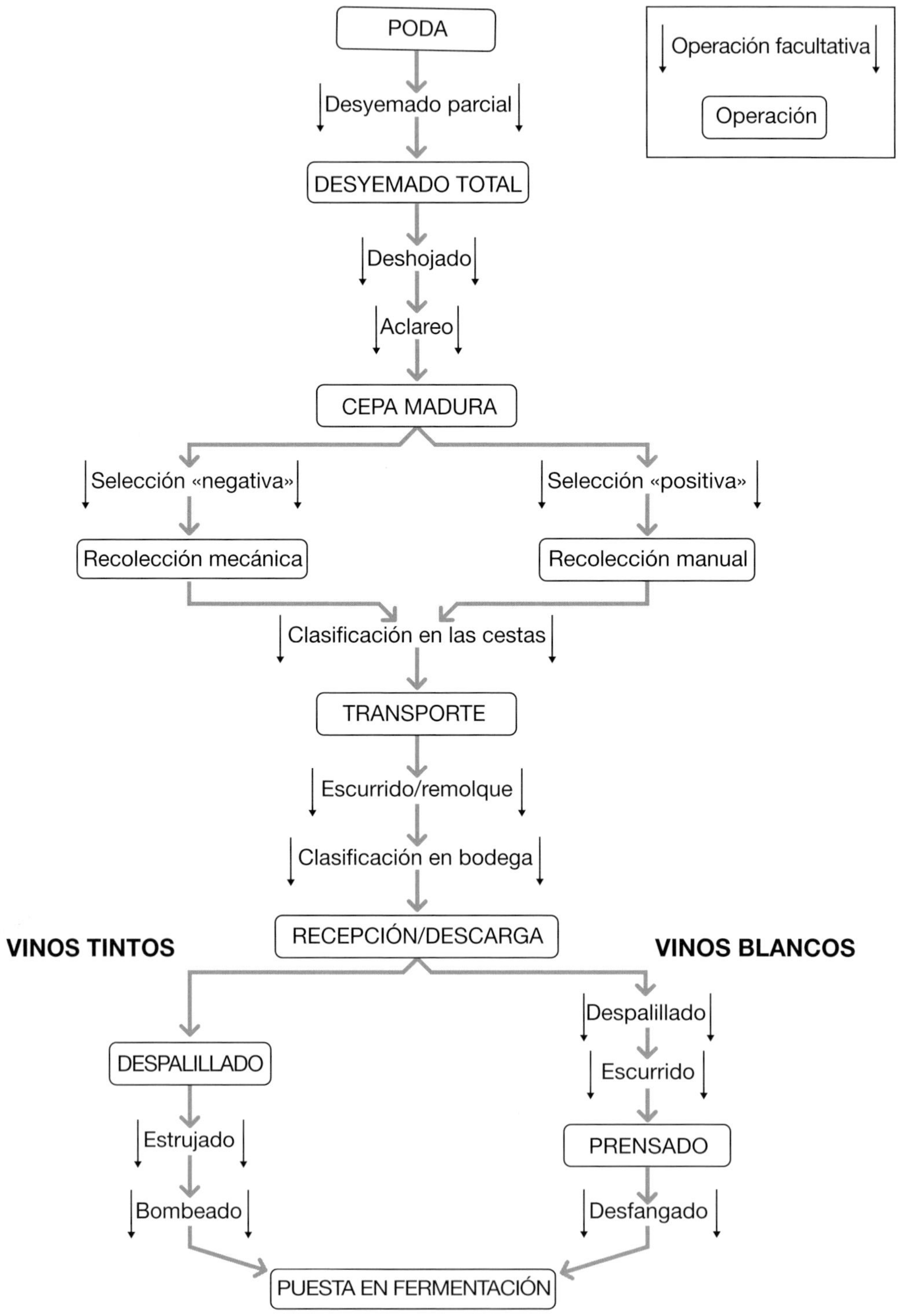

Figura 4.8.–Principales operaciones de extracción de los mostos.

Tabla 4.11.–Efectos e inconvenientes de las operaciones de extracción del mosto

	Objetivos	Riesgos	Elementos a controlar	Parámetros		Atenuantes
				observables	medibles	
Recolección	separación de los racimos	recoger hojas; sarmientos; rotura prematura de bayas	(regular la máquina)	% residuos; % bayas enteras	compuestos C6; TDN	
Transporte Descarga	sobre-aireación; sobre-maceración	intensidad; maceración (duración, temperatura)	% bayas enteras	compuestos C6; TDN; fangos	puesta bajo nitrógeno; SO_2; escurrido rápido	
Estrujado	rotura de los hollejos	rotura de raspones	intensidad; separación por calidades	% bayas enteras		
Escurrido	evacuación del mosto existente	rotura de raspones	tipo y reglajes del aparato	% raspones rotos	compuestos C6; TDN; taninos, materias minerales; fangos	
Despalillado	eliminación de raspones	rotura de raspones; pérdidas de bayas	tipo y reglajes del aparato	% bayas enteras; % raspones rotos	compuestos C6; TDN	
Prensado	separación del mosto	rotura de raspones y semillas	tipo y reglajes del aparato; fraccionamiento del mosto	estado de raspones, hollejos y semillas	compuestos C6; TDN; taninos; materias minerales	aditivos de prensado (1)

(1) Bajo reserva de autorización.

FICHA DE EXTRACCIÓN DE MOSTOS

Observaciones del

	Sin objeto	Malo				Bueno
Operaciones	0	1	2	3	4	5
Vendimia Estado sanitario recolectada						
Contenido de Laccasa (1)						
Limpieza						
Roturas						
Otros						
Transporte-Recepción						
Descarga						
Otros						
Instalación de bombas						
Regulación despalilladora						
Regulación estrujadora						
Vendimia encubada						
Prensas Fraccionamiento						
Reglajes						
Rendimiento en mosto total						
Contenido de fangos previo al desfangado (%) (2)						
Operación de desfangado						
Rendimiento de mosto «claro»						
Turbidez final (NTU) (1)						
Contenido de hierro (3)						
Higiene general Situación						
Tratamientos						
Otros						
NOTA GLOBAL						

Observaciones:

(1) Medida rutinaria.
(2) Estimación visual.
(3) Medida «por sondeo».

Medidas correctivas previas:

Figura 4.9.–Ficha de extracción de mostos.

5. EL CONTROL DE LA CALIDAD DE MOSTOS Y VINOS

5.1. Introducción general

La inevitable variabilidad de composiciones de los racimos es a menudo contradictoria con la estabilidad deseada por los circuitos de venta de los vinos. El efecto de la añada es a menudo minimizado y aumentado, pero las características analíticas simples de los vinos (GAV o grado alcohólico en unidad de volumen, acidez) deben conservar valores muy poco diferentes, evolucionando lentamente con el tiempo. La figura 5.1 muestra esta lenta evolución de los vinos de Burdeos entre 1917 y 1977. Se podría haber prolongado hacia el pasado: hacia el siglo XIX, los vinos tenían grados alcohólicos más escasos, con frecuencia inferiores a 10 % vol., y acideces totales y volátiles más elevadas, que no serían aceptadas hoy. Desde 1967, se persigue el aumento del grado alcohólico y la bajada de la acidez. Los grados elevados, 12-13 % vol. y mayores, son perfectos para las catas y los consumos de vinos cada vez más jóvenes. Alejándonos de épocas pasadas se buscan vinos diferentes, pero a corto plazo el mercado demanda vinos muy parecidos, categoría a categoría, por ejemplo con diferencias inferiores a 0,5 % vol. y 0,5 g/l de acidez total, mientras que el grado alcohólico probable y la acidez de los mostos pueden variar entre 2 % vol. y 2 g/l de acidez. Las correcciones de composición de los mostos, más raramente de los vinos, son tan antiguas como la vinificación para compensar los riesgos, regular las características y mejorar el equilibrio de las uvas, y más generalmente para aumentar la calidad y el valor comercial de los vinos.

Lo esencial de este control puede y debe ser regulado en el viñedo (capítulo 1), pero las variaciones climáticas están presentes, requiriendo intervenciones enológicas directas. Las necesidades son más importantes en regiones septentrionales (en Europa) y/o marítimas a menudo productoras de vinos muy buenos mientras que son más reducidas en regiones más meridionales (en Europa) y/o continentales, semi-desérticas con riego.

5.2. El control del grado alcohólico

5.2.1. Un poco de historia

Al inicio de la era cristiana, Columela ya describía el uso que su tío andaluz hacía del *defrutum* (o *sapa*), que nosotros llamaríamos hoy mosto concen-

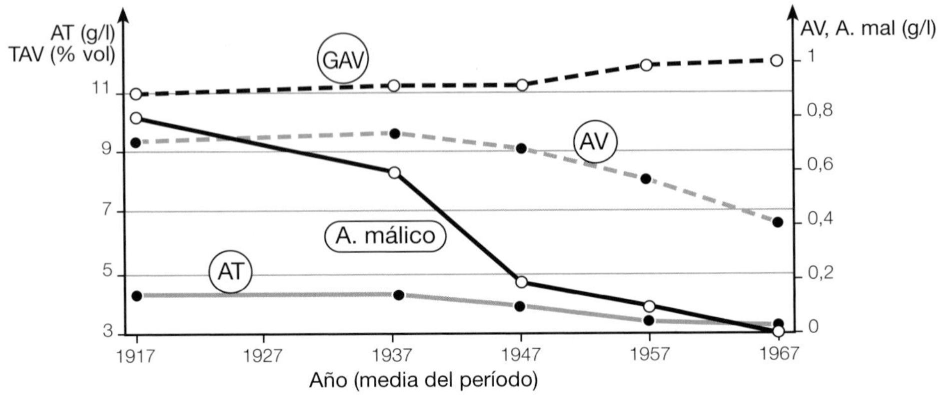

Figura 5.1.–Evolución de la composición de vinos tintos de Burdeos (según P. Ribéreau-Gayon, 1977)

trado (además de aromatizado). Más recientemente, Chaptal (*L'art de faire le vin*, 1819) decía:

> «... es evidente que se puede llevar su vino al grado de espirituosidad [es decir, al grado alcohólico] que se desea, sea cual sea la calidad primitiva del mosto, y añadiendo más o menos azúcar... El valor del producto de la fermentación es muy superior al precio de las materias empleadas [...]. No se le dará jamás [al vino] por este método el *bouquet* que hace que tenga el precio y la calidad de algunos...»

Aun cuando este propósito ya antiguo no abarca toda la complejidad de las operaciones de enriquecimiento de los mostos, se subrayan los tres aspectos esenciales que pueden autorizar los abusos siempre perjudiciales en los profesionales serios:

- el ajuste del grado alcohólico es fácil, en cualquier tipo de uva;
- la operación es muy rentable;
- nunca reemplaza las cualidades originales de ciertos vinos.

Después de las sacudidas y los abusos resultantes de las crisis vitícolas de finales del siglo XIX (oídio, phyloxera, mildiu, *black rot*), las técnicas de enriquecimiento organizadas mucho tiempo alrededor de la chaptalización se diversificaron en gran medida desde aquellos años. Éstas fueron el objeto de una pesada reglamentación (productos y técnicas, declaraciones, régimen fiscal, ayudas financieras) muy variable según las regiones y las épocas ya que el enriquecimiento tiene importantes consecuencias económicas sobre el mercado de los vinos. Sin desarrollar aquí estos problemas, se deben actualizar y respetar cada uno de ellos.

5.2.2. Las técnicas de enriquecimiento de los mostos

La diversidad de los métodos vitícolas y enológicos utilizados se muestra en las tablas 5.1 y 5.2 y en la figura 5.2. El aumento del grado alcohólico está acompañado de diversos efectos secundarios con frecuencia importantes para la acidez y sus componentes, así como para los polifenoles. Estas modificaciones tienen un impacto directo sobre la calidad general –siempre positivo para las técnicas vitícolas– a menudo acompañado de mejoras organolépticas (podredumbre noble, vinos de uvas pasificadas, vinos de hielo) específicas. Prácticamente son asimilables a maduraciones más completas, con una producción de mejores uvas, pero con pérdidas de volumen a veces importantes y que además necesitan mucha mano de obra. Los riesgos climáticos son elevados.

Las técnicas enológicas, sobre la vendimia o el mosto en bodega, tienen efectos muy sencillos, con inversiones o consumos importantes pero poca mano de obra, sin riesgos climáticos. Todas estas técnicas pueden reagruparse en métodos aditivos (chaptalización, mosto concentrado y mosto concentrado rectificado), en métodos extractivos (aclareo de uvas, ósmosis inversa, crio-extracción, selección y sangrado) o en métodos transformadores (pasificación, vinos de uvas pasificadas, podredumbre noble). Los tipos de costes, de riesgos y de resultados se deben estudiar caso por caso, en función de las posibilidades reglamentarias.

5.2.3. Las prácticas de enriquecimiento de los mostos

Las técnicas aditivas

Chaptalización

Divulgada por Chaptal –quien preconizaba también el empleo de miel o de zumo de uva concentrado– la adición de azúcar se ha difundido gracias a su simplicidad, a su coste cada vez más moderado y a la ausencia total de riesgos incontrolables. Su éxito pasa por algunas reglas sencillas*.

Cantidad de azúcar a añadir

A partir de la composición del mosto a enriquecer y del grado alcohólico buscado, se calcula la cantidad de azúcar a añadir. La gran variación del rendimiento de la fermentación alcohólica en su transformación de azúcar a alcohol hace difícil un cálculo preciso. Son necesarios aproximadamente de 16 a 19 g de azúcar por litro de mosto para producir 1 % vol. de alcohol, según una diferencia de alrededor de ± 8 % en relación al rendimiento medio de 17,5 g/l para 1 % vol., o incluso una incertidumbre de alrededor de 1 % vol. sobre el grado alcohólico final de un vino de 12 % vol. Dada la imposibilidad de prever el rendimiento futuro de la fermentación, es recomendable calcular la adición de azúcar tomando como referencia de 17 a 17,5 g/l para los vinos blancos y de 17,5 a 18 g/l para los vinos tintos. Este rendimiento es mejorado por la mayoría de LSA. En todos los casos, es necesario verificar el resultado observado para cada lote y tomarlo en cuenta para chaptalizaciones posteriores. La dosis máxima es fijada por las reglamentaciones locales y/o anuales. El aumento de volumen es, por definición, de 1 % por 1 % GAV.

* N. del T.: La Reglamentación española actual prohíbe la chaptalización, ya sea completa o fraccionada, pero es una práctica habitual en muchos países productores.

Tabla 5.1.–Características comparadas de las técnicas vitícolas de enriquecimiento de mostos.

	Aclareo	Selección de la vendimia	Pasificación en la planta	Vino de uva pasificada	Vino de hielo	Podredumbre noble
Variación volumen	–10 a –50 %	–5 a –10 %	–5 a –10 %	–10 a –50 %	–5 a –10 %	–5 a –30-40 %
Variación acidez del vino [1]	↘↘	↘	↘↘	↘↘	↘	↘
Preparación mosto	//	//	//	//	//	//
Variación polifenoles	↗	//	↗	↗	↗	↗
Variación ácido tartárico	↘	↘	↘	↘	↘	↘
Variación ácido málico	↘↘	↘↘	↘↘	↘↘	↗	↗
Caudales	//	//	//	//	//	//
Mano de obra	+++	+++	++	+++	++	++
Inversiones	0	++	0	+	+	0
Consumibles [2]	0	0	0	0	0	0
Autorización						
Zonas	+++	+++	+++	+/–	+/–	+++
Años	+++	+++	+++	+/–	+/–	+++
Denominación de Origen	+++	+++	+++	+/–	+/–	+++
Vinos de mesa	+++	+++	+++	+/–	+/–	+++
Observaciones	riesgos de picado después de la operación		incompatible con la recolección mecánica			

+ a +++ ó – a —- : efecto positivo o negativo creciente. // : sin objeto. 0: nada.

[1] El aumento del GAV supone una precipitación creciente de bitartrato de potasio.

[2] Ayudas financieras en ciertos casos.

Tabla 5.2.–Características comparadas de técnicas enológicas de enriquecimiento de mostos.

	Chaptalización	Mostos concentrados	Mostos concentrados rectificados	Evaporación mediante vacío	Evaporación a presión atmosférica	Ósmosis inversa	Sobremaduración	Crio-extracción	Sangrado
Variación volumen	+1 %/ 1 % vol.	+1,5 %/ 1 % vol.	+1,5 % / 1 % vol.	10 %/ 1 % vol.	10 %/ 1 % vol.	10 %/ 1 % vol.	10 %/ 1 % vol.	10 %/ 1 % vol.	–5 a –15 a –20 %
Variación acidez del vino (1)	=	↗↗	=	↗	↗	↗	↘↘	↘	//
Preparación mosto	0	0	0	decantación	decantación	desfangado; forzado	//	//	0
Variación polifenoles	0	0	0	↗	↗	↗	maduración y concentración	↗	↗↗
Variación ácido tartárico	0	0	0	↗	↗↘	↗↘	↘	↘	//
Variación ácido málico	0	0	0	↗	↗	↗	↘↘	↗	//
Caudales	//	//	//	5 a 100 Hl/h	5 a 100 Hl/h	5 a 100 Hl/h	discontinuo; 15-30 h/operación	discontinuo; 15-30 h/operación	//
Mano de obra	0	0	0	+	+	++	+++	+++	0
Inversiones	0	0	0	++	++	+++	++	++	0
Consumibles	+	++2	++2	+	+	++	+	+	0
Autorización									
Zonas	+/–	+/–	+/–	+/–	+/–	+/–	+++	+/–	+
Años	+/–	+/–	+/–	+/–	+/–	+/–	+++	+/–	+
Denominación de Origen	+/–	–	+	+/–	+/–	+/–	+++	+/–	+
Vinos de mesa	+	+	+	+	+	+	+	+	+
Observaciones							difícil después de recolección mecánica		

+ a +++ ó – a —: efecto positivo o negativo creciente. // : sin objeto. 0: nada.

[1] El aumento del GAV supone una precipitación creciente de bitartrato de potasio.

[2] Ayudas financieras en ciertos casos.

Azúcar de caña o de remolacha

Estos productos son industrialmente muy puros (99 a 99,5 % más o menos) y dan resultados muy similares, habitualmente indistintos.

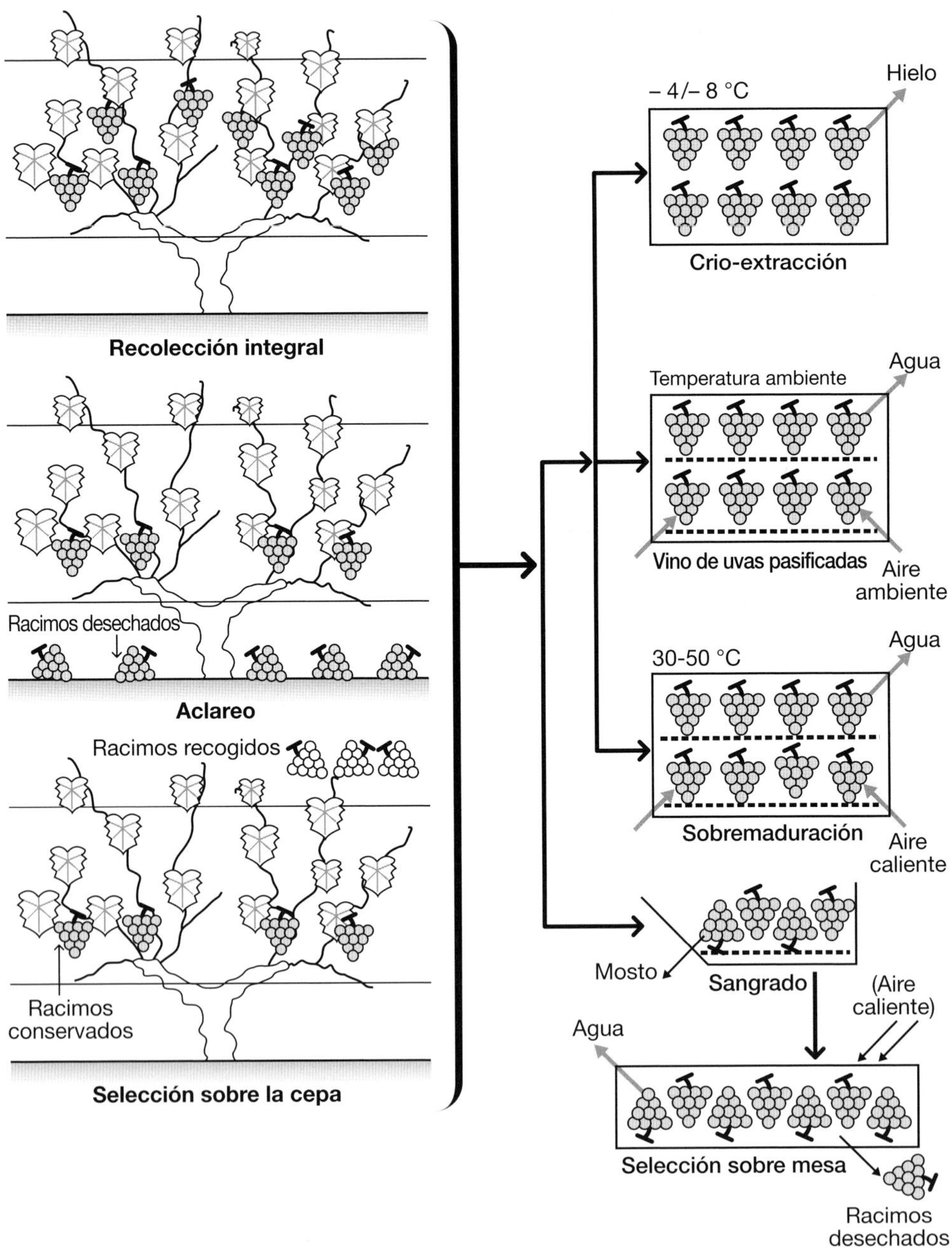

Figura 5.2.–Algunos métodos de enriquecimiento de la vendimia en el viñedo y en la bodega.

Momento de chaptalización

Se añade el azúcar al principio o hacia la mitad de la fermentación alcohólica con aireación y aporte de nitrógeno, tiamina... si es necesario (capítulo 3). Las chaptalizaciones demasiado tardías, por debajo de 1,020 a 1,030 de densidad, provocan riesgo de dificultades fermentativas. La chaptalización fraccionada es más precisa y sería favorable para el desarrollo de aromas fermentativos; está normalmente prohibida [1].

La aceleración de la fermentación

Debe evitarse controlando la temperatura. El enriquecimiento fraccionado está recomendado a veces (mejor ajuste de dosis, mejores aromas); está autorizado o no según las situaciones.

Nota

La «*gallisation*», o chaptalización húmeda, por adición de azúcar y de agua asegura la elevación de la graduación y la bajada de la acidez en ciertos viñedos septentrionales. Esta práctica está prohibida en lo sucesivo.

Mosto concentrado (MC) y mosto concentrado rectificado (MCR)

Los MC son conocidos y utilizados desde la Roma antigua y de manera estructural desde hace décadas. Su calidad depende del origen de la técnica de elaboración y de la conservación. Además de los azúcares de la uva, aportan ácidos, polifenoles... que modifican en mayor o menor medida el vino obtenido. Los mejores MC dan resultados técnicos aceptables, en las situaciones en las que son autorizados.

Los MCR son productos extremadamente purificados, y controlados, asimilables al «azúcar de la uva» y al agua. Técnicamente, los resultados no son distintos de los de la chaptalización.

La puesta en juego de los MC y MCR sigue las mismas técnicas que la chaptalización. El aumento de volumen es de alrededor de 1,5 % por 1 % GAV. MC y MCR pueden ser objeto de ayudas económicas importantes que reducen su coste, más elevado que la chaptalización.

Las técnicas extractivas

A partir de 1986, aparecen, en el mercado vinícola para las bodegas de producción las técnicas extractivas por eliminación de agua de los mostos por ósmosis inversa, evaporación, congelación, pervaporación... Los dos primeros métodos se utilizan hoy en día con bastante frecuencia.

La ósmosis inversa

Mediante la aplicación de una elevada presión, se elimina una fracción de agua del mosto a través de una membrana filtrante especial: existe una concentración de azúcares y del conjunto de los componentes del mosto. Esta antigua técnica, ya ensayada en los mostos hacia 1970, es ampliamente utilizada para otros usos (agroalimentario, farmacéutico, desalinización del agua de mar...). Se compone de numerosos aparatos diferentes (figura 5.3) por la naturaleza y la disposición de las membranas, los medios mecánicos, las regulaciones, los caudales. Su puesta en marcha sigue las siguientes reglas prácticas:

- El mosto a tratar se clarifica por decantación en frío, desfangado, flotación y/o filtración para eliminar todas las partículas gruesas (semillas, restos de raspones, pulpas) para obtener una turbidez limitada a varias decenas de

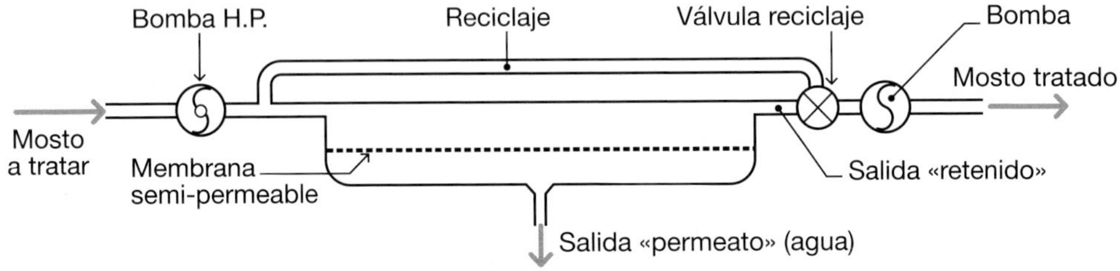

Figura 5.3.–Módulo de ósmosis inversa.

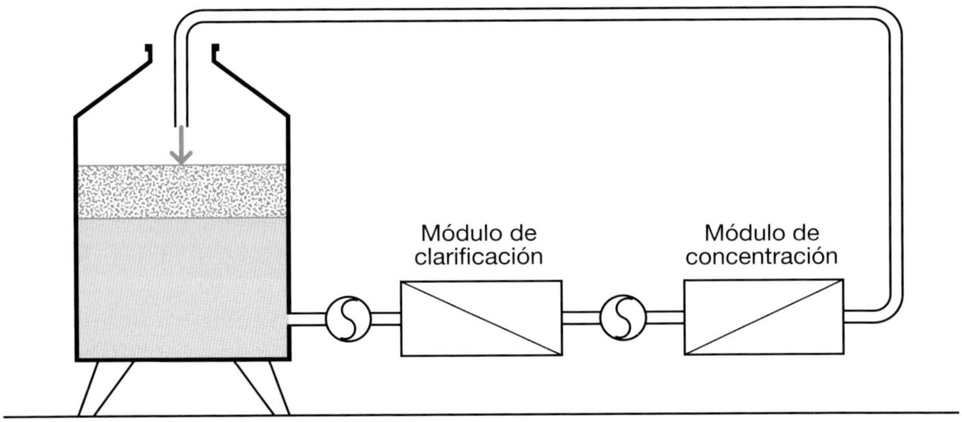

Figura 5.4.–Esquema de enriquecimiento mediante técnica extractiva (ósmosis inversa, evaporación) en circuito cerrado.

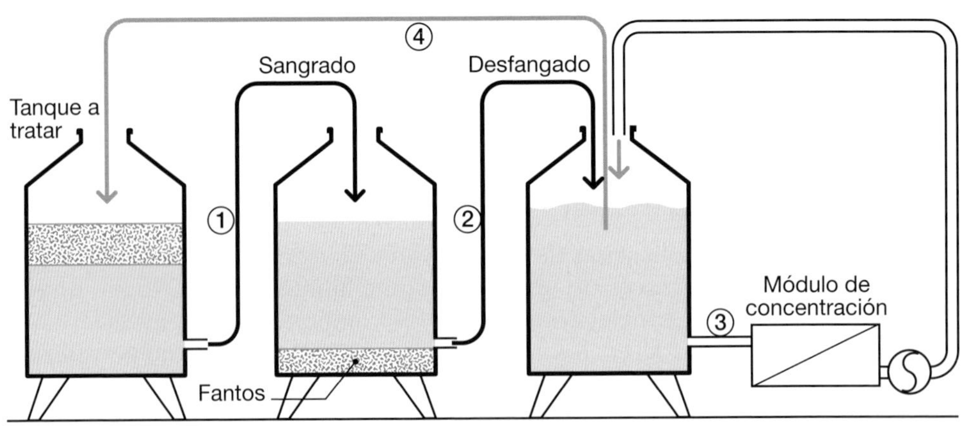

Figura 5.5.–Esquema de enriquecimiento mediante técnica extractiva (ósmosis inversa, evaporación) en circuito abierto.

NTU (capítulo 4). Este contratiempo pasa por un fuerte sangrado de las cubas de vendimias tintas o de fuertes dispositivos clarificantes.

- El tratamiento puede hacerse en circuito cerrado en un tanque (figura 5.4) o mediante transferencia a una cuba-tampón (figura 5.5).
- El tratamiento supone un reciclaje fuerte del mosto con un calentamiento que se debe compensar mediante una refrigeración correcta.
- Es de desear que el mosto concentrado de grado alcohólico probable (GAP) se elabore según los métodos habituales. Se calcula el volumen de agua a eliminar:

Volumen final (VF) = Volumen inicial (VI) × (GAP inicial/GAP final)
Volumen a evaporar = VI – VF

- Toda la instalación se lava y se desinfecta regularmente vigilándose el descolmatado regular de las membranas cuyo reemplazo es costoso y, por tanto, poco frecuente para respetar un precio de adquisición aceptable.

Concentración por evaporación

El agua se elimina mediante un rociado a temperatura ambiente en aire no saturado de humedad (figura 5.6) o mediante forzado con vacío parcial, entre 20 y 60-70 °C según la regulación de los aparatos (figura 5.7). Existe un aporte de calor para compensar la absorción calórica inherente a la vaporización del agua. A estas temperaturas tan bajas, no existe ningún riesgo de «gusto a cocido» que a veces se observa hacia 100 °C, por una oxidación anormal y no por pérdidas de aromas, ya que estos aromas son muy poco volátiles, con frecuencia fijados a grandes moléculas.

El mosto a tratar se clarifica por decantación o tamizado simple, siendo las demás operaciones idénticas a las de la ósmosis inversa.

Crio-concentración

Se trata de reproducir en la bodega las condiciones climáticas de los «vinos de hielo» dejando los racimos en almijares en el interior de una cámara fría entre –3 y –15 °C según la riqueza en azúcares deseada, durante 10 a 24 horas. Se produce la formación de hielo que se elimina con los orujos tras el prensado.

Esta técnica propuesta para los vinos blancos licorosos (Sudraud y Chauvet, 1986) se adapta a los vinos blancos secos y con mayor dificultad a los vinos tintos.

La eliminación del agua en forma de hielo da resultados equivalentes a las técnicas precedentes, además de un aumento en la liberación de aromas varietales por efecto de la rotura de las células de los hollejos que las contienen; de ahí que el término «crio-extracción» sea utilizado con frecuencia.

Sobremaduración en bodega

Las uvas recolectadas en almijares permanecen de 20 a 48 horas, o más en cámara caliente y con humedad controlada (figura 5.8) donde consiguen su maduración.

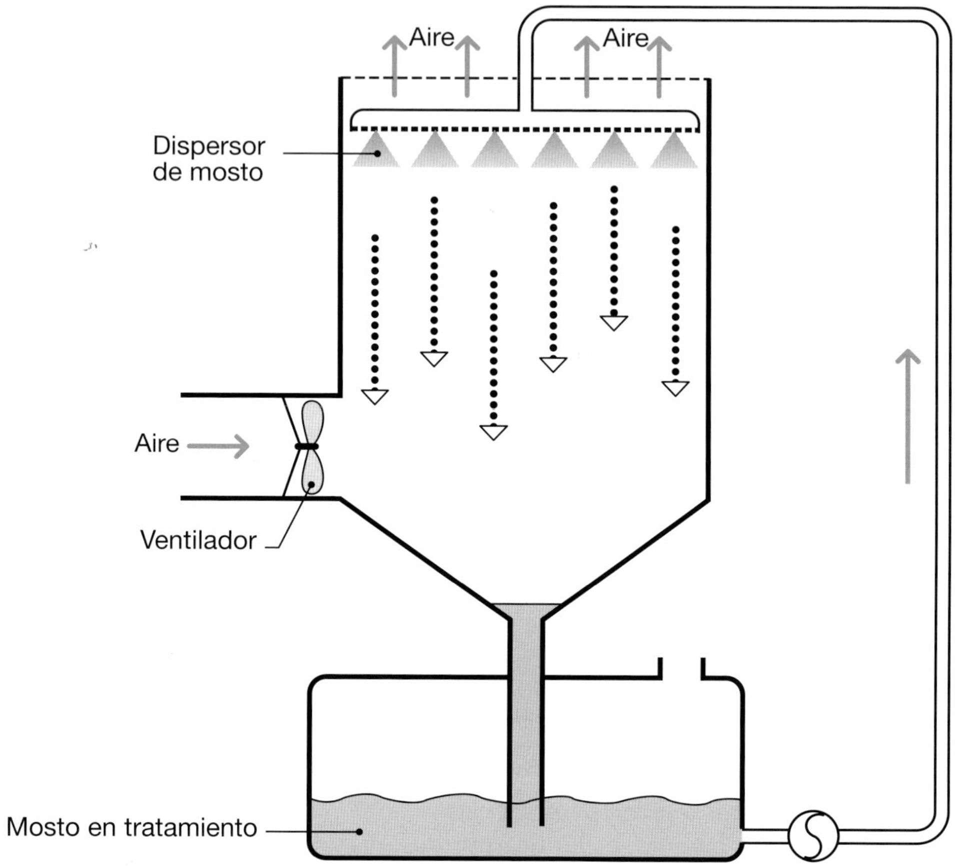

Figura 5.6.–Esquema del funcionamiento de un evaporador a presión atmosférica.

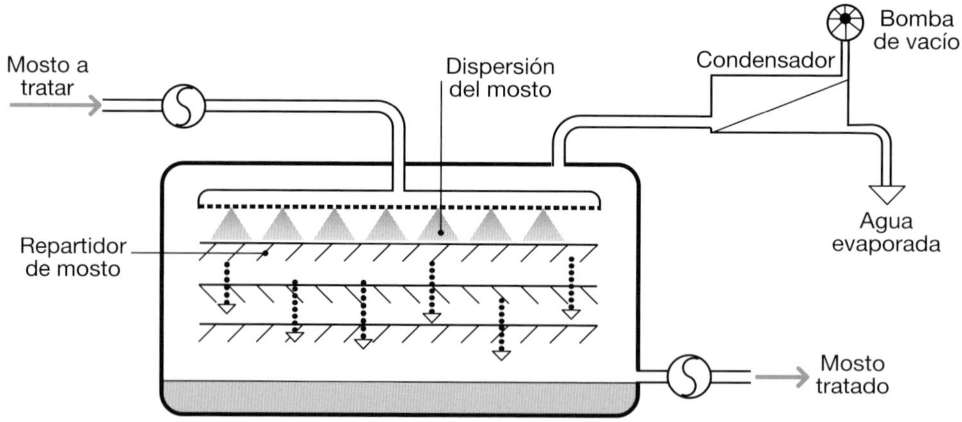

Figura 5.7.–Esquema del funcionamiento de un evaporador a vacío.

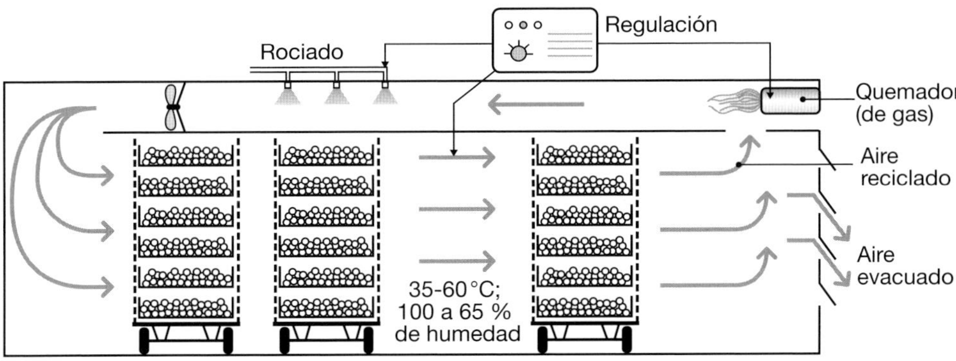

Figura 5.8.–Cámara de sobremaduración de racimos.

Además de la concentración física, existe una transformación de los ácidos, de los polifenoles y de los aromas, como sucede en la cepa, de forma acelerada y controlada. Esta técnica muy antigua merecería ser ampliamente desarrollada en todas las situaciones de búsqueda de calidad óptima. Su coste elevado se compensa con una clara mejora cualitativa –y no solo analítica– en particular los años de maduración difícil. Ensayos recientes han dado resultados interesantes para la obtención controlada de la podredumbre noble en condiciones climáticas controladas.

Resultado de las técnicas extractivas

Después de quince años de experimentos y observaciones, se pueden poner de relieve las siguientes conclusiones acerca de las técnicas extractivas directas (ósmosis inversa y evaporación).

- Los resultados organolépticos son satisfactorios: los vinos obtenidos son más ricos, más concentrados y completos para posibles defectos de los mostos (enmohecido, herbáceo). Se obtienen resultados equivalentes, o un poco mejores, con el sangrado con chaptalización, con una elevación del contenido en compuestos fenólicos en los vinos tintos.
- La concentración supone un aumento en la acidez de los mostos, en proporción al grado de concentración, pero las acideces de los vinos son poco distintas por efecto de las precipitaciones de las sales tartáricas y a pesar del enriquecimiento en ácido málico.
- Los dos principios se diferencian sobre todo en las condiciones prácticas (clarificación de los mostos) y económicas (inversión, energía, renovación de membranas).
- Un reciente y riguroso ensayo (Burdeos, 2000) con sangrado, ósmosis inversa y evaporación, no ha puesto en evidencia diferencias cualitativas significativas.
- Existe una reducción del volumen a comercializar y por tanto un sobrecoste en relación con las técnicas aditivas.
- La reglamentación de estas técnicas varía según las regiones, las D.O. (que autorizan o no el principio de estos tratamientos) y los años con modalida-

des específicas en materia de declaración de tratamientos, obligación de un cuaderno de operaciones, declaraciones de cosechas. El enriquecimiento está limitado generalmente al 20 % del volumen inicial o a 2 % vol., con la aplicación del criterio más restrictivo.

- La sobremaduración en la bodega asegura una maduración real complementaria, sin riesgos climáticos. A pesar de su coste elevado, merecería desarrollarse en profundidad en todas las situaciones en que se busque una calidad óptima.

Enriquecimiento de los vinos

- Mucho más raro, muy limitado por la reglamentación, el aumento del grado alcohólico del vino se puede lograr mediante otros procedimientos.
- La congelación del vino, hacia –5 ó –6 °C según el GAV inicial, supone la formación de hielo que se elimina por centrifugación. Se evita una pérdida de alcohol en el hielo y una bajada en la calidad general del vino. Esta técnica se ve limitada a una pequeña parte de los vinos de mesa.
- La ósmosis inversa es aplicable teóricamente al vino, con membranas especiales que separan las moléculas de agua a eliminar, y las moléculas de alcohol a conservar, de tamaños poco diferenciados. Esto no parece ir más allá del grado experimental.
- La adición de alcohol o vinagre está regulada para los Vinos Dulces Naturales (VDN) y los Vinos De Licor (VDL) (capítulo 7) en Europa. Ciertas *wineries* del hemisferio Sur practican el auto-alcoholizado con alcohol procedente de los orujos de sus recolecciones.

5.3. El control de la acidez

La acidez, bajo sus diferentes formas, tiene un papel principal en enología. Según las situaciones, se pueden producir aumentos o reducciones de la misma.

5.3.1. Un poco de «química de la acidez»

En enología, se utilizan los siguientes conceptos:

- La acidez total, expresada en ácido sulfúrico H_2SO_4 en Francia, en ácido tartárico en la mayor parte de otros países (1,5 g de ácido tartárico = 1 g H_2SO_4) o miliequivalente/para todos los químicos: 1 g H_2SO_4 = 20,5 meq). La acidez total representa el conjunto de los ácidos libres del vino, es decir medibles en el laboratorio por su actividad ácida. Varía alrededor de 2,5 a 5-7 g/l (en H_2SO_4) para vinos.
- El pH expresa la actividad de los iones H^+ liberados por los ácidos libres. Varía entre 2,8-3,0 a 3,8-4,0 para los vinos y de forma inversa a la acidez: acidez elevada = pH bajo y al revés. Es necesario recordar que una variación de más o menos 0,1 pH corresponde a una variación de iones H^+ de alrededor de ± 20 %.

- El poder tampón es un concepto utilizado muy rara vez. Expresa la aptitud de un vino para cambiar de pH, o para conservarlo, en caso de mezcla o de dilución. Es un factor importante de la percepción de la acidez en el transcurso de la cata, además de la mezcla vino-saliva en la boca: los aumentos de pH son muy variables según los vinos (figura 5.9).

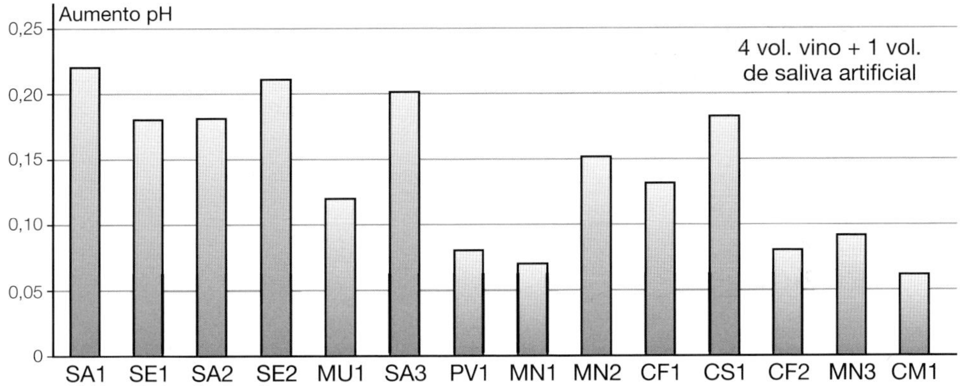

Figura 5.9.–Aumento del pH de los vinos por adición de saliva artificial (Blouin y Micheau-Maillou, 1992).

- Estas acideces son el resultado de los ácidos procedentes de la uva (tartárico, málico, cítrico), de las fermentaciones (láctico, succínico, acético...), de las conservaciones (SO_2, CO_2...) más o menos neutralizados por bases, esencialmente por el potasio en el 90-95 % de los provenientes de la uva. Los demás ácidos y sus bases no tienen un papel limitado a las acideces de los mostos y/o los vinos (tabla 5.3).
- Los contenidos en ácidos y bases varían mucho según las uvas (capítulo 2) y las fermentaciones (capítulo 3) en función de las evoluciones naturales tan importantes esquematizadas en las figuras 5.10 a 5.21. Todo control de la acidez de los vinos –la única verdaderamente importante– pasa por un buen conocimiento de los componentes de los mostos y de sus evoluciones. Las técnicas de análisis y de cálculo modernas permiten obtener estos conocimientos.

5.3.2. Los efectos de la acidez

Una acidez elevada –y por tanto un pH bajo– frena el desarrollo de bacterias lácticas y acéticas (capítulo 9). Se favorece la actividad del SO_2 (capítulo 6) cuya actividad aumenta alrededor del 20 % para un descenso limitado a 0,1 pH. En este punto, la acidez baja es un factor de estabilidad microbiológica pero no debe, en ningún caso, ser un eximente de una higiene insuficiente. La acidez baja no favorece la actividad de las levaduras, al contrario.

Una acidez elevada asegura un color más intenso para los vinos tintos debido a que el porcentaje de antocianos en la forma «roja» pasa del 5 al 40 % para una evolución de pH de 4,0 a 3,0. Esta acción no puede compensar cierta pobreza en compuestos fenólicos.

Tabla 5.3.–Principales ácidos de mostos y vinos

	Orígenes					Contenidos (mg/l)		pK			Importancia sobre acideces		Observaciones
	uvas	podre-dumbres	leva-duras	bacterias	aditivos	mostos	vinos	pk1	pk2	pk3	analítica	gustativa	
acético	t	(+++)	+	(++)		0-(1.000)	100-500	4,89		+	+++		producto de alteración
aminoácidos	+++		+++	+	(+)	200-1.000		1,8-2,5	8,7-10,7				
antocianos	+++						(0)-1.000	3-4					
ascórbico	+++				(+++)	0-100	t	4,1			(+)	++	
butírico (C4)			++	++			t-2						
iso-butírico (C4)		(++)				t-2							
cáprico (C10)			++				t-5						
capróico (C6)			++				t-2						inhibidores de levaduras
caprílico (C8)			++				t-3				+		
carbónico			+++	+	(+++)		100-1.500	6,52	10,22		+	++	
clorhídrico	+					50-300	50-300	< 1					
citramálico			+++			100-500					+	+	
cítrico	++	+++			(+++)	100-500	(0)-500/1.000	3,32	4,93	6,4			
fórmico (C1)			+				t-5	3,76					
fumárico			++(?)				t	3,03	4,44				
galacturónico	+	+++				100-500	100-1.000	3,68					aumento por enzimas pectolíticas
glucónico	t	(+++)						4					
glucónico (2-5 diceto)		(+++)				0-100	0-100						

glucónico (2 ceto)		(+++)				0-100	0-100						
glucurónico	t	++				t-600	t-500		3,44				
glicérico	+					t	t		3,55				
dimetil-glicérico			+++				100-500						
glucólico	+					t	t		3,83				
glioxílico	t	(+++)				0-30	0,30						
láctico (D+)		(+)	+	(+++)			t-500		4,06		+	++	marcadores de alteración bacteriana
láctico (L+)		(+)	+	+++			100-3.000		4,06		+	++	
málico (D-)	t					t	t		3,64	5,32			
málico (L+)	+++					2.000-6.000	0-3.000		3,64	5,32	+++	+++	
múcico		++				0-500	0-500						
linoleico (C18:2)	(+)		++				t						
linolénico (C18:3)	(+)		++				t						derivados de la pruina
oleico (C18:1)	(+)		++				t						
oxalacético	+	++				0-10	0-10						
oxálico	t				(+)	t	t-50						posible aporte por tapones
oxoglutárico	++	+++	(+++)			t-300	t-300		1,27	4.28			
ácidos fenólicos	+++				(++)		10-200						
fosfórico	++				(+++)	30-500	50.1000	1,96	6,7	12,64	+	+	
propiónico			++				t-5	2,82					
pirúvico	++	+++	++			20-500	20-500						
quínico	++						t-10						

Tabla 5.3.–Principales ácidos de mostos y vinos *(continuación)*

	Orígenes					Contenidos (mg/l)		pK			Importancia sobre acideces		Observaciones
	uvas	podre-dumbres	leva-duras	bacterias	aditivo	mostos	vinos	pk1	pk2	pk3	analítica	gustativa	
siquímico	++						t-10		438				
succínico			+++				300-1.500	2,5	7		+	++	sabor característico de la función alcohólica
sulfuroso			(+)		+++		20-400				+	++	
sulfúrico	++				(++)	30-200	50-300	< 1			+	++	
tartárico	+++				(+++)	2.000-8.000	200-3.000	3,23	4,59				
iso-valérico			++				t-2						

Las cantidades son indicativas, susceptibles de variaciones importantes (t = trazas).
Los pK hacen referencia a vinos, según diversas fuentes (recordar: pK bajo = ácido fuerte).

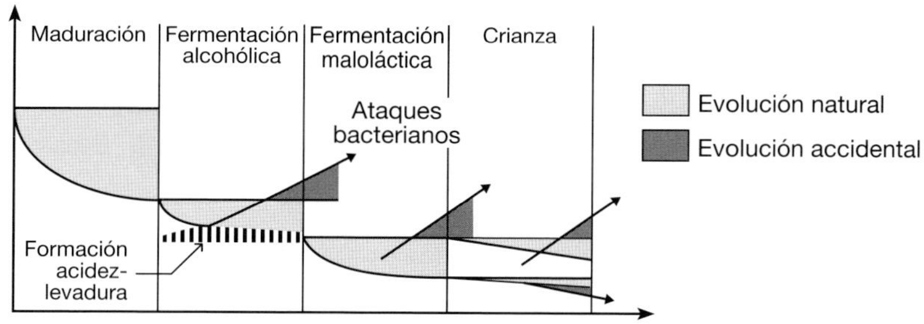

Figura 5.10.–Evolución de la acidez total.

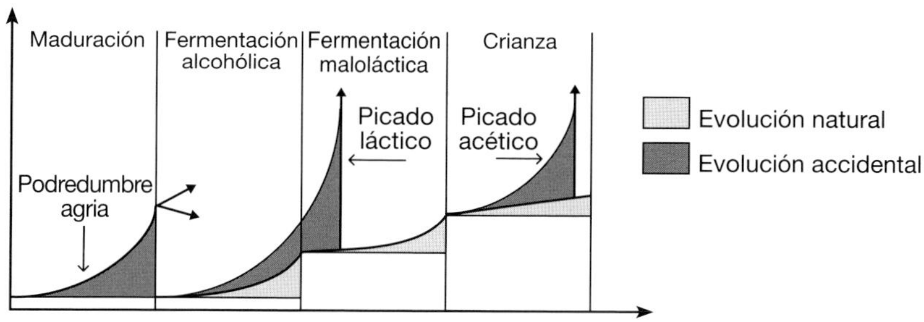

Figura 5.11.–Evolución del ácido acético.

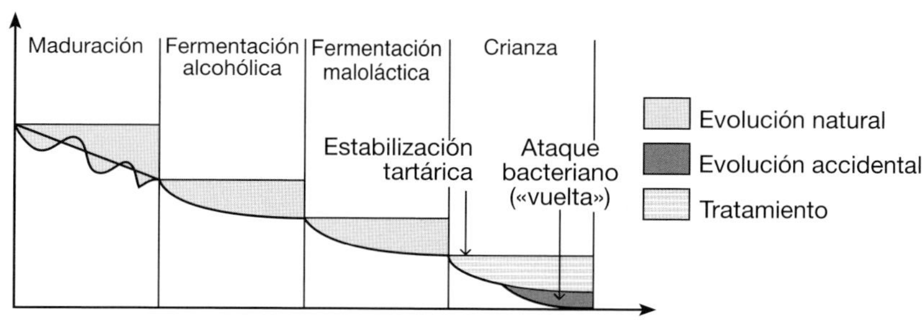

Figura 5.12.–Evolución del ácido tartárico.

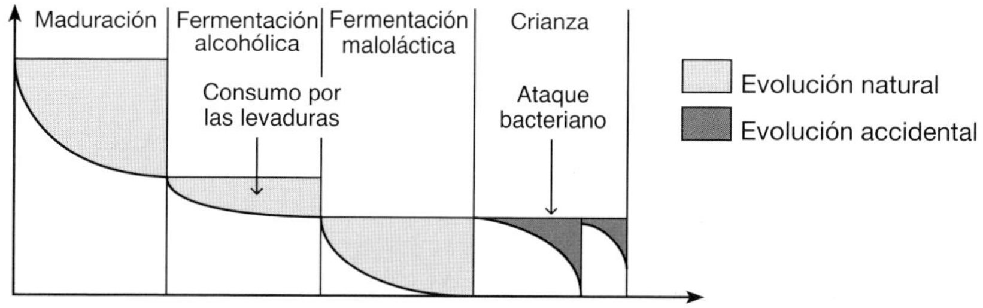

Figura 5.13.–Evolución del ácido málico.

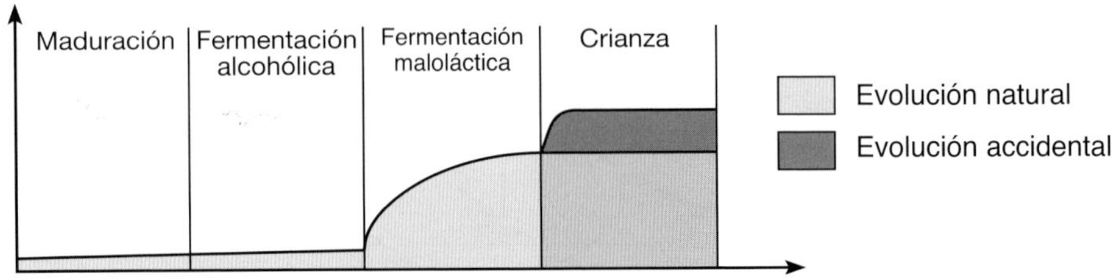

Figura 5.14.–Evolución del ácido L+ láctico.

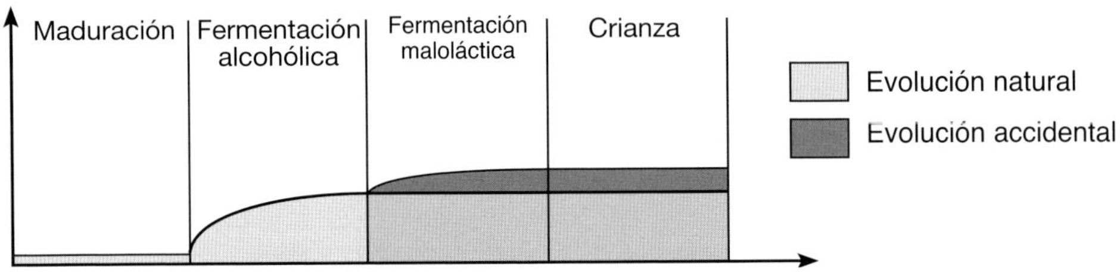

Figura 5.15.–Evolución del ácido D-láctico.

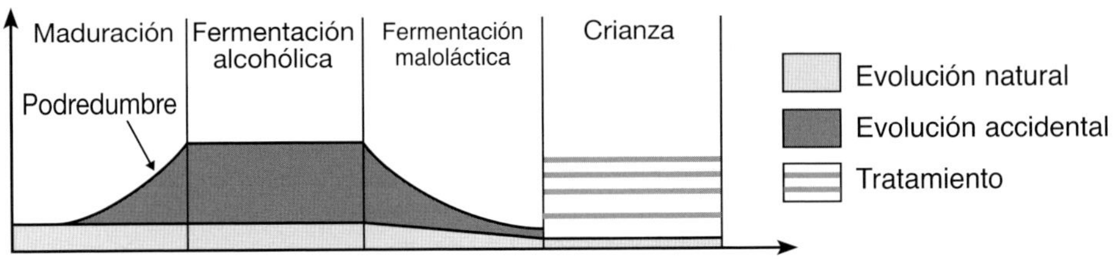

Figura 5.16.–Evolución del ácido cítrico.

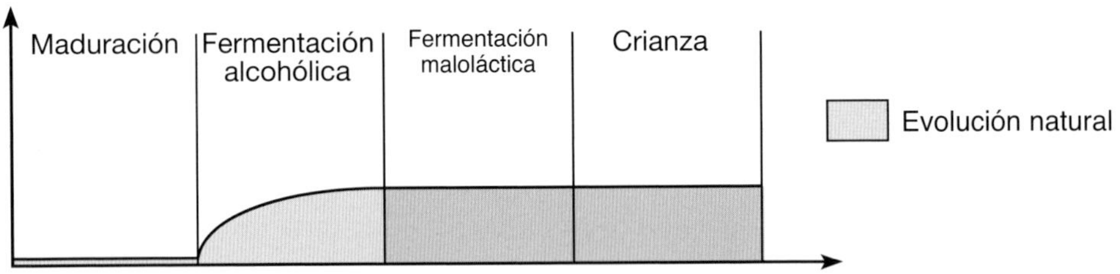

Figura 5.17.–Evolución del ácido succínico.

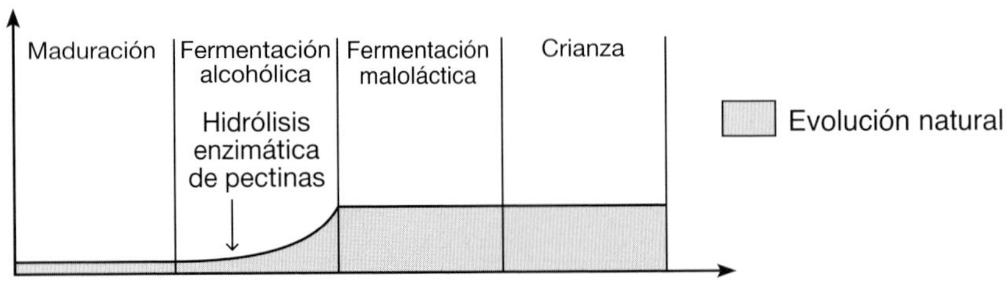

Figura 5.18.–Evolución del ácido galacturónico.

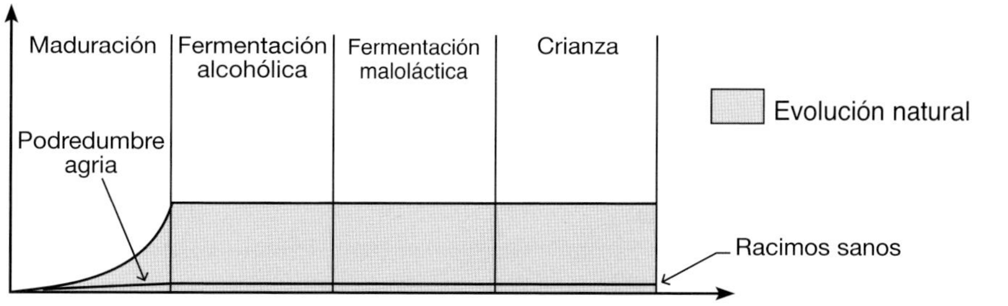

Figura 5.19.–Evolución del ácido glucónico.

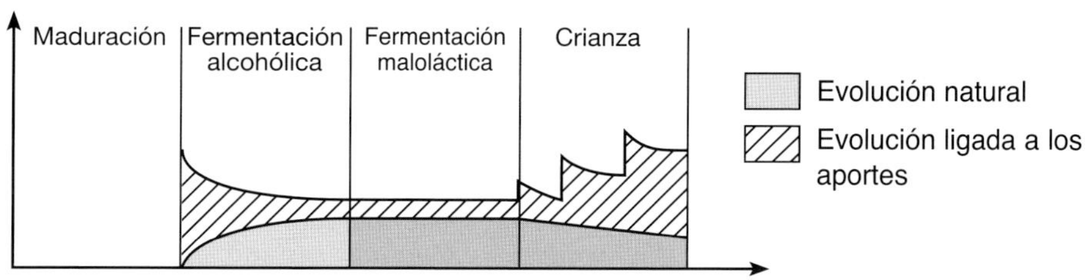

Figura 5.20.–Evolución del SO_2 total.

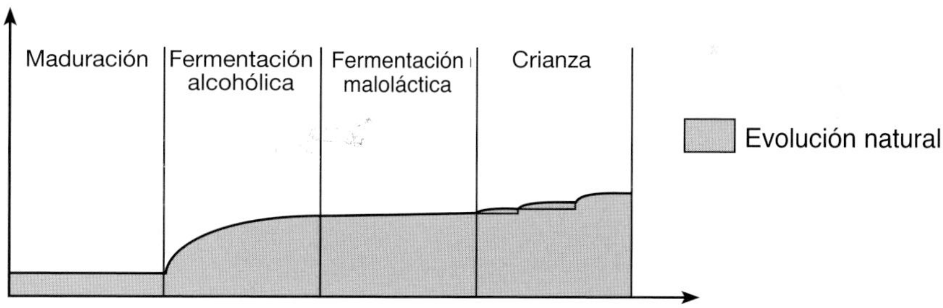

Figura 5.21.–Evolución de los sulfatos.

La acidez interviene sobre la estabilidad tartárica (capítulo 10), férrica, cúprica (capítulo 9) de los vinos.

La acidez tiene un papel esencial en el equilibrio gustativo de los vinos en equilibrio con los sabores azucarados y tánicos (capítulo 7). Sin entrar en un debate teórico en vano, se puede decir que en una acidez razonablemente baja se encuentra el objetivo general del conjunto de los «grandes vinos». Una acidez demasiado elevada enmascara (un poco) la carencia de estructura de los vinos pero seca los buenos vinos en las catas y disminuye el placer general. El concepto «acidez elevada = larga conservación» debe ser rechazado ya que no tiene ninguna confirmación práctica: las mejores añadas de Burdeos, y de muchos otros lugares, tienen baja acidez y se conservan perfectamente. La aplicación estricta de claves de calidad (acidez superior a 2,94 g/l) les haría no obstante rechazar vinos de mesa que hubiesen estado almacenados.

5.3.3. ¿Qué acidez en los vinos?

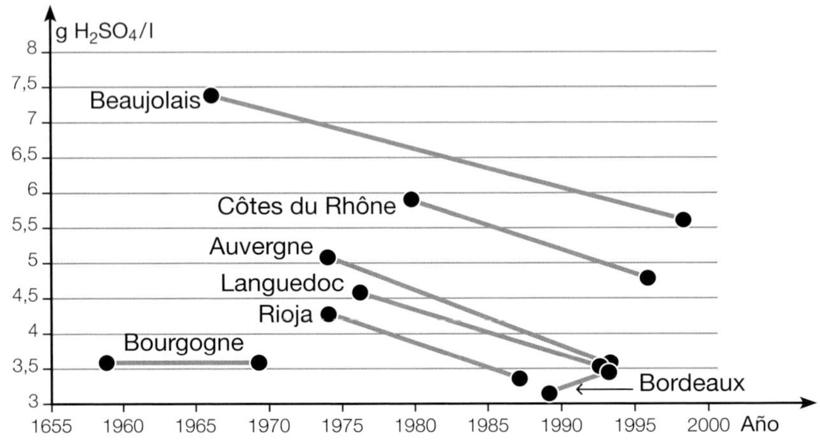

Figura 5.22.–Evolución de acideces en diversas regiones (fuentes: Onivins, Cámara de Agricultura de la Gironde, ITV, Leglise, Lab. Clermont-Ferrand, estación vitícola de Haro).

Desde hace 10-20 años, diversas regiones observan y/o se lamentan de una bajada regular y a veces importante de la acidez de los vinos. El examen de las cifras publicadas de distintas regiones muestra bajadas importantes en las zonas participantes con valores (¿demasiado?) elevados y la estabilidad para las otras regiones (figura 5.22). Estas evoluciones son el resultado del conjunto de modificaciones climáticas, culturales y tecnológicas bien identificadas:

- años más calurosos del siglo;
- desarrollo del no-cultivo (desnudo o desherbado) con absorción de potasio creciendo del 7 al 40 % (Delas, 1999);
- fuertes injertos sobre SO_4 que absorben más potasio que la Riparia 3309 o 41 B más antiguos;
- sobrefertilización potásica frecuente;
- recolecciones con una madurez muy avanzada;
- fuerte expansión de las técnicas de maceración, oportuna o no; recolección mecánica, maceración de los hollejos, desfangados menos severos, encubados más largos;
- generalización de la fermentación maloláctica en las regiones en las que era rara o sólo parcial;
- modificación de los viñedos empleando variedades como la Merlot que reemplaza a la Cabernet, más ácida, y utilización de variedades septentrionales en zonas más meridionales (Chardonnay, Cabernet Sauvignon, Chenin).

Estas bajadas de acidez desembocan –o provocan– la evolución del «gusto del consumidor» amante de vinos ágiles, amables, redondos. Pueden por tanto, reemplazar la presencia de azúcares residuales muy frecuentes en los vinos llamados secos, y de la casi totalidad de los vinos espumosos.

En la práctica:

- La acidez importante es la acidez gustativa que depende de ciertos criterios analíticos (Acidez Total, pH, poder tampón), pero está muy controlada por el cuerpo y la riqueza aromática del vino.
- Es necesario considerar la acidez del vino acabado: generalmente inferior a la del mosto, es superior en los casos de mostos muy maduros, muy poco ácidos por efecto de la formación de ácidos fermentativos (láctico, succínico). Se debe considerar la acidez de las botellas ya terminadas sin preocuparse de una sola partida excepcional.
- Los valores óptimos se conocen bien por prácticas experimentadas en diferentes zonas, para cada botella y para cada añada. No se pueden dictar normas universales.

5.3.4. El cálculo de la acidez de los vinos

Como continuación de los trabajos de tesis realizados en el ENSIGC-CNRS de Toulouse por V. Gerbaud y A. Devatine, bajo la dirección de N. Gabas, podemos proponer una herramienta operativa del cálculo de la acidez, del pH y del poder tampón de los mostos y vinos en su estado y/o con o sin corrección de la acidez (logiciel Mextar®). Las simulaciones de cálculos, válidos para la observación, permiten conocer la evolución espontánea de cada vino, y por tanto calcular las posibles correcciones a llevar a cabo. Cada nueva herramienta es más difícil de obtener pero su uso es más sencillo para cualquier laboratorio enológico actual (figura 5.23).

A partir de estos resultados, se pueden poner en juego las prácticas de acidificación o desacidificación apropiadas.

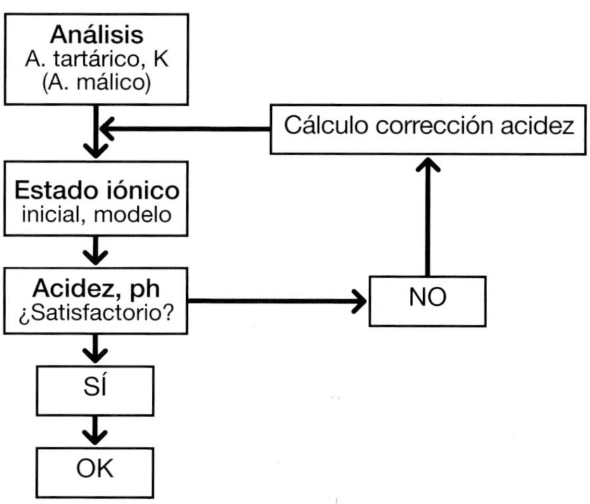

Figura 5.23.–Esquema de los cálculos de control de acideces por Mextar®.

5.3.5. La práctica de la acidificación

En el viñedo

Cuando la falta de acidez se debe a una escasez de ácidos y/o a un exceso de bases (potasio), las primeras medidas se producen en la vid en situaciones de riesgo de acidez demasiado escasa. Es necesario controlar la fertilización, la productividad y el vigor, el aporte de agua (drenajes, limitación de posibles riegos...).

En ciertas situaciones, a largo plazo, puede ser indispensable replantearse la totalidad de los componentes del viñedo (cepas, porta-injertos, fertilización de fondo...).

En cualquier circunstancia, la fecha de recolección tiene una influencia decisiva. La sobremaduración se debe evitar en situaciones sensibles, calurosas, sobre suelos filtrantes gracias a un control de la madurez riguroso.

La recolección de racimos poco maduros y pequeños (verdejos) se recomienda desde siempre; su puesta en juego es compleja pudiendo acarrear características herbáceas, de maduración insuficiente.

Mediante las prácticas enológicas tradicionales

El sulfitado tradicional de la vendimia es un protector de la acidez pero su efecto se ve limitado en los casos de una posterior fermentación maloláctica.

La acidificación fermentativa natural es muy frecuente en los mostos de baja acidez (3 g/l o menos). Actualmente se seleccionan levaduras secas activas (LSA) con poder acidificante, tanto para minorar el consumo de ácido málico, como para el aumento en la formación de ácidos en las fermentaciones, de bioquímica mal conocida. Estos estudios recientes proponen unas condiciones de trabajo que permitan los mejores resultados con estas levaduras «acidificantes», o con más precisión «conservadoras de acidez».

Se observa una acidificación indirecta por oxidación del SO_2 en sulfatos: 64 mg de SO_2 oxidados producen 98 mg de ácido sulfúrico que provocan entonces un aumento de la acidez total de alrededor de 0,1 g/l y una bajada del pH del orden de 0,1 unidades. Esta variación puede tener una importancia real (positiva o negativa) en el caso de crianzas prolongadas en barricas. Se trata de un efecto secundario de prácticas tradicionales y no constituye realmente un método de acidificación.

El papel acidificante del sulfato o del fosfato de amonio (activadores de la fermentación por aporte de nitrógeno mineral) sería teóricamente del mismo orden, el efecto práctico es habitualmente descuidado.

Las técnicas de auto-concentración (ósmosis inversa, evaporación bajo vacío) elevan la acidez de los mostos pero poco la acidez de los vinos puesto que hay un reequilibrio por una precipitación en aumento de bitartrato de potasio.

La eliminación del potasio excedentario por electrolisis se acompaña de una disminución del pH variable pero pudiendo alcanzar –0,1 pH, suponiendo un aumento del 20 % de la cantidad de iones H^+, con la acidificación gustativa correspondiente.

La adición de ácido cítrico, para un contenido máximo final autorizado de 1 g/l (supone acideces de 0,2 a 0,5 g/l) tiene un efecto acidificante limitado ya que el ácido cítrico es un ácido débil. Este compuesto se utiliza sobre todo para «refrescar» ciertos vinos y complejar un ligero excedente de hierro. Su adición a los vinos que contienen bacterias lácticas residuales, tras una fermentación maloláctica y una filtración imperfecta, puede dar lugar a una fermentación citro-acética con fuertes subidas de la acidez volátil, en los embotellados.

El ácido ascórbico se utiliza sobre todo para controlar la oxidación que acompaña al embotellado y reducir los riesgos de quiebra férrica, por reducción química del hierro. Su efecto acidificante analítico es escaso pero su sabor acerbo característico y perceptible en dosis de 5-6 g/hl y puede resultar totalmente insoportable, teniendo una dosis máxima autorizada de 15 g/hl.

El bloqueo de la fermentación maloláctica es evidentemente una protección de la acidez. Se va manifestando en contra de la evolución general de la vinificación de los vinos tintos de calidad. La buena elección está más diversificada para los vinos blancos (y rosados).

En muchas situaciones, la mezcla de mostos sigue siendo el método usual de control de la acidez. Las diferencias entre las cepas, terrenos, fechas de recolección, permiten a menudo obtener un equilibrio ácido (y otro) óptimo.

Mediante acidificación directa

En Francia (y en la Unión Europea), la acidificación directa está estrictamente limitada al empleo de ácido tartárico natural (dextrógiro, D+), excluyendo el ácido tartárico racémico de síntesis (DL tartárico), el ácido málico natural (L-) o de síntesis (DL) y el ácido láctico, autorizados o utilizados de forma fraudulenta en ciertas ocasiones. Con mayor motivo, los ácidos minerales fuertes, prohibidos, se excluyen de forma rigurosa de la enología de vinos de calidad, incluso si el enyesado (sulfato de calcio hidratado que libera sulfatos) ha sido empleado mucho tiempo, y autorizado en ciertas ocasiones (Jerez...).

Teóricamente, la adición de 1 g/l de ácido tartárico eleva la acidez total en 0,65 g/l expresada en H_2SO_4. En la práctica el rendimiento es muy variable, claramente escaso. En efecto, la acidificación se aplica a mostos poco ácidos con frecuencia ricos en potasio; existe una precipitación de bitartrato de potasio con eliminación del ácido tartárico añadido. La pérdida es particularmente importante en el caso de acidificaciones precoces al inicio de la fermentación a causa de la fuerte precipitación natural del bitartrato potásico cuya solubilidad disminuye alrededor de 1 a 3, con motivo de la formación de alcohol.

Una acidificación precoz, en el mosto, en un tanque, es poco precisa, poco eficaz, costosa. Recordemos que esta acidificación, con descenso de pH, puede entorpecer o impedir la fermentación maloláctica casi siempre necesaria y buscada, cada vez exigida con mayor frecuencia por los reglamentos de control relativos a los vinos sometidos al acepto. Una acidificación tardía, poco antes del embotellado, pone en riesgo el equilibrio tartárico del vino, de la «sequedad» gustativa. El momento óptimo habitualmente es hacia el final de la fermentación alcohólica en el «vino nuevo todavía en fermentación», en dos veces si es necesario, para una mejor precisión de los resultados.

La reglamentación europea prohibe el enriquecimiento y la acidificación de un mismo producto pero autoriza el enriquecimiento de un mosto y la acidificación de vinos (nota UE VI/7281/98).

Para una acidificación precisa, de calidad, es conveniente utilizar los cálculos completos disponibles de Mextar ®. Se puede calcular la cantidad de acidificante (o de desacidificante) necesaria para obtener tal pH o tal acidez total para el vino estabilizado tomando en cuenta las precipitaciones de las sales tartáricas. Igualmente se puede practicar el ensayo siguiente:

- Al final de la fermentación alcohólica (y maloláctica), medir la acidez total y el pH en una muestra.
- Añadir dos dosis de ácido tartárico «ajustado» teóricamente a la acidez final deseada, sobre una base de 1,5 g de ácido tartárico por gramo de ácido sulfúrico a añadir.
- Filtrar el vino y ponerlo 2 a 5 días de refrigerador (–5 a + 5 °C).
- Filtrar, medir la acidez total y el pH; probar: deducir la acidificación óptima.

5.3.6. La práctica de la desacidificación

En la viña

El conjunto de factores indicados como «responsables» de las bajas acideces pueden explotarse con el objetivo de controlar las acideces demasiado elevadas. En todos los casos, una recolección con madurez suficiente es favorable para la calidad, en especial por la desaparición de los aromas vegetales. Se establece, en Merlot y en Cabernet Sauvignon en Burdeos, una estrecha correlación entre la disminución de pirazinas y derivados –responsables de sabores «herbáceos»– y disminución del ácido málico, más fácil de dosificar (capítulo 2).

Mediante prácticas enológicas tradicionales

Hemos citado las LSA «acidificantes»; se proponen también las LSA «desacidificantes», que metabolizan más fuertemente el ácido málico y llamadas «desmalicantes» (tabla 5.4).

Tabla 5.4.–Desacidificación por LSA (según F. Ramon Portugal y col., 1999)

Cepa de LSA	Consumo de ácido málico	Categoría
432	25-36 %	«desmalicantes»
AC-	20-35 %	«desmalicantes»
FA 1	16-32 %	protectora de acidez
1033	0-16 %	protectora de acidez
1636	0,8-4,6 %	protectora de acidez

Las levaduras *Saccharomyces* tienen la propiedad de transformar el ácido málico en alcohol y en CO_2, lo que supone una bajada teórica de acidez de 0,74 g/g de ácido málico consumido. Su puesta en acción es bastante delicada y se observan con frecuencia desviaciones gustativas inaceptables. Su empleo hoy en día es excepecional.

La fermentación maloláctica es hoy el método general de desacidificación biológica. Su empleo se conoce bien en la actualidad, ampliamente controlado. En situaciones difíciles, las nuevas bacterias lácticas permiten siembras de buena fiabilidad (capítulo 6).

Las fermentaciones malolácticas parciales resultan difíciles de controlar y requieren una vigilancia analítica y gustativa muy precisas.

Las mezclas de vinos con y sin fermentación maloláctica dan buenos resultados, con la reserva de la eliminación de las bacterias lácticas residuales para evitar posibles desarrollos parásitos.

Mediante acidificación directa

La reglamentación autoriza todos los productos desacidificantes activos según las ecuaciones esquemáticas siguientes (llamando al ácido tartárico H_2T).

- Mediante carbonato cálcico ($CaCO_3$)

$$\underset{150\ g}{H_2T} + \underset{100\ g}{CaCO_3} \rightarrow CaT \downarrow + CO_2 \uparrow + H_2O$$

- Mediante bicarbonato potásico ($KHCO_3$)

$$\underset{150\ g}{H_2T} + \underset{100\ g}{KHCO_3} \rightarrow KHT \downarrow + CO_2 \uparrow + H_2O$$

Teóricamente 1,5 g/l de H_2T (20 meq/l o alrededor de 1 g/l de H_2SO_4) son neutralizados por 1 g de $CaCO_3$ o de $KHCO_3$. El rendimiento práctico puede ser más escaso. La eficacia depende de los vinos y de las condiciones de empleo.

A modo de ejemplo, se pueden dar resultados de ensayos de 5 mostos y vinos blancos, tratados con diversos productos, en diferentes estados de la evolución del vino (antes y después de la fermentación alcohólica, antes y después de la estabilización tartárica), sobre la base de una desacidificación teórica que va de 0,5 a 2 g H_2SO_4/l).

Tabla 5.5.–Desacidificación mediante carbonato cálcico y bicarbonato potásico (según la Cámara de Agricultura de la Gironde, 1978).

Producto desacidificante	Rendimiento en mosto (valor observado/valor teórico)		Rendimiento en vino estabilizado (valor observado/valor teórico)	
	Valores límites	Valores medios	Valores límites	Valores medios
$CaCO_3$	0,85-1,05	1,02	0,8-1,35	
$KHCO_3$	0,25-0,80	0,51	0,75-1,65	alrededor de 1

El rendimiento real de desacidificación es muy variable, es difícil de efectuar una desacidificación importante (más de 1 g H_2SO_4/l) y precoz de una sola vez.

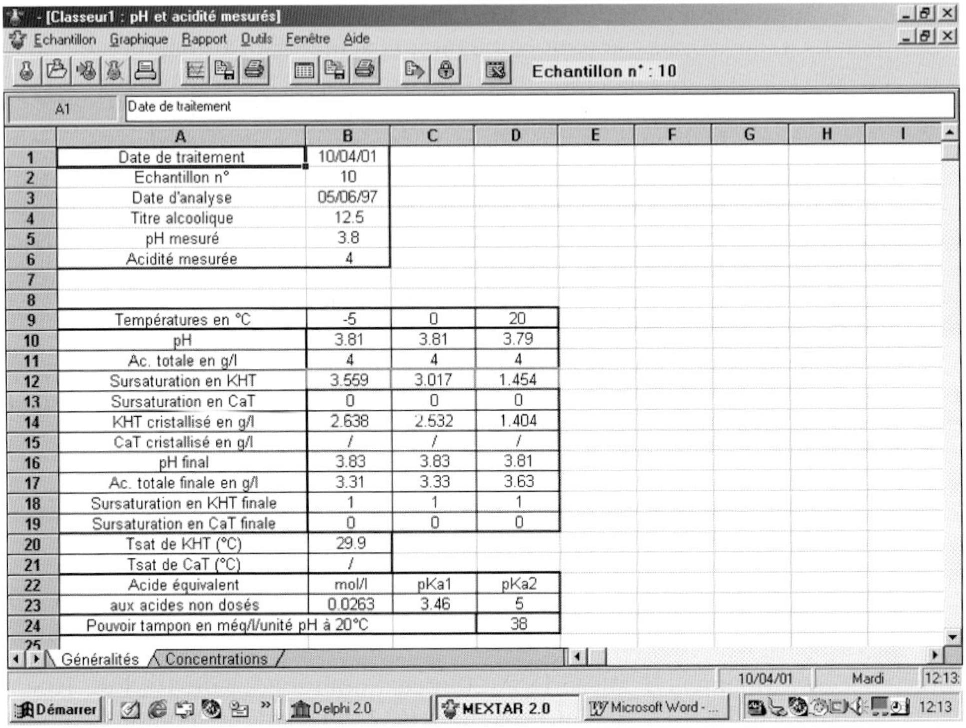

	A	B	C	D
1	Date de traitement	10/04/01		
2	Echantillon n°	10		
3	Date d'analyse	05/06/97		
4	Titre alcoolique	12.5		
5	pH mesuré	3.8		
6	Acidité mesurée	4		
7				
8				
9	Températures en °C	-5	0	20
10	pH	3.81	3.81	3.79
11	Ac. totale en g/l	4	4	4
12	Sursaturation en KHT	3.559	3.017	1.454
13	Sursaturation en CaT	0	0	0
14	KHT cristallisé en g/l	2.638	2.532	1.404
15	CaT cristallisé en g/l	/	/	/
16	pH final	3.83	3.83	3.81
17	Ac. totale finale en g/l	3.31	3.33	3.63
18	Sursaturation en KHT finale	1	1	1
19	Sursaturation en CaT finale	0	0	0
20	Tsat de KHT (°C)	29.9		
21	Tsat de CaT (°C)	/		
22	Acide équivalent	mol/l	pKa1	pKa2
23	aux acides non dosés	0.0263	3.46	5
24	Pouvoir tampon en méq/l/unité pH à 20°C			38

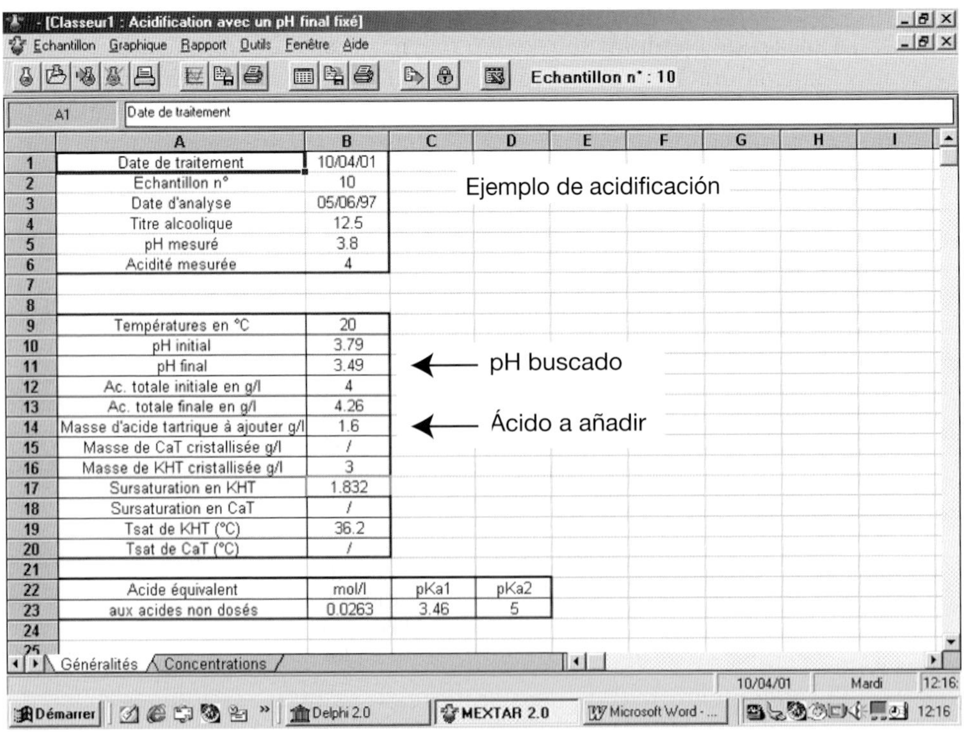

	A	B	C	D
1	Date de traitement	10/04/01		
2	Echantillon n°	10		
3	Date d'analyse	05/06/97		
4	Titre alcoolique	12.5		
5	pH mesuré	3.8		
6	Acidité mesurée	4		
7				
8				
9	Températures en °C	20		
10	pH initial	3.79		
11	pH final	3.49		
12	Ac. totale initiale en g/l	4		
13	Ac. totale finale en g/l	4.26		
14	Masse d'acide tartrique à ajouter g/l	1.6		
15	Masse de CaT cristallisée g/l	/		
16	Masse de KHT cristallisée g/l	3		
17	Sursaturation en KHT	1.832		
18	Sursaturation en CaT	/		
19	Tsat de KHT (°C)	36.2		
20	Tsat de CaT (°C)	/		
21				
22	Acide équivalent	mol/l	pKa1	pKa2
23	aux acides non dosés	0.0263	3.46	5
24				

Figura 5.24.–Determinación de la dosis de desacidificante a utilizar.

Parece entonces preferible desacidificar en dos veces: una primera desacidificación mediana en el mosto y luego una desacidificación complementaria sobre vino joven, desde el final de la fermentación alcohólica. El resultado real de una desacidificación no puede apreciarse más que tras una estabilización completa por frío y/o cálculos completos por Mextar®, como para la acidificación (figura 5.24).

El contenido en potasio de los vinos nuevos, al final de la fermentación, es más elevado tras la estabilización por frío.

Los contenidos en calcio aumentan por el empleo de $CaCO_3$, antes y después de la estabilización pero, teniendo en cuenta las precipitaciones de ácido tartárico, el carbonato cálcico (producto de concentración de tartrato neutro de calcio) se estabiliza a los mismos valores muy bajos.

Tras la estabilización tartárica completa mediante frío, los diferentes tratamientos desacidificantes usuales ($CaCO_3$, $KHCO_3$) bien utilizados dan vinos analíticamente muy próximos y a menudo más pobres en bitartrato potásico y en tartrato de calcio que el vino testigo. Esta observación es falseada en el caso de desacidificación tardía, sobre vino parcialmente estabilizado: se pueden crear entonces grandes riesgos de precipitaciones tartáricas, sobre todo por el tartrato de calcio.

$CaCO_3$ y $KHCO_3$ pueden dar resultados equivalentes. Es necesario sin embargo subrayar que el $KHCO_3$, a dosis elevadas (más de aproximadamente 1 g/l) puede provocar aumentos momentáneos de pH muy importantes, con riesgo de aparición de «gusto de lejía».

El «rendimiento» de desacidificación (bajada de la acidez total observada/teórica) varía en grandes intervalos entre mostos o vinos. La previsión directa de desacidificación es incierta; se debe pasar por los cálculos completos, como en la acidificación.

La desacidificación equilibrada

Las fórmulas clásicas de desacidificación no hacen aparecer una disminución del ácido tartárico por precipitación de bitartrato potásico o de tartrato neutro de calcio. A pH elevado, tras una adición importante de $CaCO_3$, existe una precipitación de sales de ácido málico y de calcio solo o combinado químicamente con tartrato de calcio. Se usan entonces expresiones de «desacidificación mediante sales dobles», «doble desacidificación». Nosotros preferimos utilizar la expresión propuesta en 1969 de «desacidificación equilibrada». La puesta en juego es bastante compleja y no se puede realizar más que bajo control analítico estricto, en las únicas situaciones en las que es inevitable.

La tesis de A. Devatine establece de forma precisa, por primera vez, la naturaleza y la estructura de las sales de calcio en juego. Se forman tres malatos de calcio diferentes (con 2,3 o 6 moléculas de agua) y de tartromalato de calcio. Estas diferentes especies cristalinas, así como el tartrato de calcio, con solubilidades muy diferentes, intervienen en condiciones variables, según el pH y las cantidades de carbonato de calcio puestas en juego. Estos estudios permiten regular mejor las precipitaciones de las distintas sales de calcio implicadas en las desacidificaciones y optimizar el papel de las «sales dobles de calcio de los ácidos L+ tartárico y L– málico» autorizados por los reglamentos CEE 822-823/87 y actualmente sin una existencia real establecida. Estas técnicas de desacidificación deben realizarse bajo un control analítico (dosis y cálculos) estricto para tener éxito en los mejores resultados gustativos, sin problemas tartáricos posteriores.

El conjunto de conocimientos sobre la química del SO_2 y los mecanismos de sus combinaciones puede resumirse por las figuras 6.5 y 6.6. Ponen de relieve a la vez la complejidad del problema y la necesidad de intervenir de manera precisa e ininterrumpida sobre la puesta en juego del SO_2, con actuaciones numerosas.

6.2. Las propiedades del SO_2

6.2.1. Las propiedades antisépticas

El SO_2 tiene la propiedad de inhibir o de destruir, según la dosis, las levaduras y las bacterias. Es particularmente activo sobre levaduras «salvajes» y bacterias acéticas presentes sobre los racimos sanos o poco podridos. Al destruir las levaduras poco eficaces, el sulfitado favorece la implantación de cepas activas, indígenas o añadidas: esto explica a la vez el ligero retraso en el arranque tras la aceleración de las fermentaciones después de sulfitar (figura 6.7).

Las bacterias lácticas y acéticas de los vinos y ciertas levaduras denominadas de contaminación de los vinos pueden ser resistentes a dosis muy elevadas de SO_2 libre, bajo forma activa (tabla 6.1). En todos los casos, la dosis eficaz necesaria aumenta con el número de gérmenes a destruir.

Tabla 6.1.–Sensibilidad de los microorganismos frente al SO_2 activo (según Beech,1979 y Usseglio-Tomasset, 1982)

Microorganismos	SO_2 activo inhibidor (mg/l)
Levaduras «oxidativas»	0,3
Levaduras fermentativas	De 0,4 a 3
Levaduras contaminantes	2,5
Bacterias lácticas	De 2,3 a 3,7

La acción del SO_2 puede aquí expresarse como el tiempo necesario para reducir la población de levaduras al 10 % del número inicial; se emplea el término «tiempo de reducción decimal» (TRD). Una duración de 1 TRD deja 10 % de población inicial, 2 TRD dejan 1 %, 3 TRD dejan 1 ‰.

La tabla 6.2 muestra el efecto rápidamente creciente de dosis de SO_2 activo. Las dosis insuficientes actúan lentamente, dejando sobrevivir las levaduras que pueden multiplicarse, necesitándose nuevos sulfitados.

Se producen estos mecanismos en el caso de la adición de SO_2 en presencia de las numerosas levaduras supervivientes (ej.: azufrado de los vinos blancos dulces). La figura 6.8 muestra el efecto de choque de un sulfitado muy fuerte (200 mg/l) con la destrucción prácticamente total en 2 horas mientras que con un sulfitado de 100 mg/l quedan 1.000 levaduras vivas/ml tras 8 horas y la mortalidad parece haber terminado. La figura 6.9 muestra los efectos muy distintos del SO_2 sobre las levaduras y las bacterias acéticas o lácticas.

Tabla 6.2.–SO_2 activo y destrucción de las levaduras (según Macris y Markakis, 1974)

SO_2 activo (mg/l)	Tiempo de reducción decimal (min)
0,25	135
0,50	99
1,00	52
1,50	25
2,00	6,4

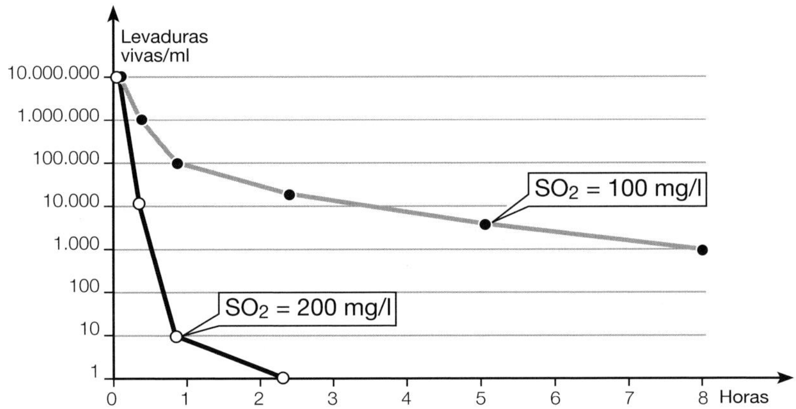

Figura 6.8.–Cinética de muerte de levaduras del SO_2 (Cámara de Agricultura de la Gironde, 1975).

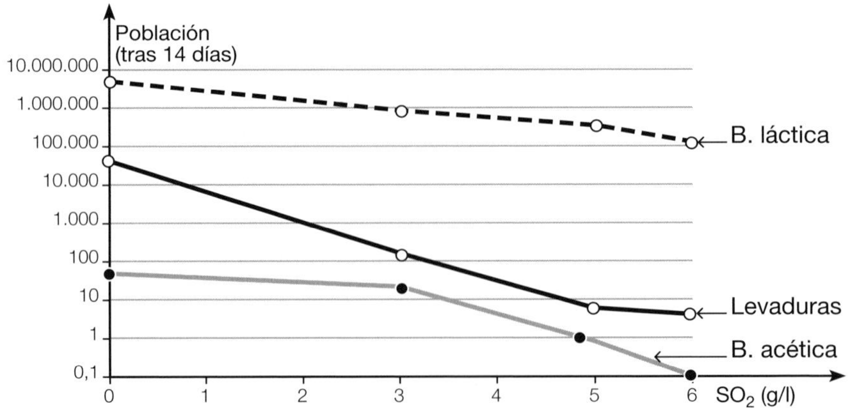

Figura 6.9.–Efectos del SO_2 sobre los diferentes microorganismos del vino.

En el caso de vinos tintos, el bloqueo de las bacterias acéticas por el SO_2 es a veces reforzado por los taninos (tabla 6.3).

Tabla 6.3.–Influencia de los taninos sobre la actividad bactericida del SO_2 (Cámara de Agricultura de la Gironde)

IPT (Índice de polifenoles totales)	Aumento de la acidez volátil (g/l)
39	0,35
49	0,17
59	0,03

Ensayo al aire, durante 15 horas; SO_2 libre = 10 mg/l; acidez total = 3,7 g/l.

Los mecanismos de los efectos antisépticos del SO_2

El SO_2 actúa sobre los microorganismos por medio de numerosos mecanismos complementarios:

- Fuera de la célula, el SO_2 reacciona con los nutrientes de la célula formados por la respiración y la fermentación, con ciertos lípidos y reduce el oxígeno disponible.
- El SO_2 molecular (H_2SO_3 = SO_2 activo) se fija sobre las membranas celulares y perturba su funcionamiento.
- En el interior de la célula, el SO_2 reacciona con diversas enzimas (ATP, NAD), con aminoácidos azufrados, con compuestos carbonílicos, con la tiamina y con diversas proteínas y lípidos.

Esta multiplicidad de los mecanismos explica a la vez la polivalencia del SO_2 y las dificultades para reemplazarlo.

La actividad antiséptica debe adaptarse a la población microbiana. Una higiene general rigurosa es indispensable para reducir los sulfitados.

6.2.2. Las propiedades antioxidantes y antioxidásicas

El SO_2 en solución reacciona con el oxígeno para formar sulfatos:

$$SO_2 \rightarrow H_2SO_3 + 1/2\ O_2 \rightarrow H_2SO_4$$

64 g   16 g   98 g (174 g, expresado en K_2SO_4)

Un litro de mosto o vino saturado en oxígeno –es decir, alrededor de 8 mg de oxígeno/l– oxida 32 mg de SO_2 y produce 0,049 g de ácido sulfúrico. Este aumento puede renovarse varias veces a lo largo de la vinificación y de la crianza del vino, suponiendo una bajada de pH de alrededor de 0,05 cada vez.

Esta reacción es lenta, se necesitan varios días para consumir el oxígeno disuelto por el SO_2. En el caso de mostos, se observa un consumo rápido de todo el oxígeno, entre 4 y 20 minutos. El sulfitado bloquea este consumo muy rápidamente, en aproximadamente 1 a 6 minutos, no por consumo directo del oxígeno sino por el bloqueo de las enzimas oxidativas. Su acción es más lenta en presencia de laccasa (figura 6.10).

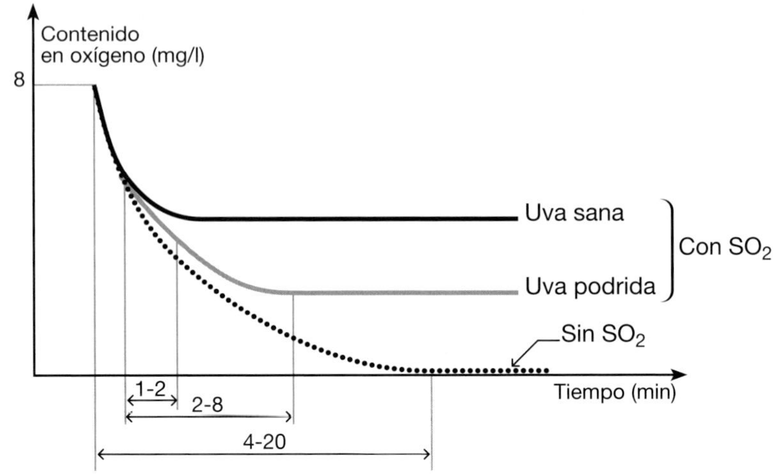

Figura 6.10.–Cinética de la evolución del contenido en oxígeno de los mostos, con y sin SO_2.

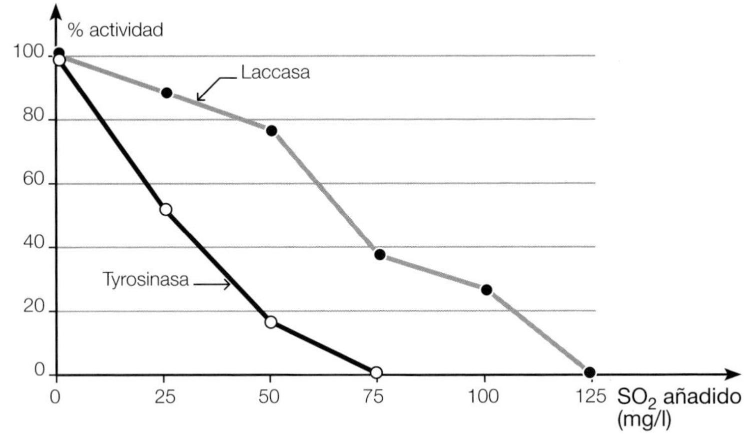

Figura 6.11.–Acción antioxidásica del SO_2 (Kovac, 1979).

Tabla 6.4.–Sulfitado y destrucción de la laccasa (fuente: Dubernet, 1974)

SO_2 añadido (mg/l)	Tiempo de reducción decimal (min)
5	250
10	130
20	65
40	33
80	16

TRD: tiempo para destruir el 90 % de la actividad laccasa.

El SO_2 actúa entonces como antioxidásico. Su acción es fuerte con la tirosinasa, más limitada con la laccasa (figura 6.11) con la que se puede cuantificar como para las levaduras por el TRD (punto 6.2.1 y tabla 6.4).

El SO_2 protege los mostos de la oxidación por destrucción de las actividades enzimáticas procedentes de la uva y/o de la podredumbre. Para ser eficaz, el SO_2 debe reajustarse muy pronto, a una dosis adaptada a la actividad enzimática.

6.2.3. Las propiedades disolventes del SO_2

Acelerando la necrosis de las células de la uva, el SO_2 facilita la liberación de su contenido. El efecto es particularmente importante frente a las células de los hollejos, ricas en antocianos, taninos y aromas. Este efecto disuelve a los antocianos y se enmascara por la rápida decoloración pero momentánea resultando una transformación de moléculas de antocianos rojos que pasan a una forma incolora. El resultado global es una alta extracción reforzada por una protección contra la oxidación; se obtienen vinos más coloreados (figura 6.12).

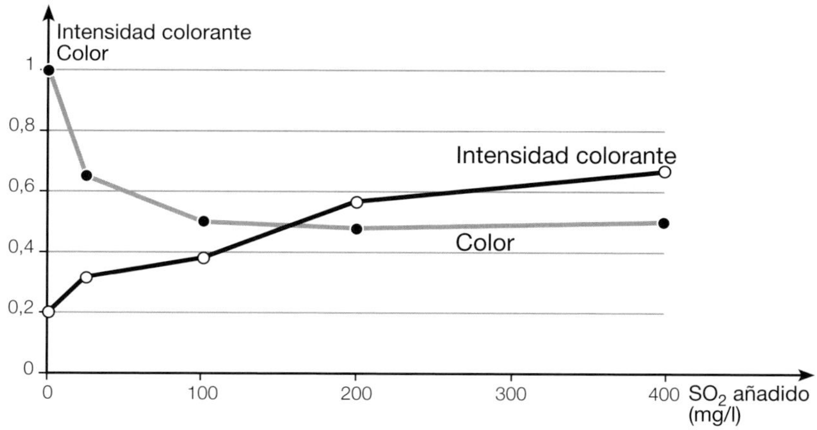

Figura 6.12.–Propiedades disolventes del SO_2 (Marteau, 1967).

El SO_2 participa en la estructura de los vinos favoreciendo la extracción de los compuestos fenólicos. Una intervención demasiado intensa y/o demasiado precoz puede ser perjudicial para las vendimias.

6.2.4. Los efectos organolépticos del SO_2

El SO_2 es bien conocido por su olor característico. Se percibe en los vinos con contenidos comprendidos entre 20 y 60-80 mg de SO_2 libre/l según el pH y por tanto el SO_2 activo, la riqueza aromática general pero también según la sensibilidad y/o el entrenamiento de los individuos, y según la opinión *a priori* del catador. Este olor desagradable constituye una excelente protección contra el uso abusivo del SO_2.

Abundando en este carácter organoléptico específico desagradable, el SO_2 tiene un efecto positivo irremplazable: en combinación con los aldehídos, de los que el etanal o acetaldehído están presentes en todos los vinos, suprime el carácter de «nariz», característico de los vinos oxidados, a falta de SO_2. El carácter aldehídico se rechaza en efecto en todos los vinos, con la destacada excepción, pero de volumen muy pequeño, de los vinos del tipo del Jerez, «vinos amarillos» y, con otras características, vinos de tipo Rancio.

Esta reacción SO_2-aldehído es irremplazable en enología.

El SO_2 contribuye también a atenuar o a suprimir los aromas desagradables procedentes de la podredumbre de las uvas.

Se observa y se mide también el efecto protector directo del SO_2 sobre los aromas resultantes de compuestos sensibles a la oxidación, como el aroma de Sauvignon (tabla 6.5). Para todos los vinos, la ausencia de SO_2 supone evoluciones aromáticas generalmente poco apreciadas.

El SO_2 protege el aroma de los vinos; en exceso, lo destruye y/o lo enmascara.

Tabla 6.5.–Influencia de la oxidación sobre el aroma de Sauvignon (fuente: Dubourdieu, 1990)

Tratamiento	4MMP (índice)
Testigo	100
Sulfitado	61
Hiperoxigenado	43

4MMP: 4-metil-4-mercapto-2-pentanona.

Nota

Los olores del tipo del H_2S provienen muy parcialmente del SO_2; éstos provienen de la uva y/o de las levaduras.

6.2.5. Los efectos fisiológicos del SO_2

Como cualquier otro componente del vino, y de otros alimentos, el SO_2 presenta una cierta toxicidad aguda a corto plazo, y crónica a largo plazo.

La toxicidad aguda es muy rara, pudiendo manifestarse por crisis alérgicas (alrededor de seis casos/año para 270 millones de americanos según la FDA, 1995), o por migrañas, fatiga. La dosis peligrosa es equivalente a la del bicarbonato sódico o a la de la sal de cocina (es decir, DL50 = 1,5 g/kg de peso).

La toxicidad crónica es definida por la Organización Mundial de la Salud (OMS) mediante la dosis diaria admisible (DDA) actualmente fijada en 0,35 mg/kg y por día, es decir, 24,5 mg/día para una persona de 70 kg, con un coeficiente de seguridad de 100, ¡que correspondería a 98 g de sal/día/persona! Una ingestión continua de 400 mg/día no entraña un efecto observable (S. Brun). El principal efecto del SO_2 sería la destrucción de la tiamina (vitamina B1) del vino pudiendo inducir dificultades en los casos de regímenes con carencias, desconocidos en una alimentación normal.

Nótese también que el SO_2 ingerido no representa más que una escasa fracción del SO_2 metabolizado y evacuado cada día por el organismo a partir de compuestos azufrados de la alimentación (alrededor de 1,7 g equivalentes de SO_2 por día).

Para el SO_2 inhalado, el gas SO_2, utilizado directamente o liberado por las soluciones sulfurosas, es peligroso y debe manipularse con precauciones.

- 0,8 a 3-5 mg/m^3 de aire: percepción.
- 5 a 12 mg/m^3 de aire: irritación de la nariz y la garganta.
- 10 a 20 mg/m^3 de aire: irritación de los ojos.
- 50 a 200 mg/m^3 de aire: ataque a los bronquios y a los pulmones, peligroso a los 30 minutos.
- 500 a 1.000-3.000 mg/m^3 de aire: peligro de muerte rápida.

El SO_2 del vino, se añade al SO_2 de otros alimentos (cerveza, frutos secos, mermelada, gambas glaseadas...) debe minimizarse, a partir de un excelente conocimiento de sus propiedades.

6.2.6. El SO_2 endógeno

En ausencia de SO_2 añadido, el vino contiene una cierta cantidad de SO_2 endógena sintetizada por las levaduras. El fenómeno se conoce desde hace más de un siglo (Haas, 1883), y puede ser importante debido a la formación de SO_2 a menudo limitada a unos cuantos miligramos por litro alcanzando comúnmente de 30 a 50 mg/l y hasta 150 a 200 mg/l. Esta síntesis se produce a partir de los sulfatos naturales del mosto siempre a lo largo de la fermentación alcohólica. Esta crece por la aireación, la clarificación y el calentamiento de los mostos así como por las carencias en aminoácidos azufrados (metionina, cisteína), en tiamina. Es más importante en los viñedos septentrionales (Champagne, Alemania...).

Se previenen las síntesis excesivas mediante un sulfitado que elimina las levaduras indígenas, seguido de la adición de levaduras de cepas de LSA seleccionadas por su escasa producción de SO_2.

6.3. El empleo del SO_2

6.3.1. Principios básicos

La diversidad de los efectos del SO_2 explica un uso generalizado en la casi totalidad de los vinos, desde la vendimia al embotellado. Estos usos sucesivos suponen un aumento del SO_2 total cuyo contenido está limitado por las reglamentaciones mientras que el contenido de SO_2 libre necesario permanece prácticamente constante. Toda la enología del SO_2 apunta a optimizar su empleo para tener la máxima eficacia con las mínimas adiciones. Esquemáticamente, se debe inspirar en tres principios básicos:

- sulfitar poco pero suficiente (para el efecto buscado);
- sulfitar lo antes posible (antes de la manifestación de las posibles necesidades);
- sulfitar de una forma muy homogénea (cada gota de mosto o de vino).

La reglamentación del SO_2

Desde hace décadas, los contenidos de SO_2 total están reglamentados, actualmente por textos europeos (Reglamento UE 822-823/87 más actualmente 1.493/99 y 1.622/2000) que definen varias categorías de vinos y de contenidos máximos en SO_2.

Vinos secos (azúcares inferiores a 5 g/l):

- Tintos 160 mg/l; vinos del país 25 mg/l
- Blancos y rosados 210 mg/l; vinos del país 50 mg/l

Vinos (azúcares superiores a 5 g/l):

- Tintos 210 mg/l
- Blancos y rosados 260 mg/l
- Excepción a 300 mg/l para diversas D.O.
- Excepción a 400 mg/l para las D.O. productoras a partir de uvas muy botritizadas, recolectadas por sucesivas selecciones.

Los valores exactos evolucionan según los años y los tipos –consultar la reglamentación en vigor en la fecha de las operaciones.

6.3.2. El sulfitado en la vinificación

Dosis de sulfitado

Las dosis de SO_2 se expresan en cantidades añadidas, es decir, en SO_2 total.

Se expresan en gramos de SO_2 por hectolitro de mosto o de vendimia estrujada o despalillada. En los casos del sulfitado de vendimias enteras (en el volquete de recepción en ausencia de estrujado), la dosis se expresa por hectolitro de mosto a obtener, con una estimación imprecisa.

Las cifras indicadas son ampliamente válidas en el contexto girondino. Se pueden adaptar fácilmente a otras regiones.

- La dosis básica es de 5 g/hl de SO_2 (ó 50 mg/l). Esta dosis básica se debe regular según la tabla 6.6.
- Una vendimia calurosa, poco ácida, puede sulfitarse de 7 a 8 g/hl mientras que una vendimia fresca, muy sana, puede sulfitarse solamente con 3 a 4 g/hl.
- Los sulfitados inferiores a 3 g/hl son casi todos insuficientes puesto que no pueden controlar las levaduras propias de la uva, las oxidasas de los racimos. Pueden aumentar provocando fuertes formaciones de SO_2 endógeno. Sólo la elaboración de vinos procedentes de orujos puede hacerse sin sulfitar.
- Los sulfitados superiores a 8 ó 10 g/hl corresponderían a una vendimia alterada y a una higiene dudosa, incompatibles con los vinos de calidad.

Tabla 6.6.–Correcciones de la dosis de sulfitado en la vendimia

Causa	Unidad	Valores	Restar (gSO_2/hl)	Añadir (gSO_2/hl)
Estado sanitario	% podredumbre	de 0 a 20-30 %	−1, −2	+2, +5
Temperatura	°C	10 a 30 °C	−1	+2, +3
Acidez	g H_2SO_4/hl	7-8 a 3	−1	+2, +3
Higiene		perfecta a mala	0	+2, +3
Variedad		poco a muy oxidable	0	+2, +3

Momento del sulfitado

El sulfitado debe ser a la vez precoz, preciso, homogéneo y de efectos secundarios despreciables: no existe una solución perfecta puesto que cada momento de sulfitado tiene sus ventajas y sus inconvenientes (tabla 6.7).

- Para la vendimia blanca llevada a cabo de forma manual, el sulfitado de la vendimia en la fase escurrido-prensado o del mosto a la salida de la prensa dan buenos resultados.
- En el caso de la vendimia mecanizada, es aconsejable sulfitar el mosto recogido en las cajas de doble fondo y completar el sulfitado como antes. El sulfitado de la vendimia entera disminuye las oxidaciones pero aumenta la maceración, la disolución de compuestos fenólicos.
- Para la vendimia tinta, se obtienen buenos resultados sulfitando a la salida de la bomba de vendimia mediante un dosificador. El sulfitado en la recepción de la bodega es menos preciso pero más precoz.

Tabla 6.7.–Comparación de los momentos de sulfitado

	Ventajas	Inconvenientes
Caja de transporte	muy precoz	dosificación difícil maceración en aumento mezcla difícil olor del SO_2
Tolva de recepción	fácil puesta en juego	corrosión del material superficial
Mosto de escurrido-prensado (blanco)	dosificación y mezcla difíciles	
Bombeo de la vendimia (tinto)	posibilidad de dosificar	un poco tarde
En el encubado (tinto)	simple	tarde mezcla difícil
Tras el encubado	demasiado tarde, a evitar	

Sulfitado único o múltiple

Se puede aportar alrededor del 50 % de la dosis de SO_2 prevista desde la recolección, en la viña, después completar en bodega tras una medida precisa de los volúmenes a tratar. Los resultados serían mejores.

Esta ligera complicación es recomendable para los aportes importantes y los intervalos recolección-encubado largos. Se recomienda en menor medida en otros casos.

6.3.3. El sulfitado tras la fermentación

Dosis de sulfitado

Después de la fermentación alcohólica (y maloláctica) no hay más SO_2 libre residual –a pesar de ciertos artefactos de dosificación– que etanal libre. Tras sulfitar medianamente la vendimia (5 a 10 g/hl) el SO_2 residual al final de la fermentación es generalmente inferior a un 1/3 de la cantidad añadida al mosto. El vino nuevo debe protegerse mediante sulfitado.

Las dosis de sulfitado son aquí expresadas en cantidad de SO_2 libre a obtener, habitualmente expresado en mg/l.

Tras la fermentación alcohólica (y la maloláctica), el sulfitado tiene como objetivo destruir las levaduras y bacterias que han acabado su trabajo. También asegura la protección contra la oxidación, la destrucción de la laccasa residual. La fijación de la dosis de SO_2 libre a obtener tiene en cuenta estas necesidades tan distintas.

- La cantidad básica a obtener es de 20 a 30 mg de SO_2 libre por litro. Contenidos inferiores son poco eficaces en los vinos jóvenes y deberán ser completados; los contenidos (muy) superiores tienen el riesgo de bloquear la evolución de los aromas y de los taninos, de crear desviaciones aromáticas.
- Para obtener esta dosis en el primer sulfitado del vino, es necesario sulfitar a la dosis indicativa de 4 a 6 g de SO_2 añadido por hectolitro. Esta dosis se debe adaptar, lote a lote, en función del contenido en SO_2 libre.
- El sulfitado de 4 ó 6 g de SO_2/hl se debe regular sobre las bases de la tabla 6.8. Las modulaciones deben estar limitadas: sulfitados inferiores a 3 g de SO_2/hl hacen correr serios riesgos de desviaciones de las levaduras y/o bacterias, sulfitados superiores a 7 u 8 g de SO_2/hl tienen riesgo de alterar la calidad gustativa.

Tabla 6.8.–Correcciones de la dosis de sulfitado tras las fermentaciones

Causa	Unidad	Valores	Restar (g SO_2/hl)	Añadir (g SO_2/hl)
Estado sanitario	% podredumbre	muy sana a podrida	0	+1, +2
Cantidad de levaduras, bacterias		escasa a fuerte	–1, –2	+1, +3
Acidez	g H_2SO_4/hl	fuerte a escasa	–1, –2	+1, +2
Higiene		perfecta a mala	0	+2, +3
Taninos		fuerte a escaso	–1	+1, +2
Grado alcohólico	% vol.	> 12 a < 10	0	+1, +2

SO_2 libre y SO_2 activo

El sulfitado debe tener en cuenta de una forma más común que hoy en día la cantidad de SO_2 activo (punto 6.1) calculado a partir del SO_2 libre y del pH.

Subrayemos que una elevación de pH de 0,1 corresponde a una pérdida de actividad muy importante de alrededor del 25 %.

Los valores de SO_2 activo a obtener están mal fijados pero se pueden basar en los valores de la tabla 6.9, adaptándolos a los contextos locales. Esta toma en cuenta del SO_2 activo requiere una útil reflexión previa al sulfitado.

Tabla 6.9.–Dosis de SO_2 activo (según Sudraud)

	SO_2 activo (mg/l)
Umbral de percepción olfativa	alrededor de 2, al menos
Dosis necesaria	
Vinos blancos secos	0,7-0,8
Vinos tintos	0,3-0,4
Vinos blancos suaves	0,8-1,2
«Apagado» de vinos en fermentación	alrededor de 1,5

Nota

El cálculo del SO_2 activo debe tener en cuenta el grado alcohólico, la temperatura del vino cuyos valores elevados aumentan la actividad del SO_2.

Momentos del sulfitado

Las prácticas del sulfitado de vinos podrían reagruparse esquemáticamente alrededor de dos escuelas:

- sulfitados fuertes y escasos en número,
- sulfitados débiles y repetidos.

Las ventajas y los inconvenientes de los dos métodos (tabla 6.10) indican las situaciones en las que es preferible la una o la otra.

Tabla 6.10.–Comparación de los principios de sulfitado de los vinos

	Ventajas	**Inconvenientes**
Sulfitados fuertes y escasos en número	muy buena destrucción de las levaduras y de las bacterias buena protección contra las oxidaciones so_2 total final más escaso vigilancia fácil	detección por cata inmediata menos agradable reducción momentánea del color
Sulfitados débiles y repetidos	detección por cata inmediata favorable color inmediato más intenso	mala destrucción de levaduras y bacterias riesgos de accidentes microbianos riesgos de oxidaciones excesivas SO_2 total final más elevado vigilancia constante

Reduciendo las combinaciones sucesivas del SO_2, el sulfitado inicial fuerte no requiere más que débiles adiciones posteriores: el SO_2 total final con frecuencia es menor que el de una sucesión de pequeños sulfitados (figura 6.13) durante largos períodos.

- Los vinos tintos ligeros, poco tánicos, rápidamente clarificados y estabilizados, de consumo precoz pueden sulfitarse ligeramente con reajustes frecuentes si fuera necesario.
- Los vinos tintos vigorosos, tánicos, criados y consumidos al final de varios meses o años merecen un sulfitado inicial bastante fuerte (SO_2 libre = 30 a 35 mg/l) que asegura una destrucción excelente de microorganismos y una estabilización de los compuestos fenólicos. Las pérdidas de color y de aroma inicial se recuperan perfectamente con la crianza, la duración.
- Los vinos blancos secos, con aromas frágiles, se degradan rápidamente en caso de un sulfitado bajo incluso de corta duración, mereciendo igualmente un sulfitado inicial suficiente.
- El «apagado» de los vinos blancos suaves siempre debe practicarse con una dosis suficiente de SO_2, disminuyéndola si existe la eliminación o destrucción de levaduras (filtración, calor).

El sulfitado inicial de final de fermentación debe intervenir rápidamente:

- en el caso de los vinos tintos, desde el fin de la fermentación maloláctica (ácido málico inferior a 0,1 ó 0,2 g/l) para evitar las subidas de acidez volátil entonces observadas;
- en el caso de los vinos blancos secos, se aconseja esperar algunos días, si es posible a baja temperatura, tras la fermentación alcohólica para reducir la cantidad de levaduras vivas residuales.

En todos los casos es preferible sulfitar en el transcurso de un trasiego, al abrigo del aire, para eliminar las lías y asegurar una incorporación muy homogénea del SO_2, sin reactivar levaduras y bacterias por aireación. El sulfitado «in situ» es más sencillo pero da peores resultados.

Después de controlar el SO_2 obtenido, es bueno trasegar rápidamente para homogeneizar y ajustar –si es necesario– el SO_2 libre, para eliminar una parte

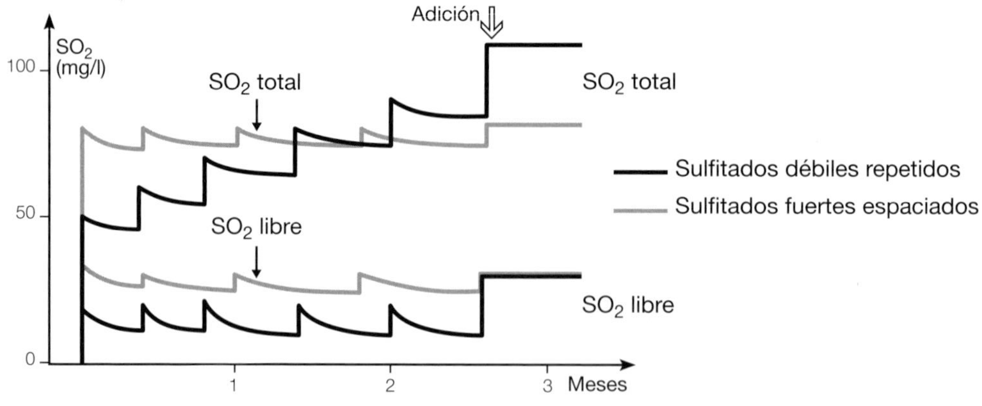

Figura 6.13.–Evolución del SO_2 libre y total según la técnica de sulfitado.

del gas carbónico y, según los tipos de vinos y la crianza prevista, airear el vino nuevo.

6.3.4. El sulfitado en la crianza y en el embotellado

Salvo excepciones (vino procedentes de orujo, Rancio), todos los vinos se crían en presencia de SO_2 libre, para controlar los microorganismos, las oxidaciones. Los contenido óptimos de SO_2 libre varían según los tipos de vino, su edad, su destino pero el objetivo de 20 a 30 mg de SO_2 libre/l se adapta a un gran número de situaciones.

Estos valores pueden reducirse en el caso de vinos de pH bajo, muy ricos en taninos, muy bien clarificados y despojados de levaduras y bacterias, destinados a una próxima degustación (aceptos...). Deben realizarse en situaciones opuestas. Contenidos inferiores a 10 ó 15 mg/l provocan oxidaciones muy rápidamente, a veces irreversibles. Contenidos superiores a 30 ó 35 mg/l entorpecen la degustación con o sin olores a SO_2.

Para determinar la cantidad de SO_2 a añadir para obtener un aumento conocido de SO_2 libre, es necesario saber el grado de combinación de ese vino. Esta determinación precisa, compleja, es reemplazada por una regla empírica, regulada por la experiencia local.

Para aumentar el contenido de SO_2 libre de 10 mg/l, es necesario añadir 15 mg/l (es decir 1,5 g/hl) de SO_2 total. Esta regla, llamada de 2/3, propuesta por J. Ribéreau-Gayon, es suficiente para las adiciones débiles. Este coeficiente de sulfitado de 1,5 es mejorado por las correcciones propuestas por la tabla 6.11.

Tabla 6.11.–Adaptación del «coeficiente de sulfitado» a las características del vino (SO_2 a añadir = aumento de SO_2 libre × «coeficiente de sulfitado»)

Causa	Unidad	Valores	Casos favorables	Casos desfavorables
Estado sanitario	% podredumbre	muy sana a podrida	1,2/1,3	2 y más
Cantidad de levaduras, bacterias		escasa a fuerte	1,2/1,4	1,8 y más
Edad del vino		fuerte a escasa	1,2/1,3	1,6/1,8
Higiene general		perfecta a mala	1,2	1,8 y más

Cálculos de correcciones de SO_2 libre

La «regla de los 2/3» puede ajustarse por diversas técnicas más complejas –en la práctica reservadas a los laboratorio enológicos– pero más precisas.

- Ensayo de combinación: el vino a sulfitar se añade a muestras de dosis crecientes de SO_2, por ejemplo 10, 20, 30, 40... mg de SO_2. Se dosifica el SO_2 libre obtenido tras 2 ó 3 horas de espera y se elige el sulfitado que termina con el contenido en SO_2 libre deseado. Esta práctica se utiliza en los «apagados» de los vinos blancos dulces (método rápido Sudraud).
- Cálculo del «carbonilo equivalente»: hemos demostrado (Blouin, 1997) que a partir de 2 adiciones de SO_2, se puede calcular un «carbonilo equivalente» (concentración y constante de disociación) permitiendo determinar el sulfitado ideal.

Tabla 6.12.–Comparación de los diferentes productos de sulfitado

Producto	Fórmula	Formas usuales	Ventajas	Inconvenientes	Observaciones
Azufre (1)	S	pastillas, mechas azufradas	simple puro tradicional buena mezcla	poco preciso empleo desagradable y peligroso limitado a aportes pequeños conservación vigilada	bien adaptado al azufrado de las barricas
SO_2 líquido	SO_2	botellas metálicas, «sifón»	simple preciso con dosificador adecuado muy puro buena mezcla en pequeños volúmenes económicos	riesgo de sobredosis peligroso mezcla a vigilar	interesante para grandes volúmenes
Soluciones acuosas de SO_2 (2)	H_2SO_3	solución a preparar, riqueza < 5%	producto puro	preparación desagradable	interesante para grandes volúmenes
Soluciones potásicas de SO_2 (3)	$KHSO_3$	soluciones comerciales de 10 a 23% de SO_2 libre	simple polivalente económico contenido estable por debajo de 10-12 %	aporte de potasio mezcla difícil (densidad elevada) soluciones concentradas inestables	polivalente
Soluciones de bisulfito de amonio	NH_4SO_3	solución comercial a 40% SO_2	soluciones muy concentradas estable aporta nitrógeno amoniacal	mezcla difícil (densidad elevada) reservada a mostos	reservar para los mostos
Metabisulfito de potasio (4)	$KHSO_3$	polvo higroscópico	simple	poco preciso conservación difícil caro aporte de potasio	producto de exactitud
Comprimidos efervescentes	$KHSO_3$	comprimidos efervescentes	buena mezcla (en pequeños volúmenes)	caro aporte de potasio	adecuados a pequeños volúmenes

(1) El azufre produce, quemándolo, teóricamente 2 veces su peso de SO_2, prácticamente 1 g de azufre produce 1 g de SO_2.
(2) Se puede estimar la riqueza de estas soluciones por densimetría: SO_2 (g/l) = (densidad – 1) × 1.820.
(3) La riqueza de estas soluciones se puede calcular por densimetría: SO_2 (g/l) = (densidad – 1) × 790. El valor exacto varía con los productos.
(4) Riqueza a verificar mediante dosificación.
(5) El rendimiento teórico en SO_2 es del 57 %, en la práctica es del 50 %.

Nota

En todos los casos, las manipulaciones de las muestras suponen ciertas disoluciones de oxígeno tras la oxidación del SO_2 que puede alcanzar 20 a 30 mg de SO_2 total por litro. Deben tomarse en cuenta para realizar las manipulaciones oportunas de una forma bien estandarizada.

Por otro lado, el sulfitado debe aumentarse de + 5 a + 10 mg/l cuando se realiza un trasiego al aire libre, una filtración, una limpieza de tanques con nitrógeno.

Las dosis de SO_2 libre en el embotellado se estudiarán en otro apartado.

6.3.5. Las técnicas de sulfitado

Desde la combustión directa del azufre por parte de los egipcios hasta los comprimidos efervescentes recientes, el sulfitado ha pasado por numerosos productos descritos, incluidos en la tabla 6.12.

- A igualdad de dosis y calidad de incorporación, todos los productos dan resultados equivalentes.
- La eficacia del sulfitado depende de la buena elección de la dosis puesta en juego y de la calidad de su repartición: cada «gota de vino» debe recibir su microdosis de SO_2.
- Todo sulfitado debe venir precedido y seguido de dosis que mantengan el nivel de SO_2 libre afectado, la cantidad de SO_2 total añadido y la homogeneidad de la mezcla.

Las dosificaciones del SO_2

Unos cincuenta métodos de dosificación del SO_2 muestran la verdadera complejidad bajo una aparente simplicidad. Tanto en el laboratorio como en la bodega, es necesario adoptar un método que se adapte a las necesidades del momento:

- La dosificación directa del SO_2 libre por yodo (método Ripper) siempre practicada por una misma persona basta para determinar las dosis de SO_2 libre presente y a obtener. Permite verificar la homogeneidad del sulfitado mediante análisis sobre las diversas muestras de un mismo lote.
- La dosificación y la interpretación del SO_2 libre de los vinos tintos (muy coloreados) siguen siendo muy delicados.
- La dosificación precisa del SO_2 total elevada en los vinos blancos licorosos se debe reservar a los laboratorios especializados.
- La experiencia demuestra la existencia de grandes diferencias en el contenido de SO_2 (libre y total) en los grandes recipientes tras un sulfitado imperfecto y/o tras un largo plazo, por la aparición de un gradiente de SO_2 (ej.: bajada o subida de SO_2 libre cerca de trampillas sin o con compuerta séptica). Algunas dosis permiten cernirlas después de corregir estas irregularidades.

La verificación de la calidad del sulfitado (dosis y homogeneidad) se impone en cada nueva campaña vinícola, en cada cambio de sistema de sulfitado.

Cualquiera que sea el producto (gas o líquido) utilizado, el SO_2 debe incorporarse de forma muy homogénea, al inicio. La posterior homogeneización no puede mejorar la calidad de la primera mezcla.

- El sulfitado en la recepción del vino en una barrica mechada es homogéneo. Esta técnica se limita a los toneles o barricas, para aportes de SO_2 escasos (2 a 5 g/hl) y supone una fuerte contaminación de SO_2 de la atmósfera de la bodega.

- El SO_2 líquido genera gas por evaporación. Un sulfitado lento con agitación del difusor da buenos resultados. El resultado se ve mejorado inyectando SO_2 gaseoso por una tubería de remontado con una fuerte corriente de nitrógeno (o de CO_2) para mejorar la dispersión y la mezcla del SO_2 comprimido en los grandes depósitos.
- La inyección directa mediante bomba dosificadora debe controlarse para paliar los posibles efectos de la corrosión sobre el material.
- El SO_2 en solución puede incorporarse mediante diversos procedimientos:
  - el gota a gota de la mezcla con el mosto o la vendimia a la entrada de tanques y depósitos: sistema sencillo, económico, poco preciso;
  - los mezcladores automáticos proporcionales al volumen del mosto, mediante sistema hidráulico sin motores (diferentes sistemas de este tipo se han estudiado en Champagne): sistemas muy rústicos, muy bien adaptados al sulfitado de los mostos;
  - las bombas dosificadoras, la solución más general, demasiado poco utilizada.

La densidad elevada de las soluciones de SO_2 favorece su acumulación en el fondo de los recipientes: la mezcla progresiva debe hacerse con esmero y verificarse.

Nota

Una visualización de los efectos de los sistemas de sulfitado (Cámara de agricultura de la Gironde, 1999) de los distintos sistemas muestra que la mezcla espontánea es con frecuencia insuficiente.

6.4. La reducción del sulfitado

Las obligaciones de la reglamentación y su evolución, por un lado, la preocupación general de reducir los aditivos, por otro lado, producen la búsqueda de la reducción de los sulfitados. Esta reducción pasa por tres vías complementarias:

- reducción de las necesidades de SO_2 activo,
- mejora de la eficacia del SO_2,
- sustitución de los efectos del SO_2.

6.4.1. La reducción de las necesidades de SO_2 activo

Los efectos esenciales del SO_2, sobre mosto o sobre vino, señalan su actividad antiséptica y su actividad antioxidativa-antioxidásica. Se reducen las necesidades de actividad antiséptica:

- mediante una higiene general rigurosa desde la recolección al embotellado;
- mediante una eliminación de las levaduras y las bacterias inútiles por decantación (desfangado, trasiego), por centrifugación y/o filtración. La esterilidad «enológica» (habitualmente admitida con menos de diez gérmenes vivos por litro) es difícil pero con prácticas usuales se alcanzan fácilmente poblaciones microbianas muy escasas que necesitan cantidades de SO_2 activo pequeñas;

- mediante una destrucción de las levaduras y bacterias inútiles por calor antes y sobre todo después de la fermentación. Esta práctica expuesta por Pasteur («pasteurización») da resultados excelentes y sus variantes modernas merecen aplicarse más a menudo. El «gusto a cocido» frecuentemente nombrado no se produce en condiciones controladas y numerosos ensayos antiguos y renovados han demostrado el interés de esta técnica para los vinos con azúcares residuales, con actividad laccasa residual...;
- mediante destrucción de oxidasas en la vinificación: clasificación, sulfitado precoz suficiente y destrucción térmica si fuera necesaria;
- mediante eliminación de las oxidaciones incontroladas por desoxigenación (barboteo del nitrógeno y/del CO_2) y/o puesta en atmósferas inertes (nitrógeno, CO_2, argón y sus mezclas).

Estabilización biológica de los vinos mediante calor

El calor tiene la propiedad de destruir las proteínas y luego las enzimas y los microorganismos de los que forman parte. Su papel está en algunos principios que se deben adaptar a cada situación (según Devèze).

La acción del calor se caracteriza mediante dos valores:

- El tiempo de reducción decimal (TRD, en min a una temperatura determinada): tiempo necesario para reducir una actividad a la décima parte de su valor inicial (ej.: de 8 a 66 min a 40ºC para las levaduras).
- El «factor Z», en °C: variación de temperatura necesaria para multiplicar (bajada de temperatura) o dividir (aumento de temperatura) el TRD por 10 (ej.: 3 a 5 °C para las levaduras).

TRD y Z varían según los microorganismos, las enzimas y las condiciones del medio.

La resistencia de las levaduras al calor disminuye por el alcohol, por un pH bajo, por la presencia de SO_2. Aumenta por la presencia de azúcares y por las levaduras poco activas al final de la fermentación.

La «cantidad de calor» a aplicar (temperaturas perjudiciales y duraciones del tratamiento en cada nivel de temperatura) se expresa en «unidad de pasterización» (UP) que corresponde a un tratamiento de 1 min a 60 °C.

Para los vinos, es necesario aplicar un tratamiento de alrededor de 0,5 (vinos secos) a 1,5 UP (vinos pastosos, ricos en levaduras). Se obtienen 0,5 UP mediante un tratamiento de 3,5 min a 56 °C, 1 min a 58,5 °C... El cálculo exacto requiere un buen conocimiento del TRD, de Z y sobre todo del ciclo térmico del vino en el aparato.

El tratamiento mediante calor destruye también las oxidasas (laccasa y tirosinasa) caracterizadas por TRD y Z más elevados que para las levaduras pero que es suficiente para destruir el 80 o 90 % de la actividad.

Estos tratamientos muy antiguos se deberían emplear más a menudo. Su utilización supone la intervención de personas bien informadas de los efectos directos e indirectos del calor según los vinos y los aparatos utilizados.

Nota

Se ha ensayado la destrucción de levaduras por otros procedimientos físicos tales como la electrolisis, la sobrepresión... Los resultados no son operativos debido a los efectos secundarios mencionados (ej.: hiperoxidación). Estas prácticas actualmente están prohibidas.

Todas estas prácticas permiten reducir el contenido de SO_2 libre y activo necesarios y, por tanto, controlar los aumentos de SO_2 total. Por paradójico que esto pudiese parecer, el sulfitado en sí mismo, bien llevado, reduce las necesidades totales de SO_2 por destrucción precoz de las levaduras y bacterias inútiles y de las oxidasas. Como ya se indicó, un sulfitado inicial enérgico destruye rápidamente todas las levaduras y bactarias inútiles impidiendo toda proliferación posterior observada en casos de sulfitado insuficiente. Los riesgos son particularmente importantes en caso de malas mezclas, en barricas mal tratadas.

6.4.2. Mejora de la eficacia del SO_2

Son necesarios algunos cientos de miligramos de SO_2 total para obtener varias decenas de miligramos de SO_2 libre y algunas fracciones de miligramos de SO_2 activo. La relación SO_2 activo/SO_2 libre sólo se modifica por el pH, siendo prácticamente fija para un vino determinado. La búsqueda de un pH bajo presenta numerosos inconvenientes: no puede ser más que un paliativo a una higiene deficiente.

La relación SO_2 libre/SO_2 total es la consecuencia de la inactivación del SO_2 mediante combinación química con sustancias provenientes de la uva, de la podredumbre, de las fermentaciones y de la crianza de los vinos. Los importantes progresos observados en este terreno son el resultado de profundizar en los conocimientos y en sus aplicaciones prácticas:

- higiene general;
- protección contra la podredumbre gris y agria: productos, estrategias de tratamiento, deshojado...;
- selección en la recolección;
- control de las fermentaciones: temperaturas controladas, levaduras secas activas...;
- eliminación rápida de levaduras y bacterias que se han tornado inútiles después de las fermentaciones;
- crianza con aireación controlada (ej.: atmósfera inerte);
- clarificaciones provocadas por clarificantes, filtraciones...

Nota

La renovación de la «estancia sobre lías» puede plantear dificultades: son mínimas en casos de gestión muy rigurosa de estas técnicas.

A partir del estudio de la fermentación alcohólica, hemos podido proponer junto a Lafon-Lafourcade (1966), la adición de tiamina (vitamina B1) para reducir las combinaciones de SO_2 de origen fermentativo. Este producto hoy en día está autorizado en enología.

La tiamina en enología

Los racimos sanos contienen de 0,2 a 0,5 mg/l de tiamina. Este contenido es suficiente para una fermentación normal pero es más escaso en los racimos sobremaduros y/o podridos.

En el transcurso de la fermentación, este contenido evoluciona en razón del consumo y de la síntesis de las levaduras y el consumo por parte de las bacterias. El vino es pobre en tiamina (0,4 mg/l aproximadamente, es decir de 50 a 30 % de las necesidades diarias del hombre).

La adición de tiamina al mosto supone una fermentación alcohólica más viva (capítulo 3) con reducción de los «productos secundarios» y en particular del etanal, del ácido pirúvico, del ácido oxoglutárico, de ahí una reducción del SO_2 combinado (figura 6.14).

Se observa también una bajada de la tasa de acidez volátil.

La tiamina se debe emplear en las siguientes condiciones precisas:

- Emplear sobre vendimias o sobre mostos sulfitados. El SO_2 destruya las bacterias que consumen la tiamina.
- Desfangar los mostos blancos o rosados.

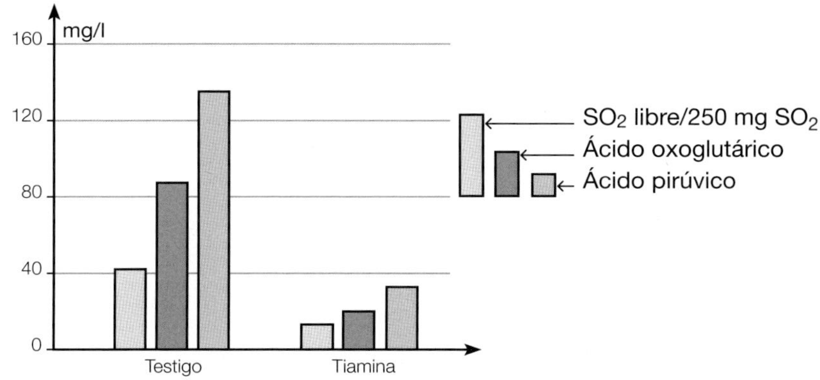

Figura 6.14.–Tiamina y combinación SO_2.

- Esperar el arranque de la fermentación alcohólica que corresponde al bloqueo del SO_2 libre que destruiría la tiamina.
- Añadir y *mezclar muy bien* la tiamina en dosis de 50 a 60 mg/hl de la forma comercial de clorhidrato de tiamina (máximo legal: 60 mg/hl). *Nota*: se puede completar este tratamiento mediante la adición de sales amoniacales para favorecer el buen desarrollo de las fermentaciones (capítulo 3).
- El buen uso de la tiamina permite reducir el contenido de SO_2 combinado de 0-10 a 20-50 mg/l. No se conocen efectos negativos en esta práctica recomendable para todos los mostos provenientes de uvas podridas y/o sobremaduras.

6.4.3. La sustitución del SO_2

Los inconvenientes del SO_2 (dosis limitada, toxicidad y olor en caso de exceso...) han acarreado la búsqueda de un producto que lo sustituya. Este producto debe responder al conjunto de características siguientes:

- tener todos los efectos positivos del SO_2,
- toxicidad (muy) inferior al SO_2,
- neutralidad organoléptica,
- dosificable,
- empleo práctico, a un coste razonable.

Hoy en día ningún producto cumple la totalidad de estas características, no se disponen de productos autorizados o su estudio tiene efectos limitados. La tabla 6.13 resume las características de algunos de los innumerables productos estudiados, en estudio o abandonados.

Parece que ninguno tiene la polivalencia del SO_2, que muchos tienen uno o varios defectos rechazables, y que sólo unos pocos, en experimentación avanzada, pueden lograr una autorización completa (dicarbonato de dimetilo, piramizina, ácidos octanoico-decanoico).

Ácido sórbico

Este producto, autorizado desde 1960, se utiliza mucho, pero a veces está prohibido en ciertos países (Austria, Suiza...). Su uso esencial es la protección de los vinos que contienen azúcares pobres en levadura, contra las fermentaciones (ej.: embotellado), así como la protección de los vinos de escaso grado alcohólico contra el desarrollo de las levaduras de flor (capítulo 9). No presenta ningún interés en vinificación y/o para el apagado de vinos.

Tabla 6.13.–Características de algunos productos que pueden complementar o reemplazar al SO_2

	Fungicida	Fungiestático	Bactericida	Antioxidante	Antioxidásico	Estabilidad	Efectos organolépticos	Toxicidad	Posibilidad de dosificación	Usos
Dióxido de azufre*	+++	+++	+++	+++	+++	+++	olor característico	escasa	+++	todos los países, numerosos productos
	200-300 mg	40-80 mg/l	20 mg/l	20 mg/l				DL50 = 600-700		
								DJA = 0,35 mg/kg		
Ácido sórbico*	0	++	0	0	0	+++	riesgos de olor a «geranio»	muy escasa	+++	numerosos países, numerosos usos
	5.000 mg/L	200 mg/L						DL50 = 10.500		
								DJA =12		
Ácido ascórbico*	0	0	0	+++	0	---	sabor muy ácido, riesgos de hiperoxidación	despreciable	++	numerosos países, numerosos usos
								DL50>5.000		
Pirocarbonato de etilo	+++	0	0	0	0	---	olor etéreo	riesgo cancerígeno	--	autorización retirada a diversos productos excepto en Francia
	50 mg/l									
Purotionina	0	escaso	0	0	0	+	ninguno	nula, procedente de germen de trigo	---	eficacia insuficiente
Ácido peracético	++	++	?	0	0	---	liberación de ácido acético, hiperoxidante	Elevada, mutagénico	---	desinfección hospitalaria en casos extremos

Galato de octilo	+	++								
		10-20 mg/l	0	+	0	++	olor graso de octanol	muy escasa		
								DL50 = 4.700		
								DDA = 0,2	+	antioxidante de aceites
Ácido 5-nitro-furilacrílico	+++	+++	++	0	0	+	?	cancerígeno, exalta los efectos del alcohol	?	prohibición general
	100 mg/l	10 mg/l								
Vitamina K5	+	+++								
		20-40 mg/l	0	0	0	?	amargura grave	muy escasa	?	sin interés
Lisozima	0	0	+++	0	0	++	ninguno, aporte proteico	muy escasa, existe en la clara de huevo	?	permiso de autorización en curso
Ácidos octanoico y decanoico	++	+++	0	0	0	+++	olor a jabón, rancio	despreciable, presentes en todos los vinos	++	autorización experimental
Dicarbonato de dimetilo (Velcorin)	+++	++	++	0	0	0		muy escaso, formación de metanol (50%)	+	permiso de autorización en curso
	100-200 mg/l									
Piramizina	++	+++	0	0	0	+	ninguno	muy escasa	+	diversos quesos, salchichones
	5-20 mg/l									
«DF 100»	(+)	(+)	++	0	0	?	color amarillo	despreciable, procedente del pomelo	?	desinfectante agroalimentario

(*) Únicos productos actualmente autorizados en la Unión Europea.

La dosis usual de utilización es de 200 mg/l (dosis máxima autorizada) pudiendo reducirse ligeramente en los vinos ricos en alcohol o ácidos. Se utiliza el sorbato de potasio soluble (275 mg/l que corresponden a 200 mg/l expresados en ácido sórbico), incorporado lentamente y con agitación en el vino a tratar a fin de evitar la precipitación del mismo, insoluble. El vino debe contener SO_2 libre de 20 a 40 mg/l para evitar oxidaciones y desarrollos de bacterias que puedan hacer aparecer un olor intenso y desagradable que evoca al geranio.

El compuesto responsable (2-etoxi-3-5-hexadieno) se percibe a una dosis mínima de 1 mg/l. Corrientemente utilizado para los vinos pastosos de escaso grado alcohólico y de conservación breve, el ácido sórbico permite «economizar» SO_2 de 20 a 50 mg/l.

Ácido ascórbico

Presente de forma natural en las uvas y en los mostos (alrededor de 50 mg/l en mostos), el ácido ascórbico –o vitamina C– desaparece en el transcurso de la fermentación. Añadido al vino, consume muy rápidamente el oxígeno presente formando agua oxigenada que debe eliminarse mediante una cantidad suficiente de SO_2 libre. Teóricamente un vino saturado que contenga alrededor de 8 mg/l de oxígeno consume 44 mg de ácido ascórbico produciendo 8,5 mg de agua oxigenada a reducir mediante 16 mg de SO_2 libre. En la práctica el vino debe contener de 20 a 30 mg de SO_2 libre por litro antes de un tratamiento con ácido ascórbico. Autorizado para los vinos, desde 1962, con una dosis máxima de 15 g/hl, el ácido ascórbico se utiliza en dosis habituales de 4 a 8 g/hl. Por otro lado, comunica al vino un sabor acerbo característico, sin haber mejor protección contra la oxidación. Se emplea habitualmente en el embotellado para evitar los efectos de un choque oxidativo reversible pero desagradable consecuencia de esta operación, con frecuencia llamada «enfermedad de la botella».

Por otra parte, el ácido ascórbico protege eficazmente de la quiebra férrica (capítulo 9) y, con dosis elevadas (15 a 20 g/hl), limita las oxidaciones de los mostos y vendimias debidas a enzimas oxidativas (tirosinasa y laccasa) privándolas de oxígeno. Este uso sobre mostos y vendimias, está actualmente prohibido. Por último, señalemos que la adición del ácido ascórbico a los vinos cuando contiene trazas de cobre facilita la aparición de la quiebra férrica.

6.5. Conclusión

Universalmente utilizado en los vinos y en otros numerosos alimentos y bebidas, desde hace siglos, el SO_2 ha sido acusado de todos los males consecuencia de ciertos excesos. Las evoluciones observadas desde décadas en los viñedos han llevado a contenidos medios muy modestos, muy inferiores a los valores máximos autorizados. Sin embargo, estos últimos no pueden disminuirse de forma notable puesto que ciertas partidas tienen contenidos normales más elevados.

La regular mejora de las prácticas enológicas contribuirá a multiplicar el número de vinos con una bajada del contenido en SO_2 total, hasta un cierto límite bien próximo.

Al contrario, se observa desde hace algunos años un porcentaje muy excesivo de vinos poco sulfitados que sufren entonces graves desviaciones gustativas (malos gustos, deterioro prematuro, desecado) y/o analíticas (acidez volátil) consecuencia de desarrollos de levaduras contaminantes (*Brettanomyces*, capítulo 9), de bacterias o de oxidaciones excesivas.

El buen uso del SO_2, basado en los conocimientos científicos cada vez más precisos, permite explotar todas las posibilidades con dosis mínimas.

7. LAS VINIFICACIONES

7.1. Las vinificaciones en tinto

7.1.1. ¿Qué vino tinto?

Consideraciones generales

La vinificación en tinto «clásica» que conocemos hoy en día es relativamente reciente. Parece ser que tuvo lugar a partir del siglo XVIII con «el advenimiento de la calidad», según la bella expresión de H. Enjalbert, con la práctica organizada de la separación de racimos blancos y tintos, del despalillado, de los encubados más largos, de la separación del «gran vino»... Desde hace dos siglos, estas prácticas han evolucionado y, aplicadas a uvas muy distintas, pueden producir vinos igualmente diversos.

En todos los casos la obtención regular del mejor vino posible pasa por diversas consideraciones generales:

- conocimientos claros del potencial del viñedo a recolectar, año por año, parcela por parcela: implantación general, incidentes particulares...;
- definición precisa del (de los) tipo (tipos) de vino buscados para mantener o hacer evolucionar su estilo habitual;
- examen riguroso de los medios disponibles en material, locales, personal, pudiendo movilizarse para la vinificación en sí. ¿El objetivo es accesible con la vendimia y los medios disponibles? Si no, sólo la modificación refleja los objetivos y los medios que permiten el mejor resultado posible. La mayor parte de los grandes y pequeños fracasos resultan de negligencias en este examen pre-vendimia.

Con la ausencia evidente de un inventario exhaustivo de todos los tipos de vinos tintos, cada vino puede situarse dentro de una familia caracterizada por varios parámetros.

- *Uva.* Viñedo: estado, edad... Rendimiento: escaso, normal, elevado... Variedades: aroma varietal típico, aptitudes particulares.
- *Técnicas.* Tipo de vinificación especial disponible: termovinificación, maceración carbónica... Tipo de crianza: corta/larga, cuba/barrica... Consumo: temprano, joven, reserva.
- *Características buscadas.* Color: ligero o intenso. Nariz: del fruto, fermentativa, *bouquet.* Riqueza: ligera a potente. Equilibrio: esta noción esencial e intuitiva merece ser explicada.

El equilibrio gustativo de los vinos tintos

Cada consumidor aprecia un cierto equilibrio en cada vino, con o sin conocimiento. Este concepto intuitivo fue explicado hacia 1950 por J. Ribéreau-Gayon y É. Peynaud. Ellos han recopilado y descrito las reglas de este equilibrio, y puesto las bases de la enología moderna de los vinos bordeleses que inspiran a otros viñedos.

En los vinos tintos, existe un equilibrio entre el sabor azucarado por un lado y los sabores ácidos y amargos de otro. Los sabores azucarados se deben al alcohol, los sabores ácidos a los ácidos (a los ácidos libres precisan los químicos) y los sabores amargos son más o menos asimilables a la astringencia inherente a los taninos. De ahí las fórmulas siguientes:

$$\text{Azucarado} \Leftrightarrow \text{ácido} + \text{amargo}$$
$$\text{Alcohol} \Leftrightarrow \text{acidez} + \text{taninos}$$

Se puede tratar de cuantificar estas fórmulas expresando el alcohol por el «grado alcohólico volumétrico» (GAV, % vol.), la acidez por la acidez total (en gramos de ácido sulfúrico por litro) y los taninos por el índice de polifenoles totales (IPT/16 = taninos en g/l. Este valor 16 corresponde a expresar el IPT en taninos «Masquelier» es decir, en taninos de uva).

Esta fórmula no reivindica ningún rigor matemático pero constituye una buena herramienta de reflexión sobre la estructura de los vinos. Ribéreau-Gayon y Peynaud han propuesto, por ejemplo, el índice de suavidad (IS):

$$\text{IS} = \text{GAV} - (\text{AT} + \text{taninos})$$
$$\text{IS} > 5 - 6 \Rightarrow \text{vino «suave»}$$
$$\text{IS} < 4 \Rightarrow \text{vino «duro»}$$

Ejemplos

	GAV	AT	IPT	IS
A	11	2,8	35	6,0
B	12	3,2	45	6,0
C	13	3,6	60	6,0
D	14	4,0	70	6,0
E	12,5	3,6	45	6,1
F	12,5	3,2	50	6,1
G	12,5	2,8	60	6,0

Estos siete vinos tienen el mismo índice de suavidad = 6, valor considerado como característico de un vino suave.

- El vino A tiene un equilibrio de «pequeño vino, mórbido, soso» mientras que el vino B es un «vino grueso, mordiente, pesado» y que B y C están probablemente más próximos a un equilibrio clásico.
- Los tres vinos E, F y G reflejan que es posible tener un vino suave con acideces bajas y taninos elevados o a la inversa.

La gran aportación de este análisis del equilibrio de los vinos ha sido demostrar que era posible y deseable tener vinos equilibrados y suaves con taninos fuertes y acideces escasas.

En todos los casos, se dispone de una herramienta sencilla para caracterizar los vinos y, según las posibilidades y los deseos de cada enólogo, se orienta hacia vinos equilibrados con o sin un carácter azucarado, ácido, tánico.

Recordemos que este equilibrio de tres componentes se modifica ampliamente durante la cata por la calidad de los taninos, el contenido en CO_2, la acidez volátil, el acetato de etilo, el SO_2, los sulfatos... y por la riqueza olfativa general. Este otro equilibrio entre estructura «en boca», apreciado por los sabores dulce, ácido y amargo, debe completarse por el equilibrio entre sabores y olores. Una estructura tánica (demasiado) fuerte sin la riqueza olfativa correspondiente produce una decocción tánica muy alejada de un vino equilibrado. Esta desviación es clásica cuando se busca elaborar grandes vinos con «pequeñas» uvas.

Esta reflexión sobre el índice de suavidad puede y debe orientar a cada uno hacia el equilibrio óptimo, con o sin dominio azucarado, ácido o tánico. Solamente este equilibrio bien elegido permite valorar la fineza, el afrutado. J. Ribéreau-Gayon decía a veces que tal vino era «delicado», porque evocaba la uva. No se puede utilizar una mejor imagen para caracterizar los verdaderos buenos vinos de todo tipo.

7.1.2. La recolección

La buena uva tinta es madura, desembarazada de sus compuestos de características herbáceas, enriquecida en aromas varietales, bastante rica en azúcares y sin daños por podredumbre. A pesar de las diferencias regionales, el grado alcohólico del vino es bastante constante, frecuentemente entre 10,5 y 12-12,5 % vol. a pesar de numerosas excepciones. La acidez óptima del vino es objeto de (grandes) discusiones entre los defensores de acidez elevada y de pH bajo (inferior a 3,5-3,6) y los que defienden una acidez más baja (3 a 3,5 g/l en ácido sulfúrico a veces menores) y pH más elevado (3,8-3,9 o más a veces). Las acideces elevadas no corresponden a ninguna necesidad técnica si la higiene general es buena y el sulfitado bien llevado (capítulo 5). Los valores óptimos dependen de los hábitos de los consumidores pero también y sobre todo del equilibrio general del vino organizado alrededor de los contenidos en alcohol, en taninos y en ácidos, afinados por la calidad de los taninos, con o sin sabor herbáceo, por el contenido en CO_2, por la acidez volátil, el acetato de etilo, etc.

La elección de las fechas de vendimia, cepa por cepa y parcela por parcela, debe prever la acidez final del vino teniendo en cuenta los contenidos conocidos por análisis o estimados en ácido málico y en potasio. El mecanismo general de la elección de las fechas de vendimia se desarrolla desde otro punto de vista (capítulo 2).

Vinos tintos y laccasa

Una ligera presencia de podredumbre y de laccasa no supone más que modificaciones menores en los vinos jóvenes. Éstas pueden ser momentáneamente favorables y también son explotadas en la elaboración de ciertos «Rancios» viejos. Un escaso contenido de laccasa acelera la evolución y la suavidad de los taninos. Los vinos jóvenes son los mejores jueces pero esta transformación entraña un desgaste prematuro muy rápido de estos vinos. Al final de la fermentación, se debe producir una actividad laccasa residual nula, verificada por una dosificación sistemática.

Las recolecciones precoces pueden favorecer al fruto pero con acideces muy elevadas y caracteres herbáceos. Las recolecciones tardías, sobre todo en climas cálidos, suelos filtrantes, pueden llevar a los vinos desvaídos y/o con aromas tostados. Los vinos de éxito provienen de los viñedos recolectados en la fecha ideal, parcela por parcela, gracias al control de las viñas y a unos medios de recolección magníficos.

Tabla 7.1.–Ventajas, inconvenientes y controles del estrujado y del despalillado.

	Objetivos	Efectos	Ventajas	Inconvenientes	Marcadores observables	Marcadores medibles
Estrujado	Rotura de bayas	Aireación	Fermentación completa Maceración más intensa	No hay aireación aromática intracelular. Riesgos de dilaceración de los hollejos. Aumento de riesgos de quiebra oxidásica	% bayas enteras	Compuestos C6, TDN
Despalillado	Separación de raspones		Ganancia de espacio Orujo a prensar reducido Ligera ganancia de GAV Reducción de caracteres herbáceos	Fermentación menos fácil	% raspones % bayas enteras	Compuestos C6, TDN
			Ligera bajada de acidez Tanino menos importante Color más fuerte			

La vendimia debe contener uvas maduras y sanas excluyendo hojas, sarmientos y verdejos. Esta clasificación sencilla es fácil por recolección manual mediante vendimiadores informados y entrenados. Es muy accesible tras recolección mecánica por las máquinas actuales bien reguladas, bien manejadas, que trabajan a una velocidad razonable en un viñedo bien preparado: circulación normal todo el tiempo, buen reparto de racimos. En todos los casos en los que la calidad de la recolección es dudosa, es necesario acudir a la selección de la vendimia (capítulo 4).

7.1.3. El encubado

Las operaciones mecánicas

El esquema clásico está formado hoy en día por la sucesión despalillado-estrujado-bombeo. El despalillado proviene de la regla seguida en la vinificación bordelesa. Conservando una partida de raspones perfectamente maduros, por ejemplo 5 a 20 %, se refuerza la estructura del vino, se le protege de desgastes procedentes de una ligera podredumbre, se facilita el prensado y, parece ser, se acaban las fermentaciones de mejor forma. Lo esencial es impedir el encubado de raspones machacados que vayan a liberar su savia herbácea, amarga: la observación visual de la vendimia encubada permite contrastar las posibles disfunciones (tabla 7.1).

El estrujado se impone para obtener fermentaciones francas, rápidas, sin azúcares residuales en los vinos de prensa. La búsqueda de aromas provenientes de fermentaciones intracelulares mediante una técnica específica (punto 7.1.5, «Maceración carbónica») puede aplicarse a toda o a parte de la cosecha.

Bastante menos frágiles que los racimos blancos, los racimos tintos deben manipularse con suavidad. Existen bodegas que han transformado completamente su tipo de vino eliminando un despalillado no adecuado o un circuito de bombeo demasiado brutal.

Las intervenciones químicas

Todas las vendimias tintas deben sulfitarse con dosis comprendidas entre 3 y 6-8 g de SO_2/hl (capítulo 6). El sulfitado debe ser precoz y muy regular, completado mediante un remontado de homogeneización en el encubado. Además de sus efectos antimicrobianos y antioxidantes, el SO_2 favorece aquí la extracción y la estabilización de los compuestos fenólicos y aromáticos. El no-sulfitado no tiene justificación seria incluso con una vendimia muy sana pero jamás exenta de bacterias, oxidasas del racimo y favorece la formación de SO_2 endógeno producido las levaduras.

La corrección de los contenidos en azúcares y/o en ácidos (capítulo 5) se debe adaptar a cada situación, tanto por las cantidades como por los momentos. El tanizado de las vendimias carentes de estructura parece volver a ponerse de moda tras décadas de olvido. Se dispone actualmente de productos de gran calidad que contienen taninos catéquicos (de la misma naturaleza que los de las uvas) en vez de taninos gálicos mucho menos caros, pero sin el efecto estabilizante de los antocianos. El tanizado precoz, después del encubado, da resultados irregulares (difícil mezcla, retención en los orujos). Es preferible tanizar tras el sangrado, o tras la fermentación maloláctica, después de las pruebas destinadas a definir el producto y las dosis óptimas.

Para aumentar un 10 % el contenido en tanino de un vino que contenga de 2 a 5 g/l (es decir un IPT de 30 a 70 aproximadamente), se debería añadir de 20 a 50 g/l de tanino. El tanizado debe mejorar la constitución del vino sin ningún amargor ni rusticidad inmediata y/o posterior.

Las intervenciones microbiológicas

Desde hace veinte años, los enólogos disponen de LSA (levaduras secas activas) destinadas a facilitar el buen desarrollo general de las fermentaciones alcohólicas. La elección entre los centenares de cepas disponibles y su evolución cada año debe hacerse sobre algunos sencillos criterios:

- fermentación alcohólica regular y completa;
- ausencia de efectos secundarios nefastos;
- la elaboración de aromas secundarios marcados no presenta interés más que para los vinos de degustación o consumo rápidos puesto que los aromas desaparecen después de 6 a 12 meses;
- la influencia de ciertas cepas sobre la cantidad y/o la calidad de los taninos se debe validar para cada tipo de vino.

Teniendo en cuenta la diversidad de elecciones, las novedades merecen observarse pero cada enólogo debe validar sus propias cepas, en su bodega, incluyendo la conservación de los productos antiguos pero fiables, a menudo mucho menos caros. Por otro lado, las bodegas importantes tienen interés en utilizar varias cepas pero únicamente una por cada cuba. Por fin muchos enólogos siembran de levaduras los primeros lotes encubados, para asegurar arranques de fermentación francos, y después los utilizan para sembrar las otras cubas. En todos los casos los buenos resultados pasan por una puesta en marcha bien llevada (capítulo 3).

7.1.4. El desarrollo del encubado

En esta fase, característica de la vinificación en tinto, se reúnen dos operaciones con exigencias distintas, incluso contradictorias: la fermentación alcohólica y la maceración.

Encubado y fermentación alcohólica

El objetivo principal es la transformación total de los azúcares a alcohol. Las reglas habituales (capítulo 3) producen los resultados buscados. No hay contradicciones particulares de temperatura puesto que la búsqueda de aromas fermentativos mantenidos por una fermentación a baja temperatura (18 a 20 °C), tiene aquí poco interés y es contradictorio con las exigencias de una buena maceración. Los riesgos de temperaturas muy elevadas, buscadas para una mejor maceración, deben controlarse por una buena alimentación de las levaduras (aireación, nitrógeno...).

Encubado y maceración

La maceración hace pasar sustancias aromáticas y fenólicas desde los hollejos, las semillas y a veces los raspones al mosto en fermentación para proporcionar al vino aromas varietales, color y estructura. El vino sólo contiene de un

20 a 40-50 % de compuestos fenólicos del racimo, es decir un porcentaje limitado pero muy variable. El objetivo no es la máxima extracción, siempre posible y a veces de moda, sino la extracción óptima; extraer el máximo de taninos buenos, tal es el objetivo del enólogo que dispone para hacerlo de numerosas herramientas. El papel de distintos factores importantes se resume en la tabla 7.2.

Cubas

Los numerosos tipos de cubas o tanques existentes pueden agruparse en varias categorías, características más o menos habituales según épocas y regiones (tabla 7.3). La búsqueda del equilibrio entre calidad máxima, inversión y funcionamiento debe priorizar las soluciones sencillas de manejo sencillo. Salvo en las unidades muy pequeñas, el sobrecoste debido a una o dos personas trabajando durante unas cuantas semanas está limitado en relación con las ventajas aportadas por las vinificaciones personalizadas, a la carta, cuba por cuba. De la misma manera, el sobrecoste de almacenamiento de pequeñas cubas (ej.: 50 a 150 hl) en vez de grandes cubas (200 a 500 hl) es despreciable en relación con la ganancia de calidad.

Ejemplo

Un sobrecoste muy elevado (de 100 a 200 F/hl –15 a 30 €/l– para pequeñas cubas) amortizado en 20 años corresponde a 0,05 a 0,10 F/l (0,007 a 0,015 €/l).

Rendimiento sólido sobre líquido

Según la estructura de la vendimia y los tratamientos mecánicos previos al encubado, la relación mosto libre/orujo es muy variable. Una relación escasa conduce a vinos más ligeros. Se les puede dar más cuerpo aislando una partida de mosto, mediante «sangrado». Esta operación se debe realizar lo más pronto posible, en el cesto de transporte, en la tolva de recepción, antes de la selección y el despalillado o en el encubado. La separación precoz antes del encubado elimina la posible agua de lluvia o del rocío que haya en los racimos ya que los diferentes residuos se encuentran sobre los hollejos (pesticidas, tierra). El sangrado desde el encubado recupera el mosto de la pulpa antes de todo enriquecimiento notable en componentes de los hollejos. Poco sensible por debajo del 5 %, el efecto de los sangrados puede volverse excesivo más allá del 15 al 20 % del mosto total. Estos sangrados deben vinificarse con cuidado. Se pueden reincorporar a los vinos tintos o elaboraciones rosados-claretes (punto 7.3). Su rechazo provoca importantes problemas además del tratamiento de efluentes.

Sulfitado

La potencia como disolvente del SO_2 (capítulo 6) se ve completada por su efecto protector de los compuestos fenólicos cuyo color frente a las oxidaciones es indeseable. En la vinificación clásica no se puede practicar la maceración sulfítica, a veces propuesta para ciertos vinos rosados o cuando se elabora la enocianina italiana. El sulfitado indicado (punto 7.2.3) sigue siendo necesario: puede aumentarse en caso de vendimias podridas pero sin compensar las degradaciones irreversibles debidas al racimo.

Tabla 7.2.–Efectos comparados de diferentes factores de maceración

	Efectos	Riesgos	Condiciones	Ventajas	Inconvenientes
Duración	extracción creciente de taninos	riesgos de dureza excesiva	corta	vinos más ligeros, encubado más reducido	vinos demasiado ligeros, incompletos
			larga	posible extracción delicada	ocupación larga de las cubas
Temperatura	extracción en aumento de taninos y antocianos	mal control de la fermentación alcohólica	fuerte	buena extracción de los antocianos y taninos suaves, encubado más corto	caracteres «tostados»; dificultades fermentativas
			débil	aromas afrutados y fermentativos	antocianos y taninos más reducidos, encubado más largo
Alcohol	extracción de taninos (de semillas)		escasa (inicio de fermentación)	vino más ligero, pocos taninos de semillas	extracción limitada
			fuerte (final de fermentación)	extracción más intensa	riesgo de taninos de las semillas

SO_2	estabilización del color control de la quiebra oxidásica	bloqueo de la fermentación maloláctica	escaso	mosto más coloreado	mala protección contra oxidaciones, riesgos microbiológicos
			normal	buena extracción y protección de compuestos fenólicos, fácil fermentación	
			elevado	seguridad microbiológica	vinos duros, extracción mayor, dificultad de fermentación maloláctica
Agitación	extracción de compuestos de los hollejos	riesgos de caracteres herbáceos	fuerte	extracción elevada	riesgos de sabores rústicos, herbáceos amargos, lías muy abundantes
			escasa	vinos más ligeros	extracción insuficiente, vinos de prensa «azucarados»
Enzimas	extracción de antocianos	riesgos de extracción oxidasa			
Aireación	estabilización del color	riesgos de quiebra oxidásica			

Tabla 7.3.–Comparación de cubas

Tipo de cuba		Ventajas	Inconvenientes
Cuba abierta	Sombrero flotante	tradicional muy buena visibilidad «pisado» fácil	riesgos de alteración acética pérdidas de alcohol almacenamiento imposible
	Sombrero sumergido	reducción de riesgos acéticos maceración más intensa	sombrero compacto instalación compleja
Cuba cerrada	Sombrero flotante	muy clásica polivalencia gestión fácil	organización de remontados
	Sombrero sumergido	maceración más fuerte (?)	instalación difícil
Cuba autovaciante		separación muy fácil	inversión muy elevada
Grandes cubas		inversión reducida amontonamientos reducidos	selección menos precisa regulación más basta accidentes más graves
Pequeñas cubas		fácil selección vinificación «a la carta» extracción muy fácil regulación sencilla calidad creciente	inversión muy elevada amontonamientos muy grandes

Duración, temperatura, agitación y alcohol

Además de su naturaleza bien distinta, estos cuatro factores deben considerarse globalmente puesto que interfieren de forma inevitable para modificar las curvas clásicas de liberación de antocianos y taninos (figura 7.1).

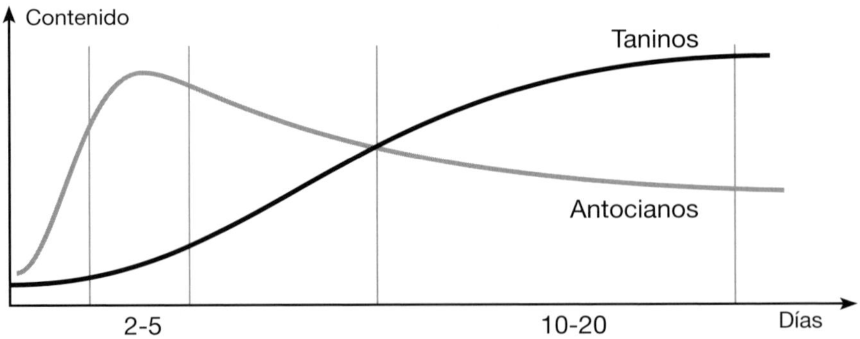

Figura 7.1.–Evolución esquemática de antocianos y taninos durante el encubado.

La liberación de antocianos, rápida, alcanza su máximo tras 2 a 5 días mientras que los taninos tienen una liberación muy progresiva, casi continua, con una ralentización transcurridos de 10 a 20 días. La evolución del color es muy variable porque depende de los antocianos, de los taninos, pero también de las oxidaciones y de las levaduras.

Nota

Los encubados extremadamente largos, hasta 3 a 6 meses, muestran una extracción creciente cada vez más lenta de los taninos totales pero con una evolución hacia sabores cada vez menos astringentes tras 2 a 4 meses. Esta práctica muy ocasional exige una vendimia de muy alta calidad y una vigilancia microbiológica rigurosa.

La agitación favorece la extracción de todos los componentes de los hollejos, de las semillas y de los raspones. Necesariamente, esto conlleva el riesgo de desarrollar astringencias excesivas, rudeza, sabores vegetales y amargos. Este es el papel de los remontados. Los excesos son tan perjudiciales como las carencias.

La temperatura acelera la disolución de los antocianos desde el encubado y después de los taninos, de los hollejos y de las semillas. Los riesgos de desviaciones organolépticas graves por encubados a alta temperatura (por encima de 32-35 °C) son limitados pero puede haber una modificación del estilo, con desarrollo de características del tipo «confitura, frutos secos», apreciados de distinta forma según las situaciones.

El alcohol es un solvente conocido, libera los antocianos de los hollejos y sobre todo los taninos de las semillas al final de la fermentación. Los efectos pueden ser excesivos con ciertas cepas y/o semillas «verdes», procedentes de racimos recolectados antes de la madurez fenólica suficiente. Con anterioridad o en el inicio de la fermentación, con la presencia de poco alcohol, existe una buena extracción de antocianos. Su color no será estable más que tras la combinación con los taninos de las uvas (taninos catéquicos) que se extraen en presencia de alcohol, al final de la fermentación y cuando se produce la fermentación consiguiente.

El «despepitado» no es (actualmente) posible, ha dado resultados experimentales muy alentadores en situaciones de producción de vinos que resultan demasiado ásperos. Este efecto del alcohol se conoce bien igualmente en la elaboración de «Vinos Dulces Naturales» alcoholizados en presencia de orujos.

La duración siempre tiene un papel decisivo, irremplazable por otras técnicas. La duración óptima varía mucho según las épocas, los lugares, los tipos de vino, las técnicas, las uvas, las modas. Se tiene toda la gama de duraciones en los vinos «desde una noche» a los encubados de varias semanas a varios meses. En todos los casos, la duración del encubado debe fijarse por la evolución del vino y jamás por las necesidades de cubas. El objetivo es disponer de un volumen de cubas de vinificación equivalente a la recolección, es decir de alrededor de 1,5 veces el volumen del vino acabado. Incluso en situaciones de encubados más cortos de la duración habitual de las vendimias, la disponibilidad de cubas es determinante. Es la primera inversión hacia la calidad óptima en la mayoría de bodegas.

Las enzimas de extracción

Las mezclas complejas que son las preparaciones enzimáticas comerciales pueden estar formuladas para favorecer la presencia de enzimas de extracción. Muy ricas en enzimas que degradan las moléculas de las paredes celulares de la uva, facilitan la liberación de los taninos que contienen las vacuolas. Se pueden obtener así taninos más abundantes, menos astringentes, menos amargos. En la práctica se observan diferencias considerables entre las especialidades, muy evolucionadas, según las uvas y las dosis. En el caso de uvas podridas, existe riesgo de una liberación creciente de laccasa.

Práctica del encubado

Cada bodega, cada cuba, debe adoptar sus parámetros técnicos específicos. Sin embargo, se pueden proponer algunos métodos ampliamente validados en la región bordelesa y también en otras regiones parecidas a ella.

Las temperaturas del encubado se determinan en función de las necesidades de maceración. Las temperaturas del mosto, en el corazón del tanque, pueden alcanzar 28 a 32 °C, sin dificultad, excepto en controles de fermentaciones alcohólicas mediante la adición de levaduras, aireación, complementación (capítulo 3). Las temperaturas de mosto inferiores a 25-27 °C, o alcanzadas sólo algunas horas, producen vinos más ligeros, menos coloreados pero más afrutados, más cercanos a la uva. Las dos situaciones pueden tener lugar para obtener los mejores resultados (capítulo 8).

Medida de la temperatura

La temperatura de una cuba es muy heterogénea con fuertes variaciones verticales (y horizontales) (figura 7.2).

La diferencia de temperaturas entre el «corazón» y el «sombrero» alcanzan de 5 a 10 °C, a veces más, en plena fermentación.

La medición debe hacerse en el corazón de la cuba y, si es posible, en el centro del sombrero pero nunca inmediatamente bajo el sombrero donde la temperatura varía mucho en unos pocos centímetros (figura 7.3).

La medición se realizará «in situ» con la ayuda de un termómetro electrónico de lectura directa, evitando la proximidad de paredes e intercambiadores.

La temperatura del corazón es decisiva para la fermentación, como lo es la del sombrero para la maceración.

Los remontados (tabla 7.4 y figura 7.4) son indispensables para los intercambios hollejos-semillas/mosto. Además del remontado de homogeneización en el encubado, conviene remontar alrededor del 50 al 100 % del volumen del tanque de fermentación cada día hasta que se alcance una densidad de 1,000. Los posteriores remontados tienen el riesgo de provocar una sobreextracción de taninos y semillas. Deben estar guiadas por degustaciones regulares. Los mejores resultados se obtienen con remontados cortos y frecuentes, por ejemplo con la ayuda de pequeñas bombas incorporadas a cada cuba (externas o sumergidas) de manejo automático (ej.: 5 min/h, según el caudal de la bomba y la capacidad de la cuba). El sombrero debe regarse de forma homogénea mediante aspersores adaptados a la geometría de los tanques de fermentación. También se tienen excelentes resultados mediante descongestionados de la cuba teniendo dispositivos «corriente-orujo» interiores. Se adoptan con frecuencia remontados del volumen de un depósito por día de fermentación activa. Los remontados tras acabar la fermentación alcohó-

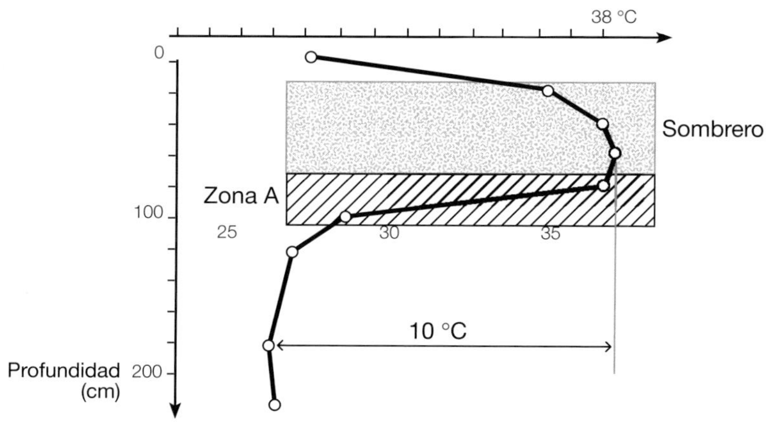

Figura 7.2.–Repartición vertical de las temperaturas en el transcurso de la fermentación (Blouin, Bruch y Maron, 1992).

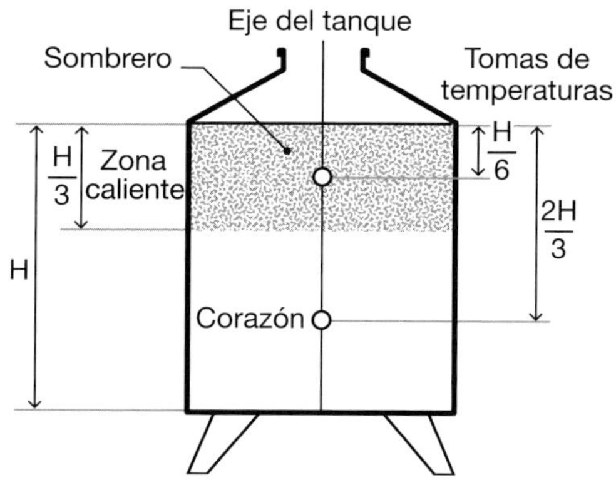

Figura 7.3.–Localización de los puntos de toma de la temperatura.

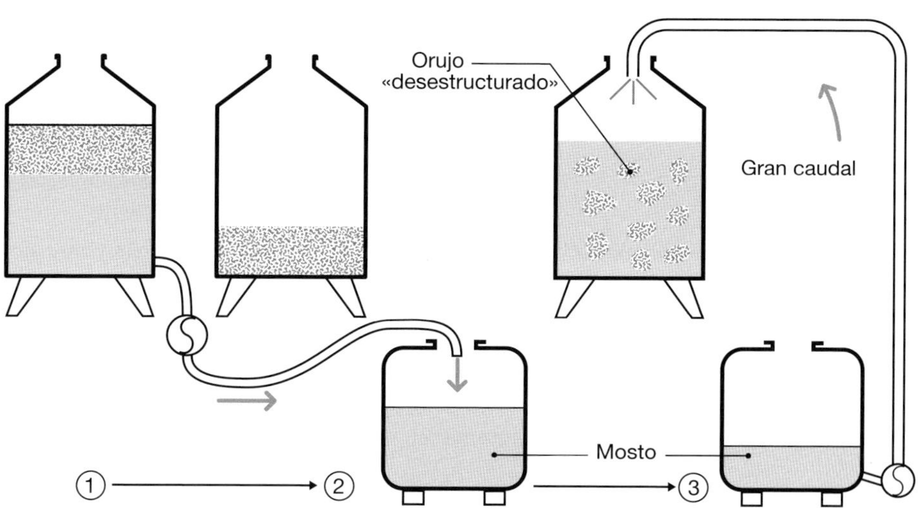

Figura 7.4.–Ejemplo de remontado por «decongestionado».

Tabla 7.4.–Comparación de las técnicas de remontado

Tipo de remontado	Ventajas	Inconvenientes
Mediante bomba independiente	clásico	riego a controlar
		muy discontinuo
		no automatizado
		requiere personal
Mediante bomba fija en la cuba	remontado muy cuidadoso, muy eficaz	inversión algo superior
	no vigilancia	
	automatizable, lo cual aporta oxígeno	
Mediante bomba sumergida	remontado muy cuidadoso, muy eficaz	inversión muy elevada
	seguridad total	
	automatizable, lo cual aporta oxígeno	
	utilizable para clarificaciones, estabilización, mezclas	
«Descongestionado»	muy eficaz	cubas adaptadas
	extracción cuidadosa	necesidad de bomba grande
Removedor con gas	muy rápida	cubas adaptadas
	oxigenación posible	homogeneización limitada en vinificación
	utilizable para clarificaciones, estabilización, mezclas	
Cuba de remontado automático (tipo Ducellier Isman)	automática	inversión elevada
	extracción intensa	riesgos de sobreextracción
	regulación de temperatura incorporada	almacenamiento complejo
Cuba rotativa, con rascador	extracción fácil	inversión muy elevada
	vaciado automático	riesgos de sobreextracción
	bien adaptado a la maceración de hollejos (rosado, blanco)	limpieza a veces difícil
Cuba de «pisado» automático	automático	riesgos de sobreextracción
		inversión muy elevada
		formación de fangos

lica se deben evitar: tienen riesgo de provocar extracciones excesivas y dificultades de flujo.

La aireación en el transcurso del remontado favorece el desarrollo de las levaduras (multiplicación después de supervivencia –capítulo 3) pero impide también los olores de reducción favoreciendo las reacciones antocianos-taninos que aseguran la intensidad y la estabilidad del color. Únicamente la presencia de una fuerte actividad laccasa debe frenar las aireaciones en el transcurso de la fermentación.

Los remontados después del final de la fermentación alcohólica se deben vigilar y limitar: extraen intensamente los taninos de las semillas y, deshacen el sombrero, pudiendo complicar el descube.

Con buenos remontados, para la elaboración de vinos tintos clásicos de crianza, la diferencia de composición y de degustación entre vinos-yema y vinos-prensa es escasa.

Las decenas de modelos de cubas con remontados, pisados, «bongages», lavados, descongestionados, removidos... automáticos (figuras 7.5 a 7.8) presentan conceptos inteligentes, a veces útiles, pero su implantación global muy limitada confirma sus limitaciones técnico-económicas. La inmensa mayoría de los vinos de alta calidad se encuban hoy en día con dispositivos sencillos utilizados con buen criterio (figuras 7.9 y 7.10).

Los removidos de gas

Se puede mejorar la extracción de compuestos de los hollejos mediante removedores de gas, sin un verdadero remontado, respetando tres condiciones:

1. Respetar los principios generales de extracción:
   - practicar un primer remontado de homogeneización, con bomba,
   - asegurar la aireación de las levaduras en caso de removido con nitrógeno,
   - detener el removido de gas desde el final de la fermentación alcohólica.
2. Utilizar un gas de calidad alimentaria comprobada (nitrógeno o aire reconstituido) o mediante compresor equipado con tres filtros en serie (prefiltro inoxidable, filtro de carbón a 0,1 a 0,01 mm, filtro de control) para retener hasta las menores trazas de aceite.
1. Inyectar el gas por una tubería de acero inoxidable, por la parte baja del tanque, con una presión de 3 bar durante aproximadamente 1 min por 100 hl. Es recomendable alternar el removido con gas y el remontado con bomba.

Esta técnica permite removidos rápidos de buena eficacia.

La duración óptima de todo el encubado no se puede definir. La observación muestra grandes variaciones, causas y consecuencias de variaciones de tipos de vinos y de gustos de los consumidores. En las condiciones bordelesas (¿y del suroeste de Francia?) se cumple rara vez el encubar durante menos de 7 a 8 días y los encubados de más de 3 semanas exigen a la vez de uvas muy buenas, una vigilancia excelente, una crianza suficientemente larga y un mercado adecuado. Un encubado muy largo, con fuertes agitaciones no puede compensar la falta de estructura de las uvas poco maduras, provenientes de viñas demasiado productivas; además agrava muchos defectos (rusticidad, sabores herbáceos, amargor...).

¿Cuándo descubar?

Cada cuba tiene una ficha de maceración (figura 7.11) que reúne todos los datos importantes sobre la uva, las operaciones antes y durante el encubado y

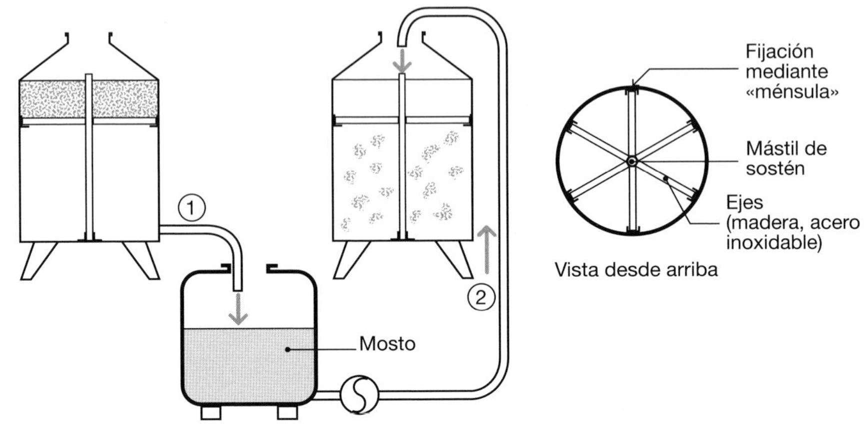

Figura 7.5.–Ejemplo de extracción por el equilibrio corriente-orujo.

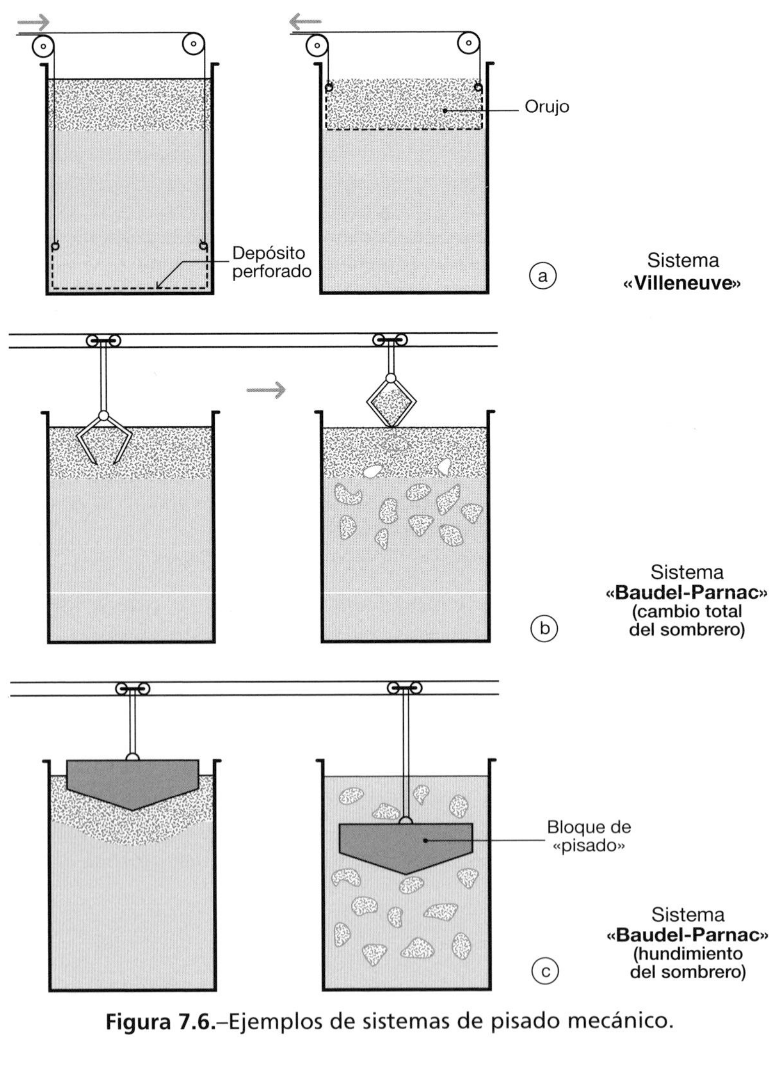

Figura 7.6.–Ejemplos de sistemas de pisado mecánico.

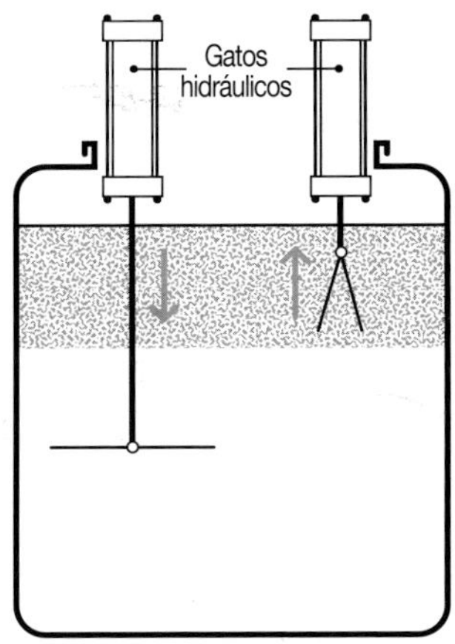

Figura 7.7.–Pisadora automática (Guérin).

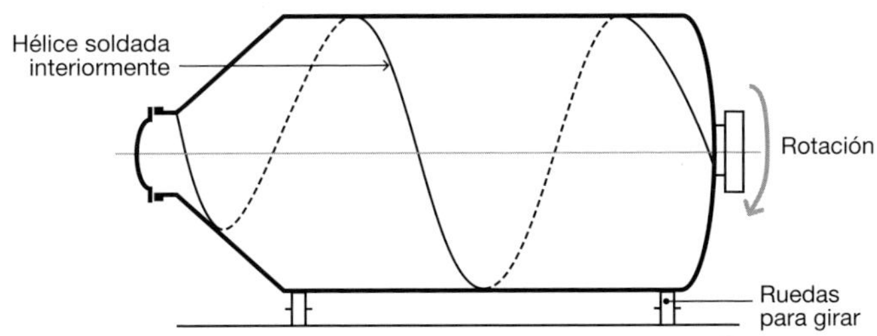

Figura 7.8.–Cuba rotativa (CMMC).

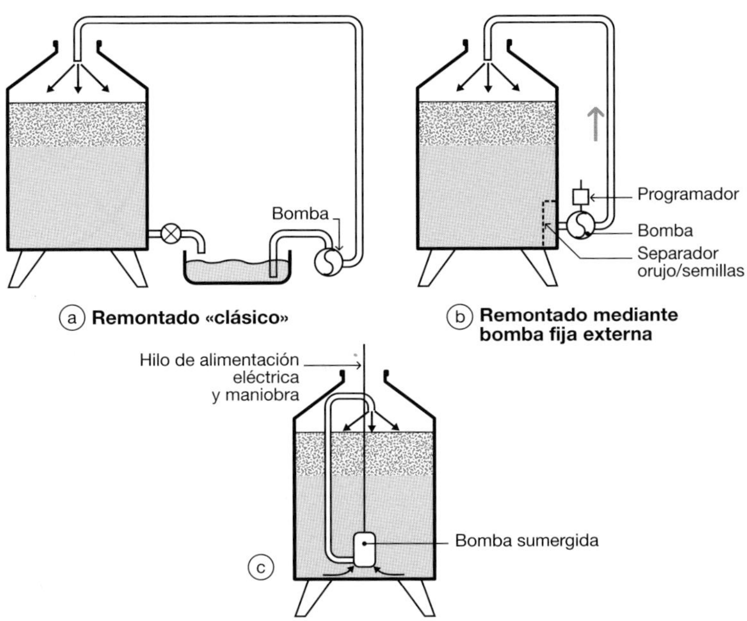

Figura 7.9.–Ejemplos de remontado mediante bomba.

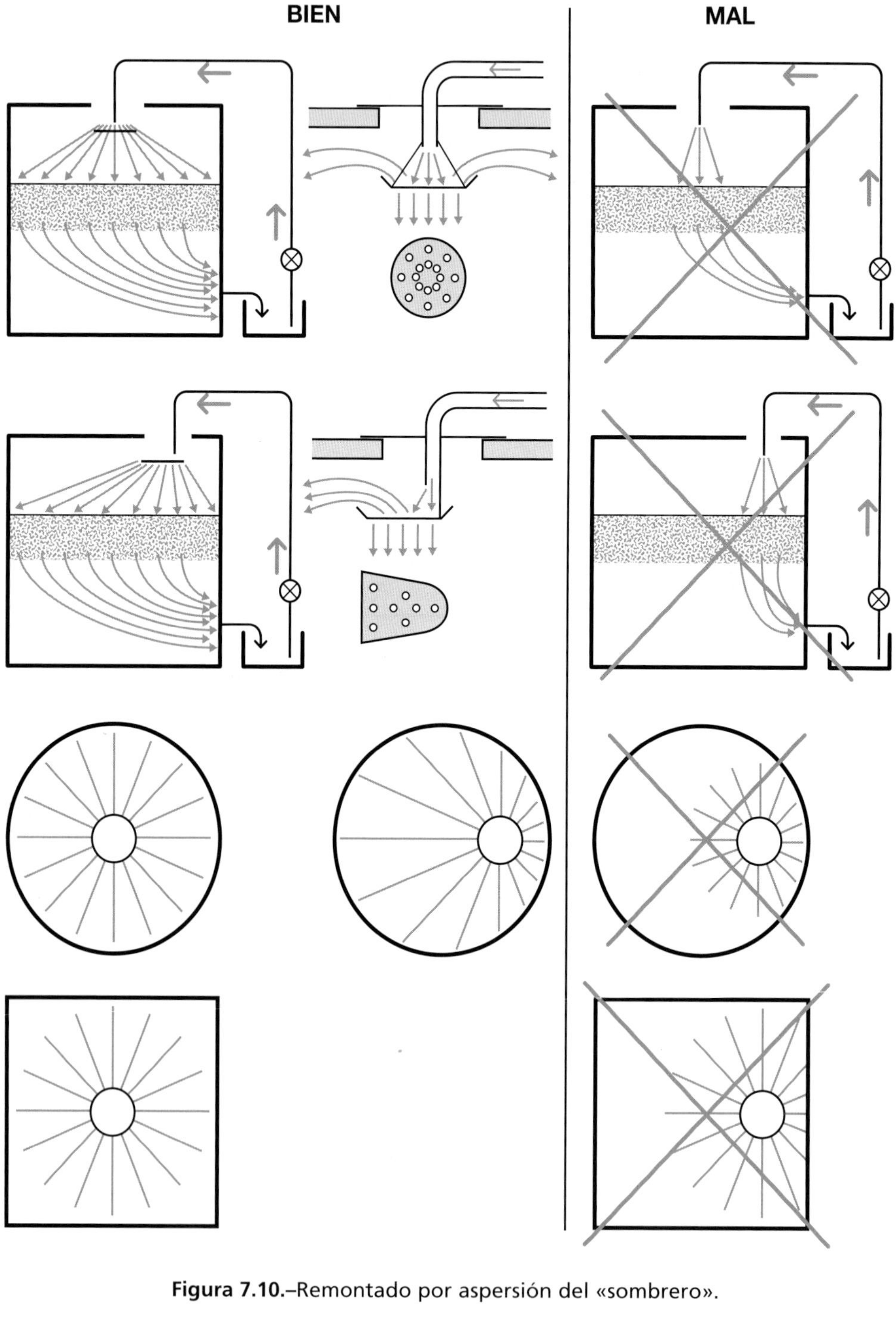

Figura 7.10.–Remontado por aspersión del «sombrero».

la evolución de la temperatura y de la densidad. Este B.A.-Ba de la vinificación es automatizable, informatizable, sin olvidar una observación humana asidua. Es indispensable en cualquier situación.

Estos datos deben completarse por degustaciones sencillas (limpieza, características particulares) pero regulares (cada 1-2 días) y ciertos análisis, hacia el final de la fermentación (azúcares reductores, acidez volátil, ácido málico) y del encubado (índice de polifenoles, antocianos).

FICHA DE MACERACIÓN N.° cuba, lote:

OPERACIÓN		Sin objeto	Malo				Bueno
		0	1	2	3	4	5
Recolección	Calidad						
Transporte, recepción	Calidad						
Selección	Calidad						
Estrujado	Calidad						
Despalillado	Calidad						
Otros							
Sulfitado	Intensidad						
Adición de levaduras							
Temperatura encubado	Nivel						
Temperatura máxima	Nivel						
Duración temp. alta	Intensidad						
I.P.T.	Nivel						
Antocianos	Nivel						
Potencia taninos	Nivel						
Degustación	Equilibrio						
	Nivel tanino						
	Calidad tanino						
NOTA GLOBAL							

Observaciones:

Figura 7.11.–Ficha de maceración.

Descube y análisis de compuestos fenólicos

Desde los trabajos de E. Stonestreet y P. Ribéreau-Gayon (1963), se dosifican corrientemente los antocianos y el índice de polifenoles totales (IPT). Los valores óptimos varían según las variedades, los suelos, las añadas y los métodos de vinificación pero cada bodega debe constituir su banco de datos personal definiendo sus valores-objetivos. La «carrera» de un IPT más elevado no es en balde; siempre mejora en los vinos de las zonas más cálidas de los dos hemisferios y para las extracciones más intensas. La experiencia muestra que los grandes vinos son bien distintos.

Trabajos recientes (de Freitas y Glories, 1995; Blouin, Papet y Stonestreet, 2000) muestran el interés de la medida del «poder tanino» que corresponde mejor a la sensación tánica percibida cuando se cata a causa de la reacción entre los taninos y las proteínas salivares y bucales. Esta medida rápida merecería ser más usada.

La síntesis de estos datos, comparada con la edad de la vendimia y con los objetivos de la bodega, permite hacer un seguimiento de la evolución del vino, de guiarlo después de fijar la fecha óptima del descube tras un examen del conjunto de condicionantes enológicos y prácticos:

- objetivos de vinificación: vino joven, de crianza...;
- características de las uvas: rendimiento, madurez, estado sanitario;
- condiciones del encubado: intensidad del estrujado, despalillado, sulfitado...;
- desarrollo de la fermentación alcohólica y maloláctica;
- extracción de los compuestos fenólicos: IPT, antocianos, color, astringencia;
- evolución gustativa;
- presencia al aire.

Se puede prolongar el encubado de los mejores lotes, acortar el de los menos buenos, que presentan evoluciones menos favorables. El equilibrio ideal entre afrutamiento/color/cuerpo/astringencia/rusticidad/amargor no se puede definir y comprender con una certeza absoluta. Una tendencia reciente a la obtención de vinos muy tánicos, muy extraídos, lleva a cierto abuso destruyendo las diferencias deseables entre variedades y suelos. No sería conveniente en término medio para los vinos de calidad, de personalidad firme. El papel –y la nobleza– del director de la bodega, sea cual sea su estatus jurídico, es el de conocer y decidir el desarrollo del encubado mientras dure.

Nota práctica

Los «fondos de cuba» constituidos por los 5 a 15 últimos centímetros de la parte baja de la cuba, muy ricos en semillas y lías no deben mezclarse con el resto de los orujos en cuyo caso aportarían turbidez, dureza y amargor.

Prueba del contenido de aire

La actividad laccasa procedente de la podredumbre disminuye en gran medida en el transcurso de la fermentación, pero se debe asegurar su desaparición práctica previa al trasiego, siempre acompañada de una cierta aireación.

Echar en una copa de cata un poco de vino para examinarlo y dejarlo al aire, hacia 20 °C al menos y observar la evolución del color. Se da una «quiebra oxidásica» en caso de formación de una película irisada en la superficie del vino, de pardeamiento (aspecto de «sopa de castañas»), de depósito de materia colorante sobre las paredes de la copa y, a veces, de precipitación del color.

Los riesgos de quiebra son despreciables en ausencia de pardeamiento en 18-24 h, siendo considerables en caso de fuerte pardeamiento en unas horas.

En caso de un mala cantidad de aire, es necesario trasegar con una aireación mínima y sulfitar ligeramente (de 2 a 4 g SO_2/hl): se producirá simplemente un retraso en la puesta en marcha de la fermentación maloláctica pero sin una destrucción irreversible de la materia colorante que habría provocado una quiebra oxidásica. Los vinos prensa, generalmente más ricos en laccasa, deben vigilarse con una atención todavía más intensa.

En el caso de vinos sin laccasa, se nota una decantación de levaduras y un refuerzo del color rojo franco, por el seguimiento de la aireación puesta en juego.

Los encubados especiales

Desde hace siglos, los enólogos han ensayado diversas prácticas apuntando a la mejora de los encubados tradicionales. Se pueden citar algunas de actualidad.

Maceración inicial en frío (MIF)

En el encubado, la vendimia se refrigera rápidamente hacia 5 °C mediante el aporte de hielo carbónico y se conserva así durante 5 a 10-15 días recalentando después y vinificando de la forma habitual. El contacto con el hielo carbónico, comprado o fabricado por exposición del CO_2 bajo presión a –80 °C, provoca un violento choque térmico con rotura de los hollejos y liberación de un jugo muy rojo. La maceración en frío amplía esta extracción fenólica y aromática. Toda una década de observación y de ensayos muestra la obtención de vinos coloreados, con aromas fuertes pero apreciables de diversas formas puesto que a veces son rudos, a veces herbáceos. Su puesta en marcha es bastante pesada y costosa, necesitando un seguimiento analítico y gustativo riguroso.

Nota práctica

El CO_2 líquido en botellas libera alrededor de 37,5 frigorías/kg; el CO_2 líquido en tanque isotérmico proporciona 60 frigorías/kg; la nieve carbónica compactada («carboglace» en forma de pequeñas placas) libera 150 frigorías/kg. Por otro lado, es necesaria alrededor de 1 frigoría para rebajar 1 °C la temperatura de 1 kg de vendimia. 1 kg de CO_2 libera alrededor de 500 l de gas carbónico gaseoso pudiendo ser peligroso en caso de su acumulación en bodega.

Maceración inicial en caliente (MIC)

La vendimia estrujada y despalillada se calienta hacia 40-60 °C, macerando varias horas, se enfría y se vinifica de la forma habitual. Se observa un aumento muy fuerte del color del mosto enriquecido por la liberación de los antocianos de los hollejos rotos por el calor. Este color intenso, relativamente inestable, precipita en el transcurso de la fermentación y tras los primeros meses siguientes a la vinificación. Esta técnica un tanto basta puede ser interesante para la elaboración de vinos tintos coloreados pero ligeros destinados a un consumo rápido de alrededor de un año.

Maceración final en frío (MFC)

Mediante el calentamiento del orujo con el vino habiendo acabado su fermentación alcohólica, se extraen los taninos solubles en alcohol para reforzar la estructura, el cuerpo del vino. Esta técnica muy antigua, reactualizada hacia 1970 (J. Ribéreau-Gayon), produce resultados útiles respetando algunas precauciones:

- vendimias sanas, sin actividad laccasa verificada mediante mediciones;
- vendimias sin restos vegetales: hojas, peciolos, etc.;
- fermentación alcohólica terminada;
- fermentación maloláctica sin iniciarse.

Se calienta, por ejemplo con un cambiador tubular o de placas, o con la ayuda de un calienta-vinos especializado, un volumen suficiente de vino en circuito cerrado dispuesto sobre el orujo a tratar para conseguir hacia 40-50 °C (figura 7.12). Las temperaturas más elevadas aumentan la extracción y sus riesgos posibles. Se deja macerar de 12 a 36 h, se saca y se prensa.

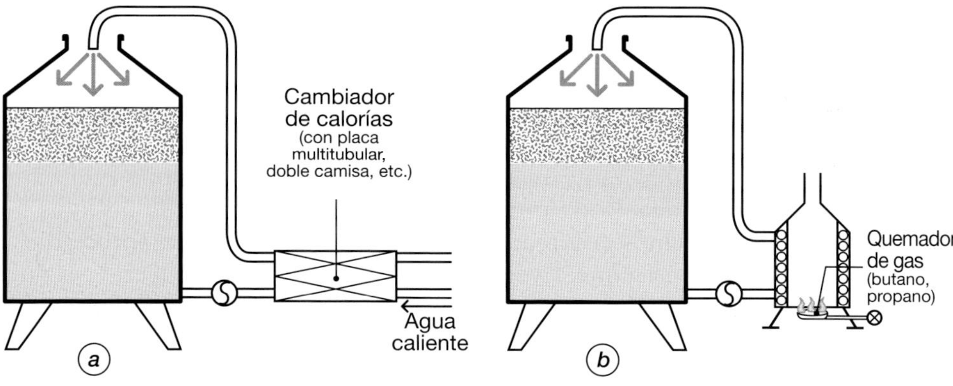

Figura 7.12.–Calentamiento por maceración final en caliente: a) mediante intercambiador de temperatura; b) mediante «calienta-vinos».

El vino obtenido es más vigoroso, más coloreado pero a veces más rústico, más astringente. Puede mejorar a características más ligeras. Generalmente, esta técnica se reserva a una fracción de la cosecha: no compensa los excesos de rendimiento y/las insuficiencias de madurez.

Se propone también mantener el tanque a alta temperatura, hacia 35-40 °C, durante varios días tras la fermentación y antes del sangrado: existe un fuerte aumento de compuestos fenólicos, el vino es más vigoroso aunque más rústico.

7.1.5. Las vinificaciones en tinto especiales

Varios principios muy antiguos se han reactivado con las técnicas actuales, dominadas mejor con la ayuda de los nuevos conocimientos. Ninguna toma –ni

ha tomado– un lugar mayoritario, pero cada una puede formar un aporte útil, bajo reserva de su conformidad con las legislaciones locales en vigor.

Maceración carbónica

La maceración carbónica se caracteriza por una fermentación alcohólica parcial y una fermentación aromática en el interior de las bayas de las uvas sin romper y situadas al abrigo del oxígeno en atmósfera carbónica o en el mosto. Esta técnica, reactualizada por M. Flanzy después de ser muy aclarada por Cl. Flanzy y su equipo, puede ser la más antigua del mundo, la única utilizada antes de que el hombre usara ampliamente las pisadoras mecánicas. Produce mostos muy fermentables por levaduras y bacterias, de ahí los riesgos de picados lácticos a controlar, y vinos con aromas específicos, variables según las variedades y las temperaturas de maceración. De puesta en marcha bastante difícil (recolección mecánica imposible, encubado de los racimos intactos), esta técnica estricta sigue limitada mientras que la versión «semicarbónica» es la base práctica y reglamentaria de la vinificación *beaujolesa* y de algunos otros vinos jóvenes, incluso se adopta para producir vinos de crianza de mediana duración. Interviene más o menos intensamente en todos los vinos tintos en lo que se produce el encubado de uvas enteras sin romper.

Vinificación continua

Para facilitar la gestión de grandes aportes diarios en las vendimias, diversos constructores (Vico, Ladousse, Cremaschi, Böhringer...) propusieron hacia 1960 vinificadores continuos, constituidos esquemáticamente por un tanque cilíndrico vertical de 300-400 a 3.000-4.000 hl alimentado en continuo por vendimia fresca que fermentaba en unas cuantas horas con evacuación continua de vino, del orujo en lo alto de la cuba y de semillas en la parte baja. El conjunto disfrutaba de diversos dispositivos de regulación de temperatura, de aireación y de homogeneización medibles (figura 7.13).

También se pueden obtener flujos importantes de vinos destinados a un consumo rápido de calidad equivalente a los procedimientos habituales pero con riesgos bacterianos elevados (picados lácticos que no pueden prevenirse, pero tampoco solucionarse, más que por un riguroso sulfitado). Este sistema excluye evidentemente la obtención de vinos muy diferenciados. No parece ser el objetivo de nuevas instalaciones.

Termovinificación

Hacia 1960, algunos constructores propusieron aparatos operativos (figura 7.14) para calentar la vendimia antes de la fermentación. La vendimia se lleva a 50-70 °C por calentador tubular (Gasquet), por mezcla con mosto caliente (IMECA), por aspersión de las uvas enteras con vapor de agua (Primagaz) o por inmersión de los racimos en vino caliente (Ferré), etc. La figura 7.15 muestra que es necesario alcanzar una temperatura de al menos 60 °C para obtener una extracción muy fuerte de antocianos, así como una destrucción total de la laccasa presente en ese instante. La vendimia calentada de esta forma puede tratarse según distintos esquemas:

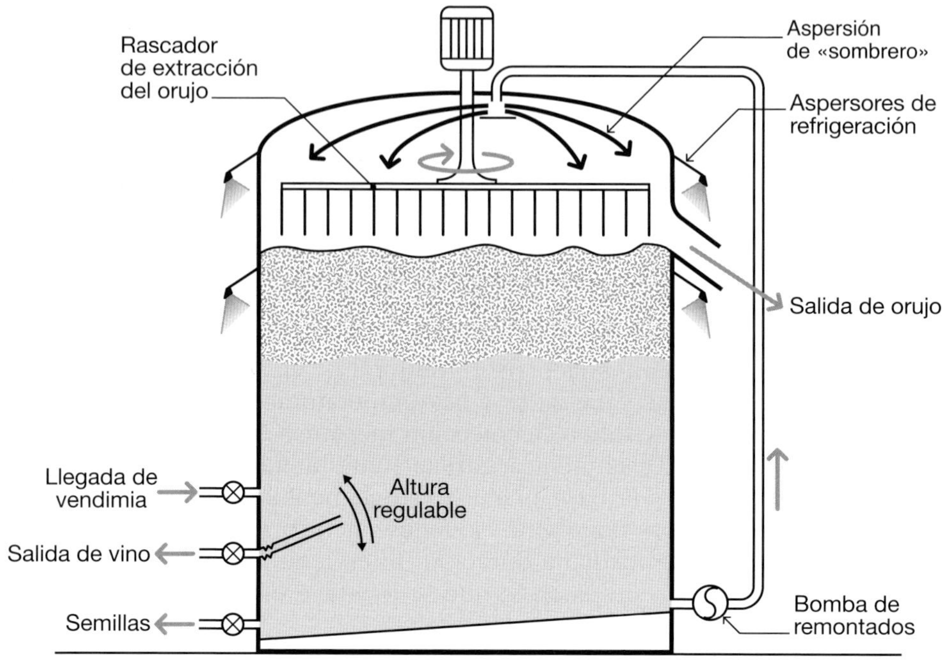

Figura 7.13.–Esquema de tanque para vinificación continua.

- Refrigeración rápida, después de un calentamiento de 10-20 min., y a continuación prensado y fermentación del «jugo claro» para obtener un vino tinto rico en antocianos, pobre en taninos, coloreado pero ligero, destinado a un consumo rápido. Estos vinos con frecuencia tienen un aroma típico, a veces muy buscado, solo o mezclado.
- Maceración a temperatura elevada, de 60-70 a 30-50 °C, en un tanque de maceración específica o en una prensa horizontal con o sin reciclaje del mosto obtenido, durante 1 ó 2 h hasta 10 ó 12 h. Se obtiene un vino muy tánico de guarda muy larga.
- Con o sin maceración en caliente, la vendimia se refrigera hasta 20-25 °C, encubada y con fermentación clásica. Se obtienen entonces vinos muy coloreados, ricos en antocianos y en taninos, aptos para guardas muy largas.

Diversos experimentos antiguos, ampliamente confirmados después, muestran los principales resultados obtenidos: fuerte aumento del color y de los antocianos en los vinos jóvenes (1 a 2-3 meses) seguido de una rápida disminución (figuras 7.16 y 7.17). El suplemento de color no es estable más que con una extracción suficiente de los taninos necesarios para la fijación de los antocianos.

Esta pesada técnica no se hace más que en una fracción de la vendimia recolectada. En estas condiciones, presta un servicio importante, sin compensar las insuficiencias demasiado marcadas de los racimos ni suprimir los daños de-

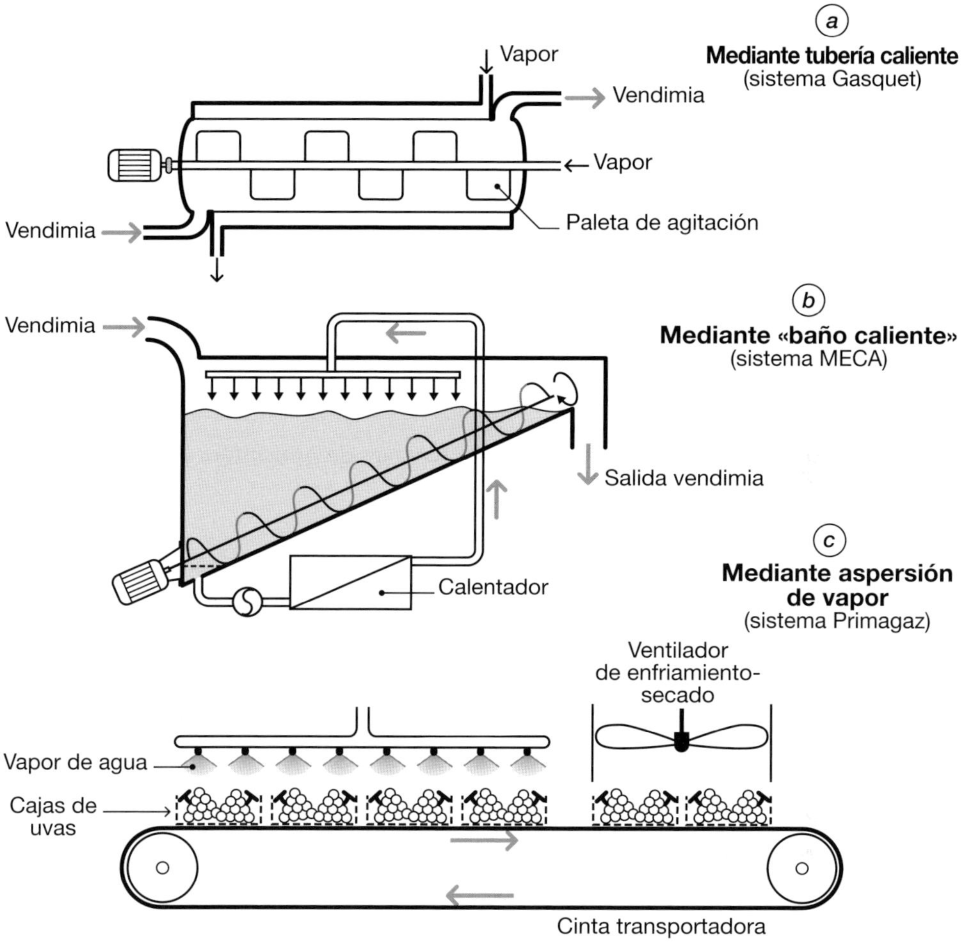

Figura 7.14.–Esquemas de sistemas de calentamiento de la vendimia.

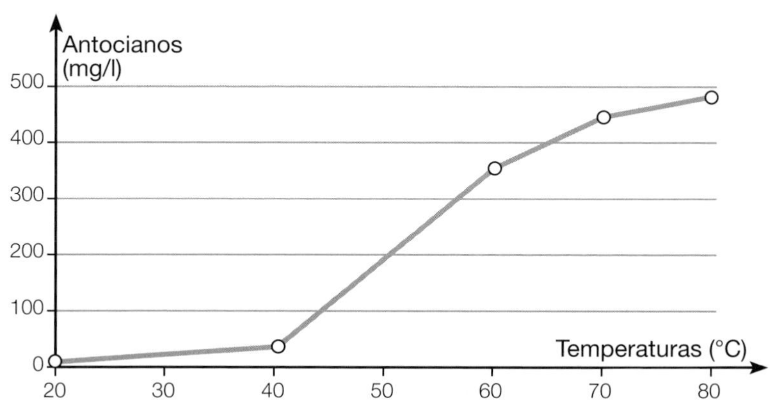

Figura 7.15.–Extracción de antocianos mediante calor (J. Ribéreau-Gayon, 1986).

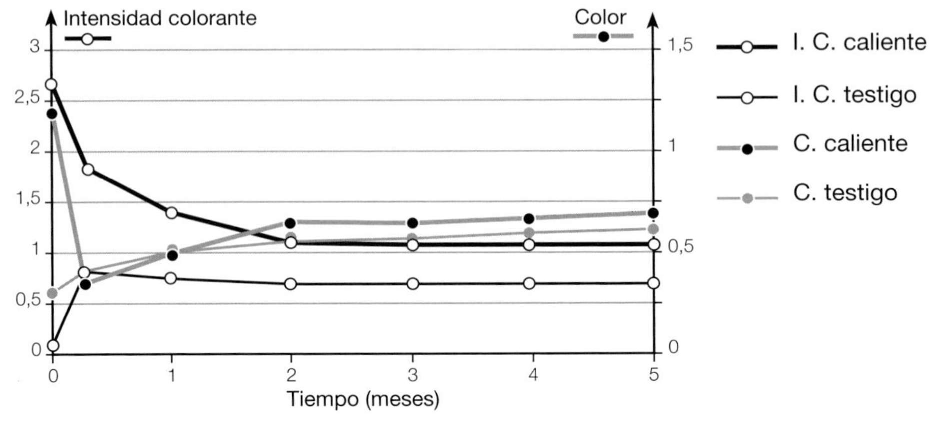

Figura 7.16.–Termovinificación y color (Cámara de Agricultura de la Gironde, 1971).

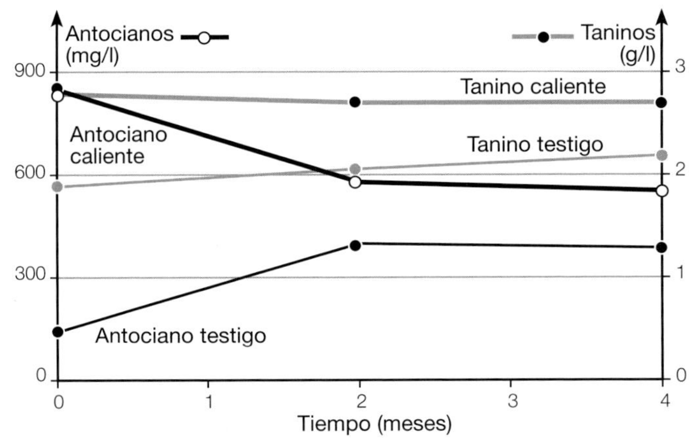

Figura 7.17.–Termovinificación, taninos y antocianos. (Cámara de Agricultura de la Gironde, 1971).

bidos a la podredumbre gris. Existen en el mercado diversos intercambiadores de temperaturas estándares (ej.: tubos con doble camisa) que pueden tratar en continuo desde una a varias toneladas por hora con una alimentación de agua caliente tipo calefacción central adaptada.

«Flash detente»

La vendimia es calentada rápidamente hasta 70 a 95 °C (3 min) al abrigo del aire y después enfriada brutalmente (1 seg) mediante expansión a vacío. Los hollejos rotos liberan antocianos, taninos y aromas. Los vinos obtenidos pueden ser más coloreados, más estructurados, más aromáticos. Esta reciente técnica no tiene referencias prácticas, además de que su capacidad de provocar cierta concentración puede ser una ventaja o un inconveniente práctico y/o reglamentario.

7.2. Las vinificaciones en blanco

7.2.1. ¿Qué vinos blancos?

En todos los vinos del mundo, los aromas esenciales para los vinos blancos tienen orígenes múltiples pudiendo agruparse en ciertas categorías características.

- Aromas varietales: directamente procedentes de la uva (variedad, suelo, añada, productividad, estado sanitario).
- Aromas prefermentativos: igualmente procedentes de la uva pero primero bajo forma ligada antes de ser liberados, sobre todo antes de la fermentación. Este concepto es relativamente nuevo en enología pero parece muy importante: merece estudios y aplicaciones cuidadosas.
- Aromas fermentativos: proceden directamente de la transformación de azúcares en alcohol y en «productos secundarios». Característicos de la fermentación. Dependen sobre todo de las levaduras y de sus condiciones de desarrollo (temperatura, aireación...). Estos aromas son importantes pero poco típicos de la variedad y del suelo, son relativamente fugaces.
- Aromas post-fermentativos: se manifiestan en el transcurso de la crianza de los vinos –en cubas, barricas o botellas– mediante transformación de los aromas precedentes según la presencia o no de levaduras, bacterias, la aireación, la madera... Constituyen más o menos el «bouquet» de los vinos.

La obtención de aromas de calidad, de orígenes variados, está acompañada de la producción de compuestos, poco o mal conocidos, que participan en la estructura (cuerpo) general de un vino.

A partir de estas reglas teóricas, pero absolutamente generales e indispensables, se pueden definir varias prácticas fundamentales.

- Las uvas de calidad bien cultivadas. La elección de la cepa o cepas recoge a la vez las costumbres locales, las reglamentaciones en vigor y las modas. Las regiones tradicionalmente monovarietales (Borgoña, Alsacia, Valle del Loira, en Francia) explotan las diferencias de suelos mientras que las demás disfrutan de complementariedades entre sus variedades. La expansión mundial de Chardonnay, Sauvignon, Riesling, incluso Chenin, Viognier... no encuentra más que rara vez las cualidades excepcionales observadas en sus regiones de origen que es donde se encuentran en el mejor de los equilibrios variedad-suelo-conducción del viñedo (por tanto rendimiento) tras unos cuantos siglos de observación.
- En todos los casos, las prácticas vitícolas sanas se imponen, desde el control del rendimiento al estado sanitario.
- Una técnica básica sin fallos: con o sin explicaciones científicas completas, se conocen las operaciones favorables, peligrosas o arriesgadas, desde la recolección al almacenamiento de botellas, que actúan con aparatos demasiado bruscos, oxidaciones no deseadas, temperaturas excesivas o una higiene insuficiente. El menor error «simple» destruye por completo todos los esfuerzos posibles consentidos desde otro punto de vista.

- Variaciones bien controladas: por elección o por necesidad (ej.: maceración después de la recolección mecánica), pueden permitir una feliz personalización de los vinos y una buena explotación de tal o cual «segmento» comercial. Parece indispensable dejar un clasicismo de buena calidad: todos los vinos blancos secos del mundo no pasan de ser «verdaderos gemelos» elaborados con los mismos métodos, las mismas levaduras, las mismas enzimas... Es tan es vana la búsqueda de un vino «que agrade a todo el mundo», como peligroso producir aquello que plazca a uno sólo, aunque sea un experto.
- Combinaciones bien estudiadas: salvo para los VCPRD procedentes de una única variedad sobre micro-suelos, la mezcla de calidades diferentes pero complementarias sigue siendo la técnica de elección para producir regularmente los mejores vinos posibles.

Cada cual puede inspirarse en la sabiduría del filósofo, hablando de los vinos de Sauternes: «...Del Sémillon procede la suavidad, del Sauvignon se derrama lo aromático...» (Michel Serres, *Les Cinq Sens*, 1985).

7.2.2. Los vinos blancos secos

El equilibrio gustativo de los vinos blancos secos

El equilibrio gustativo de los vinos blancos secos, siempre pobres en taninos, está dominado por los equilibrios entre la acidez y el gusto dulce del alcohol.

$$\text{Alcohol} \Leftrightarrow \text{Acidez}$$

La percepción de este equilibrio depende de la influencia de numerosos parámetros. A igualdad de acidez, un vino en el que se haya producido la fermentación maloláctica parece menos verde. El gas carbónico endurece los vinos, como el SO_2 y los sulfatos. Un ligero enriquecimiento en taninos (maceración, sobreprensado...) refuerza la sensación de dureza. Un vino con aromas más ricos, más complejos, parece más redondo...

La noción de vino blanco seco «equilibrado» varía mucho según los individuos, más que para los vinos tintos, según las épocas. A modo de ejemplo, desde hace cincuenta años, la acidez buscada en los vinos blancos secos de Burdeos ha pasado de 3-3,5 a 5-6 gramos de acidez total por litro para volver a descender hasta 4 g/l. En otras regiones se han conocido o buscado también vastas variaciones. En ciertos casos, se «redondea» el vino mediante una ligera presencia de azúcares apenas perceptible (3 a 5 g/l) o más neta (hasta 10-15 g/l en los vinos espumosos «brutos»).

Como en los vinos tintos, se debe retomar un equilibrio entre sabores y olores, entre estructura y aroma.

Estos equilibrios pueden expresarse mediante un vocabulario que se inspira en el esquema adjunto (figura 7.18) que supone el preguntarse sobre los equilibrios deseados.

El desarrollo de la vinificación en vinos blancos secos se esquematiza según la figura 7.19.

Figura 7.18.–Los términos del equilibrio gustativo de los vinos blancos secos.

Madurez y fecha de recolección

Los racimos maduros y sanos producen regularmente vinos más agradables (aroma más típico, sin caracteres herbáceos, equilibrio en boca muy completo) y más aptos para una crianza de unos cuantos años. Las reglas generales se detallan desde otro punto de vista (capítulo 8).

En el caso de los vinos blancos secos, se preponderan algunos aspectos, según los tipos de vinos buscados:

- Una ligera sobremaduración puede mantener más los aromas de las variedades (o de sus precursores) pero con riesgo de conservar caracteres herbáceos. Las preferencias varían según las regiones y las variedades aunque ciertos aromas llamados característicos (ej.: olor a boj o de «gato» de la Sauvignon mal madurada) son de hecho desviaciones aromáticas a rechazar.
- Se busca con bastante frecuencia una acidez suficiente, incluso un poco elevada. Fuente de frescor, no debe provocar dureza. El nivel óptimo depende también de la estructura general, de la riqueza aromática y del contenido en azúcares residuales, incluso aunque sea escaso.
- Un estado sanitario perfecto es necesario para la preservación de los aromas varietales. La medida de la actividad laccasa se impone en todos los mostos de origen no controlado.
- La degustación de los hollejos de la uva permanece como una herramienta indispensable para apreciar la evolución de la maduración y de la fecha óptima de recolección, parcela a parcela. Las mediciones de los aromas varietales progresan mucho pero no son todavía generalizables (costes, plazos de respuesta...).

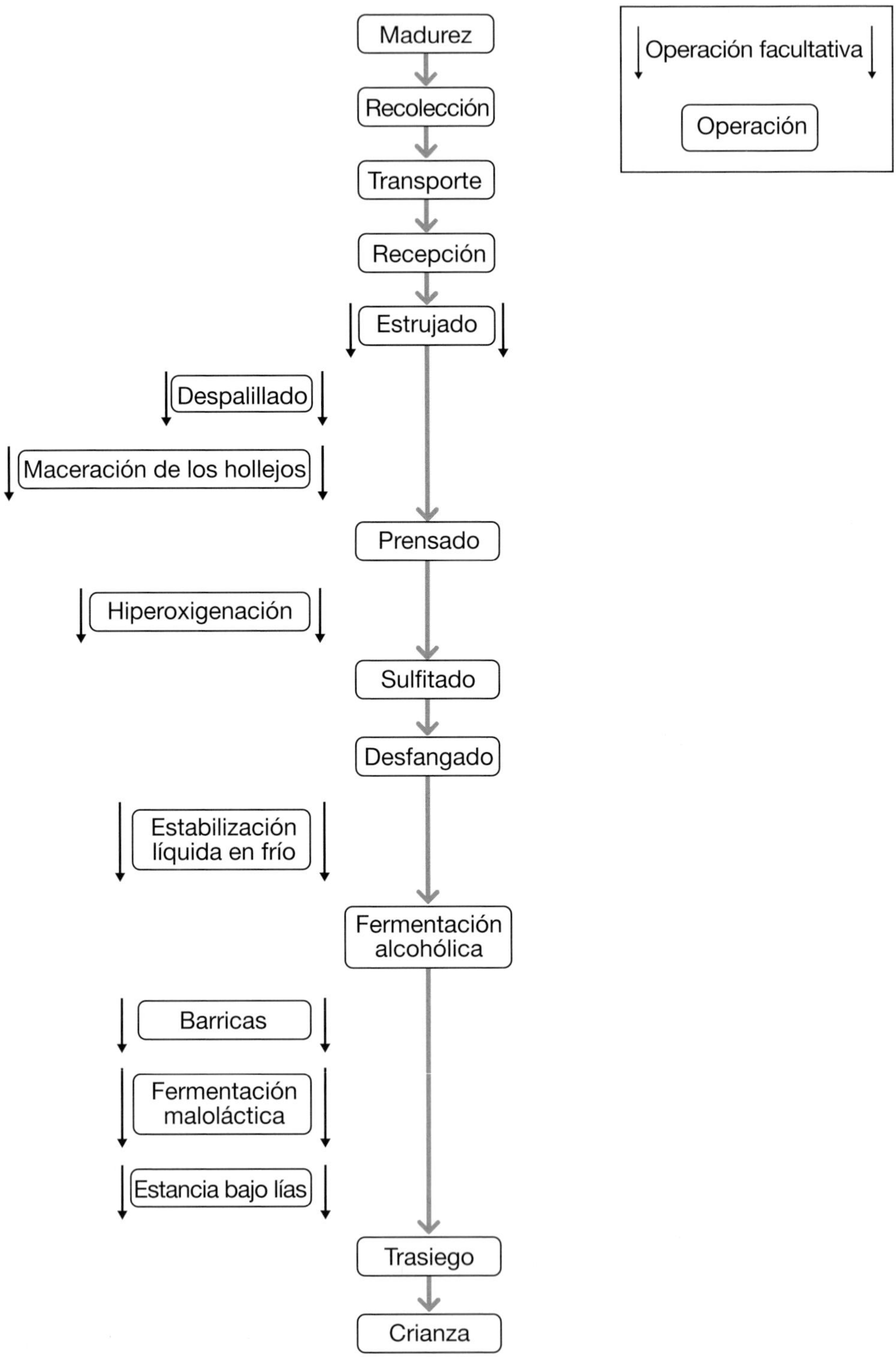

Figura 7.19.–Principales operaciones de la vinificación de vinos blancos secos.

Algunas variantes

Selección de la recolección

Esta práctica tan tradicional es la más importante para seleccionar los mejores racimos eliminando frutos verdes, podridos, amargos... así como todos los residuos vegetales (hojas, peciolos...). Su práctica, manualmente en la viña o en la bodega, es a la vez muy sencilla en principio y bastante costosa de realizar (algunas decenas de céntimos –algunos céntimos de euros– por botella). Los resultados son siempre excelentes.

Sobremaduración

En el caso de una buena protección contra la podredumbre y particularmente en años tardíos, es a menudo interesante recolectar ciertas parcelas algunos días después de la maduración «normal». Se tienen entonces vinos más carnosos, más completos, más aptos para un consumo tardío. El riesgo principal, constituido por lluvias excesivas, se reduce con una buena protección del viñedo y con la posibilidad de recolectar más rápidamente si es necesario gracias al trabajo de cosechadoras mecánicas bien organizadas (cargadas durante todo el tiempo).

Extracción de los mostos

Recolección, transporte y recepción

Los principios generales (capítulo 4) deben aplicarse con particular rigor. Salvo excepción, los vinos blancos secos deben ser pobres en taninos y de color inicial pálido: es necesario desterrar maceraciones y oxidaciones. Se produce al encubar racimos sanos, sin restos vegetales, incluso lo más enteros que sea posible y sin contaminación microbiana.

- Recolectar en la madurez: el racimo se separa mucho más fácilmente de la planta y sufre menos. La recolección manual, más cuidadosa, resulta muy favorable para la elaboración de vinos de calidad: sin hojas, posibilidad de selección, pocas roturas.
- Transportar rápidamente la vendimia al cocedero: las cajas de doble fondo permiten a la vez un transporte muy fácil y una separación muy rápida de alrededor del 20 al 40 % del mosto, probablemente sulfitado en el viñedo. Las tolvas de tornillo y/o bomba son a menudo discutibles (trituraciones...). Si su empleo es inevitable, es necesario elegir tornillos de gran diámetro (30 cm o más) y de velocidad lenta (20-30 vueltas/min.) regulados por medio de un reductor prohibiéndose los pequeños tornillos de rotación rápida, en toma directa sobre el tractor. En la mayoría de los casos se deben elegir los volquetes inclinables y/o elevables.
- Asegurar una higiene rigurosa de la máquina de vendimia y de las tolvas mediante limpieza y desinfección controladas.

Extracción de mostos

Suavidad y rapidez: éstas son las palabras dominantes de la extracción de mostos blancos.

- Rapidez. Excepto en casos particulares, el mosto se debe separar rápidamente de los hollejos, de las semillas y de los raspones. Esto reduce todo riesgo de oxidación.
- Suavidad. El vino tradicionalmente se aisla del jugo de la pulpa, conviniendo evitar dilaceraciones de partidas herbáceas, con motivo de tratamientos violentos, demasiado numerosos (ej.: bombeo de la vendimia...).
- Fraccionamiento. En el transcurso del prensado, la composición de los mostos extraídos varía constante y muy rápidamente tras la extracción de los 70 a 80 porcentajes primeros. Esta última fracción debe tratarse y vinificarse aparte (capítulo 4). El mosto de calidad no procede de toda la uva, sino solamente de la parte noble de la uva.

Según el caso, se practican todas o parte de las operaciones clásicas: estrujado, bombeo, prensado.

Los materiales actuales permiten diseñar y realizar cadenas de extracción de mosto a la vez de gran rendimiento, prácticas, económicas y que dan resultados enológicos muy buenos. La competencia de usuarios tiene un papel siempre decisivo. Sin embargo, está claro que ciertos aparatos presentan grandes riesgos para la calidad de los vinos (ej.: prensa continua de tornillo de diámetro inferior a 400 mm o de rotación demasiado rápida, superior a 2-3 vueltas/min).

Cada bodega requiere un estudio específico para disponer de una instalación racional, desde la recepción al secado de orujos, particularmente en el tema del paso de la recolección manual a la recolección mecánica. Los caudales deben estar ligeramente sobredimensionados para hacer frente a las inevitables pérdidas de carga. Los buenos resultados económicos y enológicos no son contradictorios.

Algunas variantes

Maceración de hollejos prefermentativa

Se favorece la disolución en el mosto de las sustancias aromáticas contenidas en los hollejos y subexplotados por el prensado inmediatamente anterior.

Tras un ligero estrujado de las uvas sanas, bien maduras, sin restos vegetales (despalillados) y un ligero sulfitado, se deja macerar varias horas antes del prensado. Habitualmente la maceración se produce a temperatura ambiente durante 10 a 24 h, a menudo una noche por razones prácticas evidentes. La refrigeración mediante el aporte de nieve o de hielo carbónico asegura al mismo tiempo una protección contra la oxidación (ver punto 7.1.4 por los aportes de CO_2). Diversos dispositivos son utilizados para facilitar la operación (figura 7.20) con o sin escurrido del mosto en el transcurso de la maceración antes del prensado. El escurrido previo permite un prensado más rápido pero puede provocar serias dificultades prácticas en el descube.

Las ventajas son las siguientes:

- los vinos obtenidos habitualmente son muy afrutados, muy típicos, muy carnosos, muy grasos, muy largos en boca;
- el prensado es fácil gracias a la acción prolongada de las enzimas pectolíticas de las uvas.

Los inconvenientes son los siguientes:

- vinos muy tánicos;
- riesgos frecuentes de vinos que se vuelven bastos, amargos, a veces herbáceos, particularmente después de la maceración de racimos insuficientemente maduros, alterados o mal seleccionados...

El sobrecoste debido a esta técnica es muy variable según el equipo y la organización de las bodegas; generalmente es bastante escaso, a pesar de una ligera sobrecarga de trabajo.

Esta técnica, muy antigua en su principio y su práctica, en primera instancia fue abandonada y luego más recientemente retomada y mejorada gracias al mejor conocimiento de los mecanismos que se producen. Ha quedado, sin embargo, como algo delicado para poner en práctica. De fallos puntuales muy

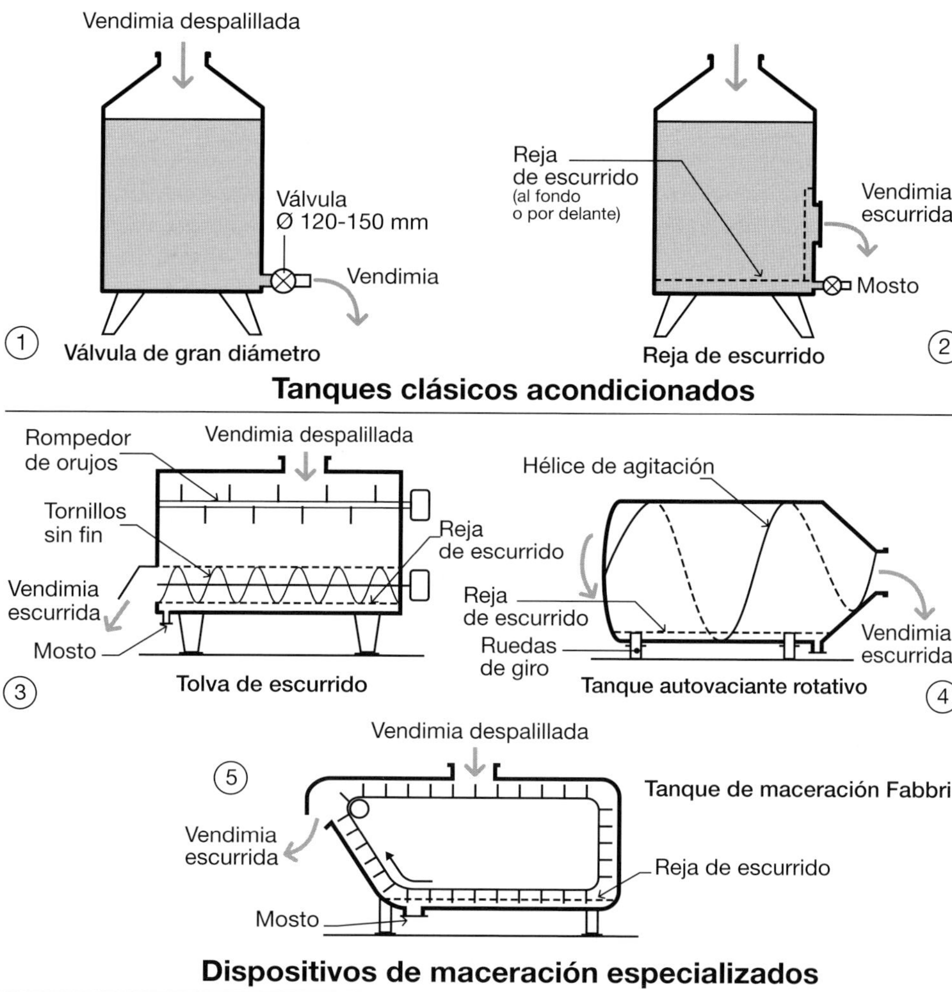

Figura 7.20.–Instalaciones para la maceración de hollejos prefermentativa.

poco importantes se pueden conseguir vinos de una tipicidad desconcertante o decepcionante, con envejecimientos difíciles. Sólo puede ser realizada por personal cualificado que domine bien todos los aspectos técnicos. La selección de la vendimia es necesaria casi siempre.

Generalmente, se observa una bajada ligera de la acidez pudiendo ser más o menos favorable según las circunstancias, y diversas otras modificaciones analíticas (proteínas, polisacáridos, materias minerales...). La maceración de los hollejos de las uvas totalmente neutros no tiene efecto aromático positivo pero puede reforzar la estructura de los vinos.

Se han obtenido resultados interesantes en maceraciones con presencia de ácido ascórbico (5-15 g/hl). Esta adición sólo está actualmente autorizada sobre los vinos.

Hiperoxigenación

Este procedimiento consiste en oxidar fuertemente la vendimia estrujada, despalillada, antes de prensar, o muy a menudo el mosto, sin sulfitados, por barboteo de oxígeno puro (aproximadamente 20 a 30 l de oxígeno puro por hl de mosto). Hay una oxidación rápida de diversos compuestos polifenólicos con pardeamiento, formación de turbidez tras un sedimento que se elimina por decantación, clarificación y/o filtración rápida, después de varias horas. Se sulfita a continuación a 3-4 g SO_2/hl para eliminar riesgos microbiológicos.

El vino obtenido es muy blanco, muy pálido, quedando así de forma indefinida puesto que las sustancias oxidables han sido eliminadas muy rápidamente. Los resultados definitivos son variables pero decepcionantes en las variedades cuyo aroma varietal procede de moléculas oxidables (j: moléculas a base de funciones tiol de Sauvignon).

Esta técnica es interesante para depurar vinos demasiado tánicos (ej.: vinos-prensa) o «blanc de noirs» (ej.: ciertos vinos espumosos).

Despalillado

El despalillado sólo es tradicional en ciertas regiones pero la recolección mecánica elimina muchos raspones. La despalilladora-clasificadora puede ser útil para la limpieza de las recolecciones mecanizadas y se torna indispensable antes de la maceración de los hollejos de calidad, bien regulados (variador de velocidad) con descolmatado y limpieza eficaz de los filtros (capítulo 4).

Tratamientos de los mostos

Sulfitado

Las reglas generales se aplican: el SO_2 sigue siendo un producto indispensable en todas las vinificaciones para controlar las levaduras, las bacterias y las oxidaciones químicas y enzimáticas.

- El sulfitado de los mostos (o vendimias) y de los vinos es sistemático. Debe ser regulado caso por caso, en función de numerosos criterios (tipo de vinos, estado de la vendimia, temperaturas, higiene...) La dosificación básica es de 5-6 g de SO_2/hl de mosto. Puede ir desde 3-4 g hasta 8-10 g/hl en los casos extremos, a evitar.

- El SO_2 debe aportarse muy pronto, de forma muy homogénea. Según el caso, se sulfitan los mostos separados en el remolque de transporte, a la llegada a la bodega o inmediatamente a la salida del escurridor o de la prensa.
- A dosis iguales y homogeneización igual, las diferentes formas de sulfitar son equivalentes. En la vinificación, se obtienen los mejores resultados con soluciones sulfurosas graduadas de 8 y 10 % y cuidadosamente verificadas.

Nota

El contenido máximo de SO_2 total es actualmente limitado a 210 mg/l para los vinos blancos secos.

Los vinos bien eleborados están muy por debajo de este máximo.

Desfangado

La vinificación en blanco es llamada «de mosto claro»; los mostos extraídos deben clarificarse, llevarse a una turbidez óptima, por desfangado. Los métodos utilizables son descritos desde otro punto de vista (capítulo 4). La elección reside en criterios técnicos, prácticos y económicos: las soluciones sencillas aplicadas con precisión dan muy buenos resultados. Estos resultados deben controlarse, lote a lote, antes de la fermentación.

- Un desfangado insuficiente (turbidez superior a 200 NTU aproximadamente) produce vinos ricos en alcoholes superiores, bastos, de envejecimiento difícil.
- Un desfangado demasiado severo (turbidez inferior a 50 NTU aproximadamente) reduce las características aromáticas propias de la variedad y produce vinos con aromas fermentativos demasiado violentos. Supone serias dificultades de fermentación alcohólica por empobrecimiento del mosto en levaduras y, sobre todo, en elementos nutritivos y aportes de fermentación. Produce vinos demasiado pobres, demasiado vacíos.

La filtración de los fangos

Los filtros rotativos, los filtros-prensa, permiten filtrar los fangos procedentes de desfangados estáticos o flotación. En el transcurso de una decena de ensayos comparativos, no hemos observado diferencias analíticas o gustativas importantes entre «vinos-yema» y de «fangos filtrados»; estos últimos son, en término medio, muy «grasos», muy típicos pero muy bastos y, por tanto, más o menos apreciados.

Es esencial efectuar la filtración muy rápidamente, sin maceración de los fangos, incluso a baja temperatura.

Algunas variantes

Adición de enzimas

La adición de enzimas pectolíticas industriales refuerza o reemplaza las enzimas pectolíticas de la uva mejorando la calidad y la rapidez del desfangado. Una adición excesiva da como resultado mostos muy empobrecidos. La adición de enzimas se realiza tras el escurrido y el prensado, con dosis variables según las especialidades comerciales (de 0,5 a 4 g/hl en general).

En los mostos que proceden de uvas botrytizadas, la presencia de glucanos frena el desfangado. Puede ser interesante añadir entonces «glucanasas».

La adición de enzimas a la vendimia estrujada facilita el prensado (regularidad, rendimiento de mosto, limpidez del mosto) además de las filtraciones posteriores pero favorece la extracción de oxidasas y de taninos.

Ultrafiltración tangencial

Esta nueva técnica enológica (capítulo 10) permite una clarificación total de los mostos con una turbidez muy escasa, inferior a 2-5 NTU, que necesita corregirse mediante mezcla con otros mostos o por aporte de aditivos de fermentación.

Estabulación líquida en frío (ELF)

El mosto –normalmente sulfitado y ligeramente desfangado o no– se conserva al menos de 4 a 5 días refrigerado a 5-10 °C, sin iniciarse la fermentación. Tras esta estabulación, se pone en funcionamiento la fermentación después de desfangar si no se ha hecho al inicio, mediante refrigeración hasta 15 a 18 °C y añadir levaduras. Esta práctica es con frecuencia espontánea, en años fríos, para los primeros tanques llenos o después de un fuerte desfangado. Permite una liberación creciente de aromas varietales fijos, antes de la inhibición de ciertos enzimas debida a la presencia de alcohol.

Las ventajas son:

- aromas de uvas más desarrollados, más complejos; vinos muy suaves, muy largos en boca;
- escalonamiento de las fermentaciones y por tanto reducción de las necesidades de máxima refrigeración;
- riesgos prácticamente nulos.

El inconveniente es la necesidad de enfriar los mostos desde su obtención y conservarlos a temperaturas bajas.

El coste es muy variable según la organización general de los controles de temperaturas en la bodega. El sobrecoste no es importante más que en relación a una instalación sin equipo de refrigeración (y no apta para la producción de vinos secos de calidad).

Adición de bentonita

La bentonita tiene un uso casi sistemático en la vinificación en blanco seco para eliminar las proteínas susceptibles de provocar turbidez en el vino. Se utiliza de la forma siguiente (capítulo 10):

- Dosis de 50 a 100 g/hl según los productos y los vinos. Se puede precisar la dosis mediante mediciones en laboratorio.
- La bentonita debe rehidratarse e hincharse antes de usarse. La suspensión es cuidadosamente mezclada con el mosto en fermentación, por ejemplo, cuando haya una aireación o chaptalización.

Notas

Se puede practicar la adición de bentonita en los vinos, después de la fermentación. Esto es necesario en caso de conservación sobre lías, aportándose proteínas. A veces se tienen lías totales muy abundantes pero es fácil fijar la dosis exacta necesaria.

La adición de bentonita a los mostos antes del desfangado entraña un empobrecimiento demasiado importante del medio y de las dificultades de fermentación.

La extracción de los mostos es la clave de los vinos blancos de éxito y merece una cierta atención. La presencia de un «presionador» de alta capacidad durante algunas horas al año de operaciones es un gasto ínfimo en relación con las inversiones realizadas y el valor de los vinos producidos.

Corrección de los mostos

La mayor parte de los mostos requieren ligeras correcciones destinadas a asegurar un buen equilibrio gustativo (grado, acidez) y a preparar la estabilidad posterior del vino. En cada región, los vinos blancos apreciados están próximos a un equilibrio alcohol/acidez/azúcares bastante constante mientras que las uvas pueden tener composiciones muy variables.

El conjunto de estas prácticas de control de la composición de los mostos se desarrolla en otra parte (capítulo 5).

En todos los casos, la corrección debe ser cuidadosamente estudiada, lote a lote, después de analizar de forma detallada (acidez, pH, posible ácido tartárico y potasio), bajo control de un enólogo, teniendo en cuenta mezclas de mostos posteriores previsibles.

Fermentación alcohólica

Además de la transformación completa de azúcares en alcohol, la fermentación supone la formación de aromas fermentativos y la revelación de los aromas de las variedades. Es el acto esencial de la vinificación (punto 3.1).

La elección de levaduras (levaduras propias o tal cepa de LSA) debe razonarse caso por caso pero el empleo de LSA está generalizado para asegurar buenos inicios de fermentación. Los caracteres aromáticos específicos de ciertas cepas deben ser compatibles con la personalidad de cada mosto, la fecha probable de consumo y el mercado del vino. Las LSA deben potenciar la manifestación de aromas varietales sin imponer aromas fermentativos dominantes, sin personalidad, fugaces.

El éxito pasa por una puesta en juego precisa y un seguimiento de la fermentación rigurosos, con posibles intervenciones (aireación, aporte de nitrógeno y/o tiamina, aditivos de fermentación...).

El control de las temperaturas de fermentación reviste aquí una particular importancia: no es suficiente para obtener un vino perfecto pero es necesario. El buen desarrollo de las fermentaciones demandaría temperaturas bastante elevadas (20 a 25 °C por ejemplo) mientras que los aromas fermentativos (ésteres aromáticos) son más abundantes hacia 15 °C. En la práctica, es necesario mantener la temperatura hacia 18-20 °C hasta alcanzar la mitad de la fermentación (densidad superior a 1,020-1,030) puesto que los aromas fermentativos se forman al inicio de la fermentación. Por consiguiente, es preferible mantener la temperatura hacia 20-22 °C, para un buen acabado de la transformación de azúcares.

En el caso de los vinos secos de grado alcohólico elevado superior a 13 % vol. o fermentados en barricas, destinados a un consumo más tardío, las temperaturas de fermentación parecen menos importantes.

Las fermentaciones a muy baja temperatura, hacia 10 °C o menos, con levaduras adaptadas denominadas «criófilas», parecen de interés a menudo limitado, con formación de aromas «amílicos» (plátano, piña...) que enmascaran los aromas de las uvas antes de desaparecer con bastante rapidez.

Fermentación maloláctica

Esta fermentación secundaria o «de acabado», realizada por bacterias lácticas, tiene como objetivo principal la reducción de la acidez. Sistemática e indispensable en la vinificación en tinto, puede ser buscada en blanco. En este caso, su interés depende de la variedad y sobre todo del tipo de vino buscado.

La fermentación maloláctica que aporta una suavidad al vino es con frecuencia difícil en blanco. Necesita una siembra previa con bacterias adaptadas actualmente disponibles en el mercado, de coste elevado. Los riesgos de desviaciones organolépticas (gustos de yogur, de tierra...), frecuentes, aparecen generalmente después de fermentaciones malolácticas lánguidas y/o en el acabado. El sulfitado rápido, incluso antes de la eliminación completa del ácido málico, es entonces recomendable.

En el caso de combinaciones de vinos con y sin ácido málico, es necesario vigilar los riesgos de fermentación maloláctica en botellas (filtración intensa, sulfitado adaptado).

La fermentación maloláctica de los vinos blancos secos es muy buscada en zonas septentrionales, es más rara (y menos necesaria) en zonas más cálidas. Ciertas variedades (ej.: Chardonnay) se revalorizan en la fermentación maloláctica mientras que otras (ej.: Sauvignon) se deforman.

7.2.3. Los vinos blancos dulces

Esta denominación oficial recoge al vasto grupo de vinos blancos que contienen azúcares residuales. El contenido mínimo varía: generalmente alrededor de 4 a 5 g/l, puede alcanzar 100 a 150 g/l. El caso de los vinos que contienen de 0 a 4 gramos de azúcares residuales por litro es administrativamente complejo, muy variable pero estos vinos son técnicamente asimilables a vinos «secos».

Nota

Convendría distinguir por un lado los azúcares «residuales» y los azúcares «reductores» (de la solución de Fehling y derivados que sirven como ese contenido) y, de otro lado, los azúcares «fermentables» formados en los vinos por la suma glucosa + fructosa. La diferencia está formada por aquellas sustancias «no fermentables» pero «reducibles» tales como la arabinosa, xilosa, ácido galacturónico..., siempre presentes en dosis que van de 0,5 a 1-3 g, salvo excepciones. Estas diferencias son importantes para la interpretación del análisis de los vinos secos, pero despreciables para los vinos dulces.

¿Qué vinos blancos dulces?

Los diferentes vinos blancos dulces, excepto los vinos «fortalecidos» estudiados en otro lado (punto 7.4.2), pueden clasificarse según su contenido en azúcar. Se pueden distinguir varias categorías con denominaciones a menudo locales y desprovistas de todo carácter oficial:

- los vinos «suaves», que contienen solamente algunos gramos de azúcares,
- los vinos «semi-secos»,

- los vinos «dulces»,
- los vinos «pastosos»,
- los vinos «licorosos».

También se pueden clasificar estos vinos según las características de la procedencia de las uvas:

- racimos sobremaduros, por recolección tardía;
- racimos con sobremadurez provocada por pasificación sobre la cepa, o fuera de la cepa (vinos de uvas pasificadas);
- racimos con sobremadurez por acción del hielo (vinos de «hielo», «Eiswein»);
- racimos procedentes de «podredumbre noble».

Estos vinos son objeto de definiciones más precisas en los textos de los VCPRD donde son recogidos. De forma muy general, la reglamentación europea define normas analíticas particulares (SO_2 total, acidez volátil) que corresponden a uvas más o menos modificadas por el desarrollo de la podredumbre y las selecciones correspondientes. Los detalles varían con el transcurso del tiempo.

Trataremos aquí sobre todo el caso de los vinos procedentes de «podredumbre noble» y recogidos por «selecciones sucesivas» tradicionalmente denominados «vinos licorosos» en Burdeos. Se encuentran vinos de estructura bastante próxima en el valle del Rhin, en el Burgenland austríaco, en Tokay, pero también en Anjou y en Jurançon.

Muchas regiones pueden producir de forma excepcional tales vinos, pero sólo algunos se obtienen con cierta regularidad. Son todos ellos objeto de técnicas específicas, adaptables a otras situaciones más sencillas.

El equilibrio gustativo de los vinos blancos dulces

El equilibrio descrito para los vinos blancos secos se complica por la presencia de cantidades importantes, pero muy variables, de azúcares. La misma palabra puede recoger composiciones muy distintas. Un estudio demostró que, para el 50 % de los consumidores franceses, el término «seco» correspondía a un contenido en azúcares de 2 g/l y el de «semi-seco» a 8-10 g/l. Para los consumidores alemanes, se tenían los valores respectivos de 12-15 g/l y 16-20 g/l.

Por otro lado existen diferencias considerables de equilibrio analítico alcohol/azúcares/acidez entre los vinos de Sauternes –de acidez escasa–, de Jurançon y de Chenins del Loira –de acidez más elevada pero de grado alcohólico bastante alto– del Valle del Rhin o de las riveras del Neusiedlersee –con frecuencia de grado alcohólico escaso, bastante ácidos–. Los equilibrios gustativos son menos claros porque, para estos vinos de éxito, están dominados por la riqueza aromática de las variedades (ej.: Riesling) y/o de la crianza (ej.: Sauternes, Chaume).

Los desequilibrios en uno o varios componentes esenciales (alcohol, acidez, azúcar) se pueden clasificar según la tabla 7.5

Los vinos blancos «licorosos»

Esta producción muy específica supone volúmenes limitados en Francia (Sauternes y alrededores, Monbazillac, Anjou, Jurançon…), en Hungría (To-

Tabla 7.5.–Los términos del equilibrio gustativo de los vinos blancos dulces

Acidez	Alcohol	Azúcares	Nombre
+++	+++	– – –	Mordiente
+++	+++	+++	Basto
+++	– – –	– – –	Verde
+++	– – –	+++	Agridulce
– – –	+++	– – –	Alcohólico
– – –	+++	+++	Licoroso
– – –	– – –	– – –	Vinillo
– – –	– – –	+++	Siruposo

kay), en Alemania (Rheingau...), en Austria (Burguenland...) y, puntualmente casi todos los viñedos del mundo. Todos provienen de racimos sobremaduros por pasificación, hielo o podredumbre noble. Recogidos de forma tardía, generalmente en varias veces, por «selecciones sucesivas» y muy concentrados (15 a 20 % GAV probable, y a veces más), se enfrentan a numerosos riesgos de deterioros microbiológicos de la uva durante la fermentación. Se eliminan estos riesgos mediante una recolección muy precoz; se pierden asimismo todos los encantos específicos resultantes de estas transformaciones de las uvas, se obtienen vinos «azucarados».

Nota

La expresión vinos «licorosos» – a distinguir completamente de «vinos de licor» obtenidos mediante la adición de alcohol – es tradicional en la mayor parte de las regiones productoras tradicionales. Es incorrecta para la reglamentación comunitaria que no tiene más que el término «pastoso», reservado a los vinos muy ligeros de estas mismas regiones. La palabra «dulce» designa los vinos dulces naturales (VDN) en Roussillon, por oposición a los «vinos secos» que son los vinos tintos y blancos, sin azúcares residuales.

La compleja producción de los vinos «licorosos» puede resumirse por algunos aspectos decisivos (figura 7.21):

- Recolección selectiva de las únicas uvas en estado óptimo de madurez, con eliminación de las fracciones alteradas y esperando para las fracciones insuficientemente maduras.
- Estrujado y prensado suaves, sin desgarrar los hollejos, lento pero completo para extraer el mosto de las uvas más maduras fluyendo lentamente. Las prensas hidráulicas verticales están muy adaptadas a esta extracción permitiendo una separación fácil de las diferentes calidades de mosto.
- El sulfitado supone un ligero aumento del SO_2 combinado pero elimina las bacterias indeseables. Una dosis moderada (de 3 a 5 g/hl) permite un ligero desfangado antes de la fermentación.
- Los trabajos recientes muestran que conviene potenciar una fermentación alcohólica franca, regular mediante una temperatura suave y constante así

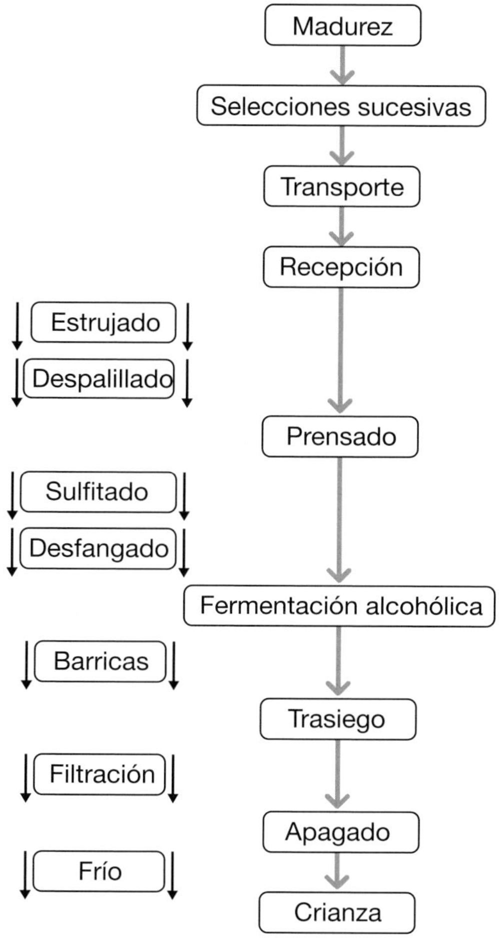

Figura 7.21.–Principales operaciones de la vinificación de vinos blancos licorosos.

como el aporte de tiamina (50 mg/hl). Existen LSA muy adaptadas a estos vinos que merecen ser ensayadas, incluso si las levaduras propias son las más utilizadas.

- Para conservar la cantidad deseada de azúcares residuales, de 30-40 a 100 g/l y más, es necesario parar la fermentación en el momento oportuno, reduciendo la actividad de las levaduras mediante refrigeración y/o trasiego al abrigo del aire, filtración... antes del sulfitado llamado de «apagado». La parada espontánea de la fermentación, por exceso de alcohol, no siempre posible, o demasiado tardía. Este sulfitado debe asegurar un contenido en SO_2 libre, al final de dos o tres días, de alrededor 40 a 60 mg/l, a ajustar rápidamente si es necesario.
- La crianza desarrolla los aromas después del bouquet así como la armonía entre alcohol, azúcares y acidez. Cubas y barricas dan lugar a tipos de vino distintos, con las molestias técnicas y económicas habituales.

SO_2 combinado y acidez volátil

Estos vinos procedentes de uvas ricas en hongos, levaduras y bacterias –sobre todo en caso de podredumbre– y muy concentrados presentan una tasa de combinación del SO_2 elevada con necesidades de SO_2 libre más importantes a causa de la presencia de azúcares fermentables. Por otro lado, los mostos muy ricos pueden contener de 250 a 400 g de azúcares por litro impidiendo el desarrollo de las levaduras que producen entonces cantidades muy importantes de ácido acético, de compuestos carbonílicos... Estos contenidos normalmente muy elevados deben por un lado permanecer conforme a las reglamentaciones particulares que se aplican a estos vinos (variables según las regiones, las añadas) y por otro lado no afectar a la calidad gustativa.

Los numerosos trabajos específicos llevados a cabo sobre este asunto desde principios del siglo XX, y retomados hacia 1960 y muy recientemente (Instituto de Enología de Burdeos) han mejorado mucho los conocimientos, resumidos con anterioridad. Estos vinos conservan excepciones técnicas y gustativas, de éxito siempre difícil. La calidad de las uvas es, todavía más que para otros vinos, esencial, irremplazable. Ella sola asegura a la vez los mínimos analíticos y los máximos gustativos: el enólogo debe «simplemente» recolectar en el momento ideal, los granos perfectos.

Los vinos «dulces»

La importante producción de «vinos dulces», procedentes de uvas sanas «clásicas» pero que conservan azúcares residuales (de 5-10 a 30-50 g/l por ejemplo) procede de la tecnología general de los vinos blancos secos en los que se detiene la fermentación antes de que acabe por completo. En ciertos casos, es posible edulcorar mediante la adición de vinos muy ricos en azúcares o, muy frecuentemente, por adición de mosto concentrado, ya sea rectificado o no.

Estos vinos a menudo tienen un grado alcohólico escaso (10 a 12 % vol.), y deben conservarse en condiciones de higiene muy estrictas y embotellados de forma estéril (menos de 10 células por litro) mediante filtración y/o calentamiento.

Su agrado depende a la vez del equilibrio alcohol/azúcares/acidez y de su riqueza y finura aromáticas.

7.3. La vinificación en rosados y claretes

La gama de colores, y de nombres, de los vinos procedentes de uvas tintas parece infinita: blanco de negro, manchado, gris, ojo de perdiz, rosado, clarete, vino de una noche, vino de café, joven, tinto «clásico» y sus variantes, negro, «doble pasta»... Para los vinos rosados y claretes, se puede ir del «manchado» (ej.: «gris de Toul») a ciertos vinos tintos jóvenes, incluso si ciertos tintos de aquí son claramente más pálidos que ciertos claretes de allá. Los vinos de viñedos septentrionales a menudo tienen colores menos intensos que los de viñedos meridionales. El término «clairet» (clarete) está reservado, en Francia, a la DOC «Bourdeaux Clairet» pero se encuentra también el «clarete» español o el «chiarreto» italiano. Recordemos que el ajuste de color por mezcla de vino blanco y tinto está prohibido, excepto para el «champán rosado».

Técnicamente todos estos vinos proceden de cepas «negras», sin permanencia en tanques de fermentación o muy breves. André (INRA-Avignon, 1970) ha demostrado claramente que su apreciación global depende directamente de su color (intensidad y matiz) que es entonces su característica dominante, a controlar. A modo de ejemplo, este color, expresado por la intensidad colorante modificada (ICM) debe hoy (1999) estar comprendido entre 0,4 y 0,9 para la DOC «Bourdeaux Rosé» y entre 1,2 y 1,5 para la DOC «Bourdeaux Clairet». En un estudio anterior (1970) que nosotros realizamos con el Consejo interprofesional del vino de Burdeos (CIVB), se obtuvieron los resultados indicados en la tabla 7.6.

Tabla 7.6.–Composición comparada de vinos rosados y de vinos tintos (fuente: CA 33-CIVB, 1970)

	Intensidad colorante (/1 cm)	**Índice de polifenoles totales**	**Antocianos (mg/l)**
Rosados	de 0,7 a 2,1	de 8 a 18	de 20 a 50
Tinto «joven típico»	de 2,2 a 5,1	de 10 a 30	de 90 a 250
Tinto «de crianza»	> 6	> 40	> 350

Según las regiones y las épocas, se prefieren los vinos frescos, vivos o ligeros, poco ácidos incluso con azúcares residuales, aromas jóvenes, afrutados o muy maduros, muy evolucionados, con taninos muy débiles o más elevados. La diversidad es considerable para una producción nacional, y mundial, muy minoritaria pero que sirve a menudo de iniciación al vino en los países «nuevos consumidores». Un grupo de trabajo francés recientemente formado acomete el precisar el conjunto de estos parámetros y las técnicas de elaboración correspondientes.

Más bien vinos de placer sencillo que de especialistas, los rosados-claretes gozan de técnicas generales aplicadas de forma específica, en función del objetivo comercial buscado.

La uva debe estar madura, sin sabores herbáceos, y muy sana, sin trazas de laccasa, para prevenir toda evolución prematura hacia la «tela de cebolla» particularmente indeseable aquí. La sobremadurez se debe evitar.

La vendimia recogida debe tratarse rápidamente, si es posible a una temperatura baja, al abrigo de la oxidación. La nieve carbónica aquí es muy útil.

El sulfitado atento sigue las reglas generales (capítulo 6).

En el caso de los «rosados de prensa», el orden de vinificación es el de los vinos blancos: escurrido o no, prensado cuidadoso, rápido y fraccionado. Es delicado elegir el color del mosto que determina el futuro del vino: la experiencia puede apoyarse en la medida del ICM y/o de los antocianos.

En el caso de los «rosados de sangrado», se saca todo o parte del mosto después de cierto tiempo» de encubado, yendo desde algunos minutos a varias horas según las variedades, la madurez, la temperatura del mosto, la intensidad de las manipulaciones... y el color buscado. Ha sido establecido (Sindicato DOC Burdeos, Facultad de enología de Burdeos, Cámara de Agricultura de la Gironde, 1999) una fuerte correlación entre el ICM del mosto de sangrado y aquél del vino terminado aunque la duración ideal de la maceración quede por determinar de forma cuidadosa. Los sangrados practicados para obtener vinos tintos muy concentrados son evidentemente utilizables pero exigen también una técnica de vinificación «en blanco» muy precisa.

Algunos practican la maceración carbónica antes de prensar.

Los mostos son desfangados, con o sin adición de enzimas y clarificación. La «estabulación líquida en frío» (punto 7.2.2) refuerza la riqueza aromática y la «grasa» del vino.

La fermentación es conducida según las buenas maneras de la vinificación en blanco seco.

Su acabado es a menudo delicado, las prácticas de prevención deben reforzarse.

Según el nivel de acidez inicial y deseada, se busca o no la fermentación maloláctica total o parcial y/o la corrección química de la acidez.

La crianza es breve con frecuencia y con clarificación, estabilización y embotellado precoces. Se observan también algunas crianzas prolongadas, con puestas en barricas, para obtener vinos más ricos, más potentes, más vigorosos.

La infinita diversidad de caracteres de los vinos rosados y claretes les dan cierto encanto y dificultad de elaboración. Sin procedimientos específicos, es necesario elegir con precisión la puesta en marcha de todos los métodos usuales controlándolos mediante un seguimiento organoléptico riguroso y un análisis frecuente del color, de los antocianos, de los taninos y del SO_2. Sin proceder de combinaciones entre vinos (o uvas) blancas y tintas, los rosados son sin embargo los productos de vinificación que mezclan de forma delicada las técnicas para vinos blancos y vinos tintos, A veces es difícil para un productor tradicional de vinos tintos adaptarse a la producción de rosados, más próximos a la producción de vinos blancos.

7.4. Los vinos especiales

7.4.1. Los vinos espumosos

Al lado del ilustre «Champagne», las enormes producciones de «cava» españolas, «sekt» alemanes y otros «cremosos», «gasificados», representan volúmenes considerables encuadrados en reglamentaciones variadas y que cubren una larga gama de precios. Los vinos acabados se distinguen a la vez por la calidad de los vinos-base y de las técnicas de «puesta de espuma».

Los vinos-base

Se busca en general la ligereza, la finura y la elegancia. La mayor parte de los VECPRD (Vinos Espumosos de Calidad Producidos en una Región Determinada) imponen las técnicas de recolección (a mano, en cajas...). La extracción de los mostos es objeto de un cuidado particular. Para obtener mostos blancos, no «manchados», a partir de uvas tintas, se prohibe el estrujado, se prensa muy delicadamente y se separan con precisión los mostos de «cuvée», «taille» y «rebêche», según la terminología del champán retomada en diferentes regiones. El rendimiento en mosto está limitado a 25,5 hl por 4.000 kg de uva en Champagne, es decir 177,8 kg/hl en vez del ratio frecuente de 115 a 130 kg/hl. Estos consejos prácticos deberían inspirar todas las demás vinificaciones.

Si es necesario, los vinos «manchados» se tratan para eliminar los antocianos. El color de los vinos espumosos rosados no tiene este problema, pudiéndose ajustar por adición de vino tinto.

El nivel de acidez varía según las regiones de producción, muy elevada en el Norte (Champagne...), muy baja en el Sur (Cataluña...). Está más o menos modificado por la adición del licor de expedición que varía en sentido inverso a la acidez. El grado alcohólico se ve limitado por la presencia tradicional de espuma que lo aumenta en alrededor de 1,3 % vol.

Los mejores vinos-base son los «cuvées» que resultan de las combinaciones de variedades, orígenes y/o añadas, según la técnica difundida por el ilustre Dom Pérignon quien, ya entonces, probaba atentamente las uvas y los vinos.

La presencia de espuma

El «método champenoise» constituye la referencia. Después de la fermentación alcohólica y maloláctica, la más común, los vinos se preparan para el «tirage» mediante clarificación, mezcla y estabilización tartárica. Esta preparación es esencial para obtener una fermentación de calidad y, más tarde, un degüelle correcto. La presencia de tártaros provoca por ejemplo la aparición de botellas «apiladas» que se desbordan de forma exagerada en el momento de su consumo.

Se añade entonces al vino-base preparado, el «licor de tirage» que contiene azúcar (alrededor de 24 g/l), levaduras y aditivos de fermentación y de clarificación para una fermentación en botella de unas cuantas semanas, a baja temperatura. Se forma alrededor de 1,3 % vol. y 12 g/l de CO_2 que producen una presión de 6 a 8 bar. El vino es a continuación conservado «en rima», en botellas tumbadas horizontalmente, durante varios meses en los que se enriquece en compuestos aromáticos y sápidos procedentes de la degradación de las levaduras inactivas. Esta estancia sobre lías puede durar años. Es muy importante para la calidad final del vino, para la finura y la estabilidad de las burbujas.

A continuación, el «removido» que hace que se junten las lías de fermentación en el cuello de nuevo de forma progresiva en posición vertical, hacia la base, por rotaciones e inclinaciones sucesivas. La operación tradicional es manual; cada vez está más mecanizada.

El depósito así reunido se elimina mediante el «degüelle», antaño «a voleo», hoy por congelación y degüelle mecánico. Enseguida es reemplazado por un pequeño volumen de «licor de expedición» que determina la categoría (brut, dry, seco, dulce...).

En la variante, llamada «método transfert», la fermentación en botellas es continuada en tanques, bajo presión, tras una clarificación por filtración y una puesta de nuevo en botellas para la expedición. Este procedimiento se utiliza también en Champagne para las botellas especiales (cuarto de botella, doble magnum...).

Se conocen diversos métodos «tradicionales» a menudo muy antiguos (Asti, Die, Limoux, Gaillac...) en los que la presencia de espuma en las botellas se hace con el azúcar residual de la primera fermentación alcohólica, parada por agotamiento nutritivo («guillage»), frío, calor, filtración... A pesar de su interés, estos métodos siguen siendo minoritarios.

El método «cuba cerrada» realiza la fermentación en tanques, bajo presión. El embotellado puede ser rápido o tras algunos meses de estancia sobre levaduras, sin alcanzar los mismos resultados que el método champenoise.

Los vinos «gasificados» son vinos clásicos a los que se les ha añadido CO_2 y licor de tirage. Las burbujas son gordas, fugaces y la calidad general es muy modesta.

Productos de alta tecnicidad, los vinos espumosos son con frecuencia producidos en grandes cantidades que proponen productos homogéneos, incluso si los «manipuladores» y ciertos «cuvées especiales» suponen vinos muy diferentes, muy personalizados. En todos los casos, la calidad final es el resultado en gran medida de los vinos-base diferentes más que de las tecnologías hoy en día estandarizadas.

7.4.2. Los vinos «fortalecidos»

Estos vinos se caracterizan por la adición de alcohol exógeno, según reglamentaciones muy variadas. Todos los viñedos franceses producen más o menos «mistelas», «ratafías», «pineau», «floc» y otros «carthagènes» y «macvins» que se recogen en la reglamentación general de los vinos dulces naturales (VDN) o de los vinos de licor (VDL). Estos productos se consumen en su estado (ej.: Banyuls, Pineau de Charentes...) o sirven de base a los aperitivos a base de vino (ABV) que se aromatizan de diferentes formas. El mundo entero aprecia los Oportos, Jerez, Moscatel de Samos, Marsalas...

De manera esquemática, a un mosto muy azucarado (14-15 % vol. y más), procedente de uvas blancas o tintas muy maduras, se le añade alcohol ya sea antes de toda fermentación («mistelas») o en el transcurso de la fermentación (VDN, VDL), antes o después del prensado del orujo. Se utiliza tanto alcohol neutro (VDN del sur de Francia) como aguardiente de vino (Armagnac y «floc», Cognac y «Pineau»).

El vino obtenido tiene de 15 a 17-18 % vol. en alcohol y desde unos cuantos gramos hasta 200 gramos de azúcares por litro. Se clarifica y embotella rápidamente (ej.: Moscateles jóvenes aromáticos) o después de una crianza más o menos larga, pudiendo llegar a varios años. Esta crianza puede producirse al abrigo del aire o, por el contrario, con muy fuertes oxidaciones en barricas, en tanques... que producen los tipos «rancios». Los célebres y deliciosos «vintages» portugueses sufren una crianza en barricas bastante breve seguida de una crianza muy larga al abrigo del aire, en botellas, durante décadas, donde se desarrollan sus bouquets destacables.

Más allá de las condiciones de producción (suelos calcáreos blancos de «albarizas»), de las variedades (Palomino, Pedro Ximénez...), de la vinificación (secado de las uvas recogidas al sol...) muy particulares, los vinos de la región de Jerez están caracterizados típicamente por una crianza biológica con el desarrollo de un velo de levaduras (la «flor») en la superficie del vino que se deja reproduciéndose en las barricas pudiendo ser centenarias. La técnica de la «solera» asegura una continuidad en el tiempo reemplazándose cada fracción de vino embotellada por vino nuevo. Según la calidad del vino, la técnica de crianza, la región (Montilla, Málaga...), se produce el «fino», la «manzanilla», el «amontillado», el «oloroso» yendo desde el color amarillo-verdoso muy pálido al ámbar profundo, de muy seco a muy dulce... Estos vinos, con bouquet de tipo aldehídico muy específico, son poco conocidos por los consumidores franceses pero dan la vuelta al mundo.

El «vino amarillo» del Jura procede igualmente de una larga crianza biológica bajo velo de levaduras pero sin adición de alcohol ni la práctica de la «solera».

8. LA CRIANZA DE LOS VINOS

Al final de noviembre, hace una docena de años, tuve la ocasión de hacer probar los vinos del año a un gran Chef. Estaba deprimido ante ese vino que degustaba porque era distinto –y menos agradable– que los vinos que servía para acompañar su maravillosa cocina: fue necesario el poder de convicción de un tercer catador para tranquilizarlo acerca de los futuros aprovisionamientos de su bodega.

Este ejemplo reafirma que el vino nuevo no es vino. Posee todas las posibilidades que no se revelarán hasta más tarde, como el recién nacido antes de convertirse en adulto. Nuestros amigos españoles entienden perfectamente esta analogía utilizando el mismo verbo para la crianza (*élevage* en francés) del vino y la educación de los niños (criar), de ahí los vinos de «crianza».

Hablaremos de crianza, es decir de hacer crecer, preferentemente sobre una conservación muy estática, y un envejecimiento que evoque las pérdidas de posibilidades.

«El vino saliendo de la cuba... necesita estar más hecho, es decir adquirir cualidades que todavía no tiene» (J. Laborde, director de la Estación Enológica de Burdeos, 1908).

8.1. Reglas e intervenciones fundamentales

Esta crianza del vino es un conjunto de varias operaciones sencillas, encajadas de forma juiciosa, completadas por algunas intervenciones específicas caso por caso. El esquema permanece sencillo cuando el tiempo no se tiene en cuenta, se complica con las prisas.

8.1.1. Los objetivos

Las operaciones de crianza de los vinos tienen como fin revelar las potencialidades:

- quitarle al vino los residuos de las fermentaciones que resultan inútiles y que son las lías, los turbios: levaduras, bacterias, restos de uvas;
- eliminar el gas carbónico en exceso cuando su contenido pase de 1,2-1,5 g/l a 0,3-0,8 g/l aproximadamente (excepto en los vinos «de aguja» y «espumosos»);
- clarificar el vino de forma duradera y, por tanto, estabilizarlo;

- preservar los aromas jóvenes procedentes de la uva y los de las fermentaciones y preparar la aparición del bouquet;
- favorecer el equilibrio de los sabores.

Estos distintos objetivos deben ser complementarios. Más que un conjunto de mecanismos y técnicas, la crianza reúne el resultado primero de elecciones claras acerca de los tipos de vino buscados, en función del vino nuevo y de los medios disponibles. Casi siempre la herramienta más importante es el tiempo del que se dispone.

La crianza refina, corrige, transforma, revela, pero dentro de los límites del potencial del vino nuevo. Los riesgos de degradación son demasiado a menudo subestimados en relación con las sobreestimaciones de las mejoras accesibles.

8.1.2. Los mecanismos

Toda la crianza está organizada alrededor de algunos mecanismos generales que se controlan simultáneamente, con intensidades controladas y variables según los tipos de vino buscados.

Los desarrollos de levaduras y bacterias

Salvo excepción, su actividad normal ha terminado y los microorganismos de la crianza causan incidentes y enfermedades (capítulo 9). La crianza de los vinos exige siempre limpieza, con frecuencia esterilidad.

Las óxido-reducciones

La evolución de los caracteres olfativos y gustativos depende directamente de las dosis y de los momentos de los aportes de oxígeno responsables de las modificaciones de los aromas, de las apariciones del bouquet y de la transformación de los taninos y antocianos.

La disolución del oxígeno

Al contacto con el aire, el vino disuelve el oxígeno hasta un equilibrio que se alcanza en 10-15 min. La cantidad máxima decrece cuando la temperatura se eleva; es de alrededor de 11 mg a 0 °C, 8 mg a 20 °C y 4 mg solamente a 40 °C. Crece con la presión y alcanza 15 mg/l bajo 1,5 bar, cuando se produce un bombeado por ejemplo.

El consumo de oxígeno

El consumo de oxígeno es mucho más lento (10-30 días) que la disolución pero crece con la temperatura. Se incrementa por la presencia de SO_2 libre para los vinos blancos, el ácido ascórbico y los compuestos fenólicos (en los vinos tintos). En presencia de levaduras en las lías, el consumo de oxígeno del vino se multiplica por 2 ó por 4.

Las reacciones del oxígeno

El oxígeno interfiere sobre los aromas varietales, por ejemplo, transformando los terpenos de los Moscateles en óxidos menos aromáticos y los compuestos azufrados aromáticos –tioles– del Sauvignon, Cabernet Sauvignon,

Merlot en compuestos menos característicos. Más que las oxidaciones directas, es necesario eliminar las intervenciones de los productos de oxidación de los compuestos fenólicos – las quinonas: un porcentaje muy escaso de mosto o de vino muy oxidado degrada los aromas varietales de todo un lote (ej.: final de prensadas de uvas blancas sobreoxidadas).

El oxígeno provoca modificaciones olfativas importantes. En las crianzas de tipo oxidativo (muchos vinos dulces naturales, Banyuls, Oporto...), durante numerosos años en recipientes de vendimia, a veces expuestos a pleno sol, se observa la formación de aromas característicos del «rancio» (aldehídos y cetonas). Este tipo de evolución es rechazada para el conjunto de otros vinos en los que el alcohol puede oxidarse a etanal (o acetaldehído) con un olor característico del suceso, de manzana. Existe una inactivación del SO_2 bajo formas de combinación irreversible.

La oxidación de compuestos azufrados formados por las levaduras elimina sus caracteres desagradables (ajo, col, huevo podrido...) pero éstos pueden volver a formarse con posterioridad.

El oxígeno aportado durante la crianza, incluso en presencia de SO_2 libre, provoca un aumento brusco de las poblaciones de bacterias lácticas y acéticas, de ahí los riesgos de alteración.

La acción del oxígeno sobre el color y los taninos ha sido observada desde siempre. Existe al principio un aumento de la intensidad colorante pero también del tono que evoluciona desde matices violáceos a matices naranjas teja, después una bajada del color por degradación de la materia colorante pudiendo llegar hasta la precipitación total de un depósito pardusco en el fondo de la botella que contiene un líquido casi incoloro. En las condiciones habituales de crianza de vinos tintos, se observan los fenómenos siguientes:

- Los taninos «verdaderos» de la uva –las procianidinas– protegen a los antocianos de la oxidación y aseguran la estabilidad del color rojo. Los vinos tintos de crianza deben su color a los taninos, combinados o no con antocianos, y no solamente a los antocianos libres cuyo contenido disminuye rápidamente con el tiempo.
- La fracción amarilla del color de los vinos (viejos) proviene de la oxidación de otros fenoles –los flavonoles– después de su polimerización en moléculas más grandes.
- Las (pequeñas) formaciones de etanal, en fase oxidativa, acentúan el conjunto de estos fenómenos.
- Estas profundas reacciones químicas modifican poco el contenido en polifenoles totales (IPT) y en taninos verdaderos pero transforman las estructuras moleculares medidas por diversos índices (índice de gelatina, de HCI, de astringencia). Hay una reducción de la astringencia y de la suavidad antes de la precipitación, pérdida de color y aumento de la astringencia en caso de oxidación excesiva muy prolongada.

La medida del oxígeno

Demasiado poco practicada, la medida del oxígeno debería desarrollarse para informar del control de la bodega sobre el estado de óxido-reducción en sus vinos.

Se mide el oxígeno disuelto (en mg/l) con la ayuda de un oxímetro y el estado de oxidación de una solución –el vino– midiendo el potencial de óxido-reducción EH, expresado en milivoltios (mV). Estas medidas aparentemente simples requieren un gran rigor de manipulación (elección de electrodos) y de preparación de las muestras para medir el estado real del vino en su recipiente, en ausencia total de toda aireación cuando se realiza la medición. Deben practicarse «in situ», en la bodega, por personal formado. La interpretación toma así en cuenta la temperatura y el pH. Las variaciones de resultado muchas veces son más interesantes que los valores absolutos (figura 8.1).

Las reacciones coloidales

Las reacciones coloidales de las materias pécticas, proteicas o fenólicas participan a la vez en la clarificación, en la estabilización y en las modificaciones gustativas.

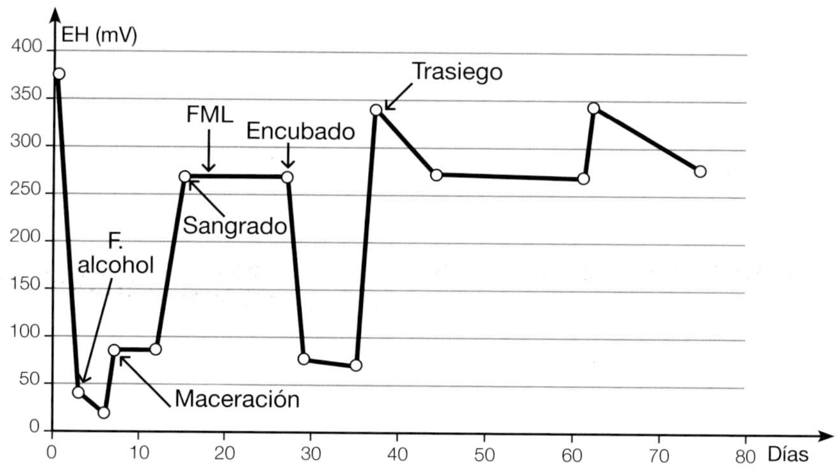

Figura 8.1.–Evolución del potencial de óxido-reducción (según Vivas y Glories, 1995).

A menudo desconocidos, su papel espontáneo es considerable, ampliado o reducido mediante las prácticas enológicas tales como clarificación, filtración, pero también óxido-reducción.

Las transformaciones químicas

Las transformaciones químicas que se producen son un amplio conjunto de solubilizaciones, reacciones y precipitaciones con la aparición de turbideces y/o depósitos provisionales o definitivos que participan en la depuración del vino.

8.1.3. Las herramientas de la crianza

La crianza, en sentido estricto, sólo requiere herramientas muy sencillas –trasiegos, rellenados y mezclas–, y períodos completos y acelerados por clarificaciones y filtraciones de desarrollo relativamente recientes.

Con algunas excepciones, en los tiempos de la Roma antigua, sólo los vinos muy jóvenes, de la primavera siguiente a la cosecha eran apreciados puesto que todavía no estaban alterados. La búsqueda de vinos «viejos» no reaparece hasta el siglo XVIII, en Burdeos, Oporto, Ribera del Duero, con la puesta en juego coordinada de azufrados, clarificaciones, tapones de corcho...

Hoy en día aún, la mayor parte de los 250 a 300 millones de hectolitros de vino que se producen en el mundo se consumen muy rápidamente –en los 12 a 18 meses siguientes a la recolección– puesto que es más fácil que se degraden a que mejoren con el tiempo, pero un porcentaje importante y creciente son apreciados tras varios años de crianza a granel y en botella.

8.2. Las mezclas

8.2.1. Principio

Es muy raro beber un vino de un único origen y, por otro lado, ¿qué es un único origen? ¿Una parcela de varias áreas y por tanto de varios hectolitros, o una cuba de varios cientos de hectolitros y por tanto de muchas hectáreas? Por experiencia, se observa que los mejores vinos proceden de lotes muy diversos al inicio, encuadrados en una misma unidad vitícola. El ejemplo que mejor ilustra esta observación es el Sauternes.

Tradicionalmente vinificado en barricas, en lotes de alrededor de 200 l, es así fragmentado en decenas o centenas de unidades muy dispares, procedentes de parcelas más o menos precoces, de «selecciones» más o menos severas, de prensados más o menos vigorosos, de fermentaciones más o menos rápidas... El control de la bodega supone cientos de lotes de uvas, muy distintas, más o menos «pasadas», con más o menos azúcares, más o menos ácidas. Cada uno tiene una fuerte personalidad pero casi ninguno es un Sauternes, todavía menos ese gran vino que nacerá de la mezcla.

Como dice felizmente Richard Olney (1985) a propósito de los vinos procedentes de muy diversas parcelas de Yquem: «...cada uno sería un vino perfecto en su género, pero ninguno igualaría a un Yquem en complejidad y finura. Dicho de otro modo, Yquem es más grande que la suma de las partes». No se podrían resumir mejor los objetivos y los resultados de las mezclas exitosas porque están bien definidas, bien analizadas y bien realizadas.

En el momento de acometer la mezcla, es necesario en primer lugar definir claramente los objetivos en función de los vinos disponibles y de los mercados a alcanzar. El objetivo técnico es con frecuencia bastante sencillo –preparar el mejor vino, el resultado afecta a los mercados próximos– pero el problema comercial es más complicado puesto que las diferencias de precio pueden ir de 1 a 2 hasta de 1 a 10, obligando a considerar simultáneamente el corto plazo (asegurar la mejor gestión de la añada) y el largo plazo (asegurar la notoriedad del crianza, en un largo período para una calidad sostenida).

Estas exigencias tan contradictorias imponen el «diseño» de la forma más precisa posible de los vinos a obtener para el responsable de la empresa, generalmente asistido por un gestor, un comercial y un técnico.

8.2.2. Algunas técnicas para la mezcla

Los vinos están hechos, los objetivos de la mezcla* están definidos, ¿cómo proceder? Cada «ensamblador» tiene sus recetas: sólo dan buenos resultados en los buenos vinos, adaptados al problema.

El análisis de los vinos de base

El análisis químico permanece siempre como una herramienta sencilla para elegir o eliminar rápidamente ciertos vinos que aportan demasiado o poco alcohol, azúcares, acidez, taninos. Es necesario afinar este análisis químico mediante el conocimiento de las condiciones de producción. Un vino bonito bien redondo, bien evaluado en diciembre, puede, tras algunos meses, convertirse en desvaído, pasado, rancio.. puesto que proceden de uvas demasiado lavadas, algo podridas. El análisis químico muy afinado (cromatografía de sustancias volátiles o fenólicas por ejemplo) sigue utilizándose muy poco, puesto que los verdaderos responsables de la calidad de los grandes vinos son prácticamente inaccesibles.

El análisis fundamental es sensorial desde hace mucho tiempo; «el arte de mezclar los vinos... no se podría describir. Se deben consultar siempre el gusto, la vista y el olfato» (*L'art de faire le Vin* del Conde J.A. Chaptal y *Cours complet d'agriculture* de Rozier, 1800). A pesar de las miles de páginas escritas sobre el tema, el mezclador permanece y debe permanecer solo, aunque trabaje en grupo.

Cada cual debe juzgar cada lote por sí mismo (digno o indigno del objetivo perseguido) y con la intención de incluirlo en un conjunto más amplio para mejorarlo completándolo, afinándolo. El ejemplo clásico pero siempre verdadero se refiere a los vinos-prensa (tintos): solos, son generalmente «imbebibles», demasiado olvidados, se tiene un vino demasiado pobre, demasiado corto, demasiado manidos, todos se convierten en amargos, en bastos. Contrariamente a las catas habituales, buscando una foto lo más completa y objetiva posible del vino, se debe degustar con «copas filtrantes» destinadas a subrayar tal o cual característica a buscar o a rechazar posteriormente, aquí el afrutado, allá que sea redondo, otras veces el fermentado.

La síntesis de las observaciones

Las opiniones emitidas durante el análisis sensorial deben ser aprovechadas. Desde hace décadas, esta síntesis es casi siempre informal. A menudo se da un solo catador –o un pequeño número de catadores– por empresa. Teóricamente esto es peligroso, los buenos resultados son lo normal.

Los métodos más modernos de interpretación estadística de resultados de cata (análisis de notas, de comportamientos...) son raros en este tipo de cata: muchos piensan aquí que el parecer de cada uno debería ser más bien sopesado que tomado en cuenta. Sin menospreciar cálculos y razonamientos, muchos se fían del instinto, aproximándose así, sin saberlo, a los investigadores más actuales para los que «el instinto, lejos de ser incompatible con el razona-

* N. del T.: Se ha traducido como «mezcla» el término francés «assemblage» que no tiene una traducción directa y que posee claros matices de calidad en las mezclas de los diferentes vinos.

miento más bien lo conlleva.» (J.-D. Vincent, 1986). El método propuesto por Phan-Tan-Luu y sus colaboradores ha permitido resultados interesantes, sobre todo para mezclar variedades.

El tratamiento simultáneo, y no sucesivo, de datos (método Multivaria que hemos tenido la ocasión de desarrollar con P. Deheuvels y J.-P. Richard) abre importantes perspectivas para optimizar las mezclas a partir de todos los datos analíticos, espectrales (UV, visible, infrarrojo) y/o sensoriales. Según las necesidades, podrá asegurar la continuidad de una marca o la diversidad de calidades, a partir de la composición de los lotes disponibles. Estos métodos demandan jurados bastante numerosos (5-15 personas) que raramente se dan pero que estarían bien justificados por los objetivos técnicos y económicos de las mezclas. Conviene, no obstante, evitar las conclusiones demasiado «enológicamente correctas» favoreciendo los vinos «medianos» a costa de vinos con mucha personalidad que son las únicas garantías del futuro a largo plazo.

La formación de calidades

Estando los vinos de base disponibles bien caracterizados, siempre será más fácil retener lotes excelentes, eliminando los insuficientes. Se definen muchos conjuntos posibles y, a partir de estos conjuntos «de base», se añade más o menos de tal lote muy tipificado para completar una estructura, afinar un aroma, enriquecer un bouquet futuro o, muy sutil pero muy decisivo, revelar una personalidad. Tal especia bien elegida, tal depósito demasiado violento, incluso francamente desagradable, hará resplandecer una cuba sin que predomine. Como se ha dicho (É. Peynaud, *Sud-Ouest* del 16/02/1987): «Es genial, se crea cualquier cosa». De toques y retoques, con algunos porcentajes aquí o allí, las mezclas se esbozan, se dibujan, se revelan, se afirman. Se pueden hacer entonces diversas muestras de varios litros sin una aireación incontrolada, revisarlas con calma, al final de varios días, quizá con otros catadores. A menudo, es necesario prever las modificaciones que aportarán las barricas nuevas, de segundo vino... que estos vinos no han visto jamás.

Entonces, es irreversible: se mezclan las cubas elegidas respetando escrupulosamente los porcentajes definidos y las reglas enológicas tradicionales (aireación, sulfitado, barricas...). Efectivamente, la cuba acaba de nacer, sólo tiene que criarse para beberse, antes de envejecer.

¿Cuándo hacer la mezcla?

Para algunos, es necesario mezclar lo antes posible, desde las fermentaciones, hasta el encubado. Este sistema facilita la unión de los diferentes lotes pero incapacita la elección precisa sobre las uvas no fermentadas y faltas de tiempo.

Para otros, se debe esperar lo máximo para seguir bien la evolución de cada lote, tras 6-12-18 meses. Es evidente, la elección es más precisa pero se deben administrar por separado la mayoría de los lotes y la mezcla de los vinos será más delicada.

La solución intermedia de mezclas de fecha «mediana», tras 2-4 meses es la más común. Las mezclas se hacen hacia diciembre-enero, antes de las posibles puestas en barricas. Para las bodegas importantes, se pueden conservar aislados los lotes destinados a mezclarse, según su evolución y/o completadas por pequeños aportes de lotes muy tipificados. El buen sentido y la experiencia son irremplazables.

Nota

La mezcla debe respetar los reglamentos administrativos precisos según las zonas de producción (VCPRD, vinos del país) y las añadas, en el marco de la política comercial del productor o del gerente que administra los grandes vinos o las marcas.

Los vinos «jóvenes» y «de crianza»

Paradójicamente, los vinos «jóvenes» –consumidos de varios días a varios meses después de la recolección– son productos muy sublimes. En algunos días, deben sufrir todas las transformaciones que habitualmente se producen en meses o en años. En plazos muy cortos, deben revelar todas sus cualidades específicas visuales, olfativas y gustativas. Sin posibilidad práctica de recuperación, esta crianza muy técnica requiere una coordinación excepcional de las prácticas vitícolas, de recolección, de vinificación y de crianza para obtener el mejor vino posible en un período teóricamente más corto pero pudiendo pasar varios meses.

En este tema, insistimos sobre el hecho de que el período de crianza antes del embotellado y el periodo óptimo de consumo están estrechamente ligados: crianza corta y guarda corta, crianza larga y guarda larga. Cada técnica tiene sus ventajas y sus límites técnicos y económicos. Lo esencial es coordinar potencial del vino nuevo, período de crianza y época óptima de consumo. Las técnicas de crianza sólo pueden modular este equilibrio fundamental sin corregirlo de forma significativa y duradera.

8.3. Los trasiegos

El trasiego es el traslado de un vino de un recipiente (cuba, barrica) a otro, separando lo mejor posible el líquido de sus depósitos. Esta operación sencilla, sin material complejo, es irremplazable a causa de sus numerosos efectos.

8.3.1. La decantación

La primera función del trasiego es separar los desechos del vino. El depósito que se forma en los vinos jóvenes contiene levaduras, bacterias, sustancias orgánicas extrañas que conviene alejar lo antes posible del vino. Se evitan así los gustos podridos, gusto a lía, gusto de ácido sulfhídrico que un vino joven adquiere después de un largo reposo sobre sus lías. Esta eliminación de microorganismos disminuye los riesgos de desarrollos posteriores y, por tanto, de enfermedades microbiológicas. Apartando así los sedimentos de precipitación, de tártaros, de materias colorantes, de quiebras... se impide su posterior redisolución.

8.3.2. La desgasificación

En cada trasvase, una parte del gas carbónico disuelto se libera, el vino parece menos vivo y puede volverse «flojo» por debajo de 300-400 mg/ml de CO_2/l.

Al mismo tiempo, existe una ligera evaporación de alcohol, más intenso en el caso de removidos enérgicos, pero limitado a algunas centésimas de grado por operación. Estos fenómenos son más intensos cuando la temperatura se eleva.

8.3.3. La homogeneización

Cuando hay una estancia prolongada en un recipiente, se crean fuertes heterogeneidades en los contenidos en SO_2, CO_2, levaduras y bacterias que suponen fuertes diferencias de degustación y de riesgos microbianos, oxidativos y reductores. El trasvase instaura la homogeneidad, particularmente importante en caso de mezclas recientes.

8.3.4. La aireación

Todo trasvase se acompaña de una disolución de oxígeno, más o menos importante según la técnica. Trabajos recientes han precisado los resultados obtenidos por J. Ribéreau-Gayon en 1933 sobre las cantidades de oxígeno disueltas (tabla 8.1). Estas cifras se deben comparar con la saturación en oxígeno a 20 °C, de 8 mg/l aproximadamente. Según se van acumulando las operaciones enológicas, el vino recibe así de 5-10 a 50-60 mg/l de oxígeno, desde el final de la fermentación al embotellado. Este oxígeno reacciona y desaparece en 8-20 días, según los vinos y la temperatura. La diversidad de efectos del oxígeno exige un control riguroso de las cantidades y frecuencias de los aportes. Según la técnica del trasiego, se obtienen aireaciones muy variadas en cubas (figura 8.2) o en barricas (figura 8.3).

Tabla 8.1.–Disolución de oxígeno en el transcurso de la crianza (según N. Vivas y *Traité d'Oenologie,* 1988)

Operación	Oxígeno disuelto (mg/l)	Variación del potencial de óxido-reducción (mV)
Por operación		
Bombeado	1-2	
Trasvase	4-6	
Trasiego «sin aireación»	2-5	+ 50
Trasiego «con aireación»	4-8	+ 100
Rellenados	0,2-1	+ 20
Taninos elágicos (300 a 500 mg/l)		+ 30 / + 50
Filtración sobre tierras	4-6	+ 50 / + 150
Filtración sobre placas	3-5	+ 50 / + 150
Centrifugación	5-8	+ 50 / + 150
Embotellado	2-4	
Por año		
Por la boca del tonel	0,5 aprox.	+ 20 / + 30
Crianza en barrica joven	0,4	
Crianza en barrica añeja	0,2	
Crianza en tanques o cubas	< 0,1	

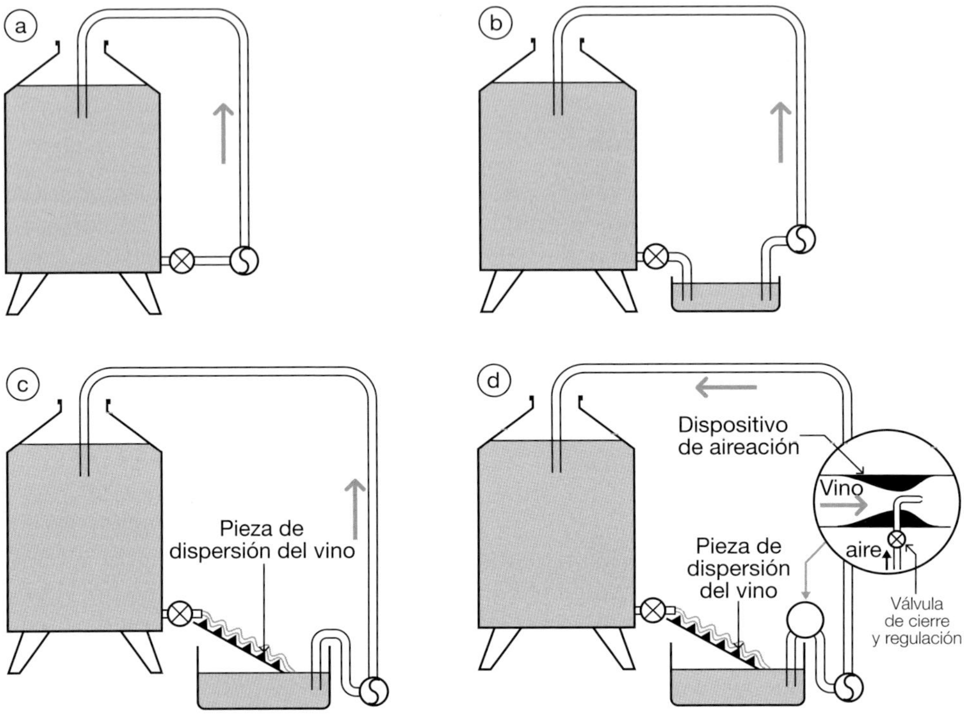

Figura 8.2.–Trasiegos con aireaciones crecientes. Transferencia (a) al abrigo del aire, (b) aireación limitada, (c) con aireación fuerte y (d) con inyección de aire.

Para conservar los aromas de juventud, de origen varietal o fermentativo de los vinos blancos, se limitan los aportes de oxígeno en el control de los olores de reducción con eliminación precoz de las lías.

Para estabilizar el color de los vinos tintos destinados a un consumo rápido (6 a 24 meses), se airea ligeramente en varias ocasiones el vino nuevo clarificado. Los trasiegos seguidos, cada 2-4 semanas con aireación limitada del vino conservado a baja temperatura (5-10 °C por ejemplo, mediante la utilización de sistemas de control de temperaturas de fermentación) producen buenos resultados.

La crianza «clásica» de los vinos tintos de guarda durante 12-24 meses asegura el óptimo desarrollo de las cualidades olfativas y gustativas de los vinos que contienen una estructura suficiente. Los trasiegos tradicionales cada 3-4 meses constituyen una referencia. Las frecuencias y las fechas efectivas deben determinarse únicamente mediante la evolución gustativa real del vino, lote a lote. Se debe evitar tanto el bloqueo de vinos potentes poco aireados como el deterioro prematuro de vinos agradables aunque ligeros por sobreaireación. La sobreoxidación supone un desgaste rápido de los vinos que se convierten en no aptos en una proporción destacable. Sólo algunos análisis sencillos (SO_2 libre, intensidad colorante, matiz, oxígeno disuelto) y las degustaciones sistemáticas pueden fijar el calendario de operaciones.

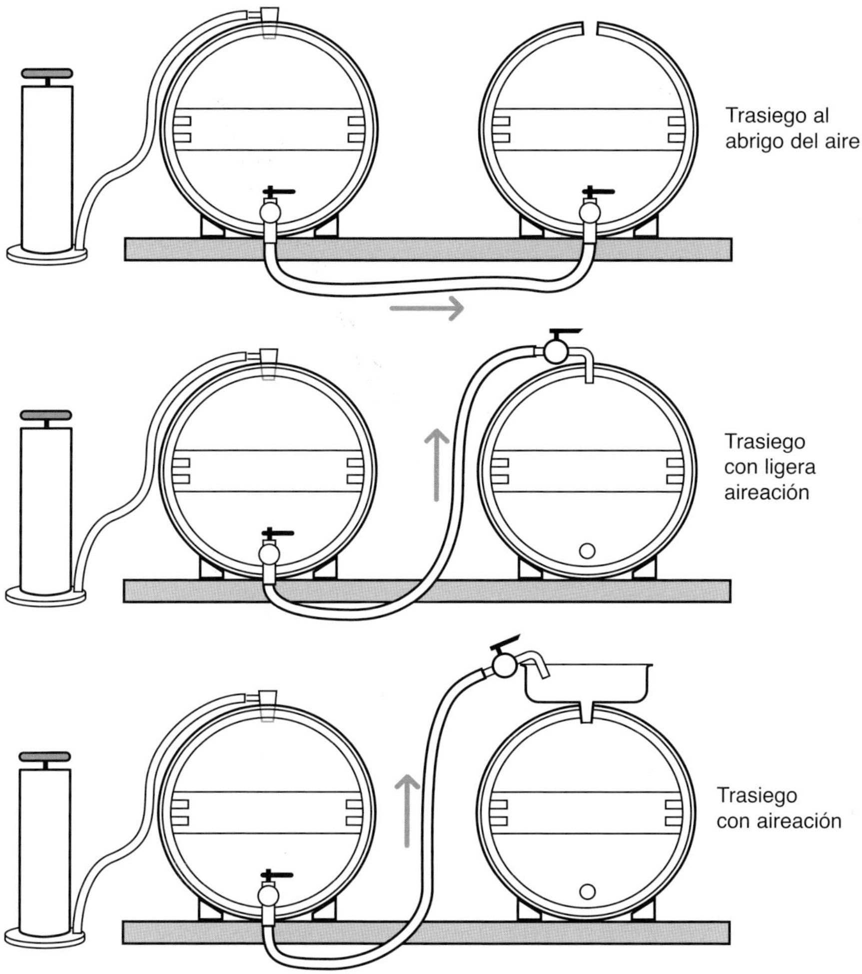

Figura 8.3.–Trasiegos de barricas y aireación.

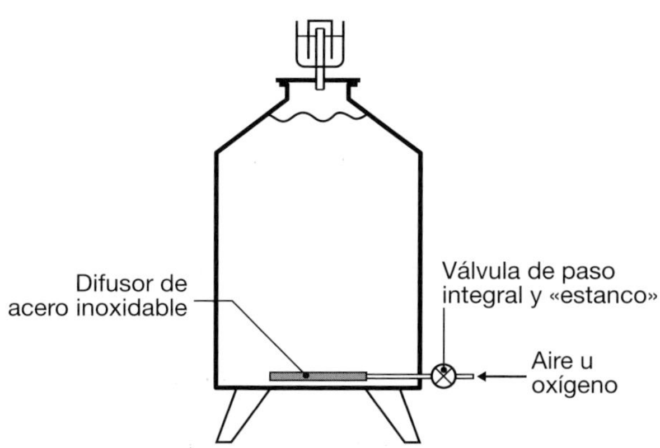

Figura 8.4.–Aireación por inyección de oxígeno (o de aire).

Las nuevas técnicas de aireación

Para acelerar la suavización de los vinos tintos muy tánicos, a veces rústicos, para evitar los choques gustativos momentáneos como consecuencia de los trasiegos muy aireados y para aromatizar las aireaciones, se proponen diversos sistemas evolutivos de «micro-aireación continua». La idea es reemplazar los aportes puntuales, mediante trasiego, por oxigenaciones muy débiles pero continuas. Verdaderos buenos resultados sobre vinos con mucho cuerpo y/o sobre-extraídos, no pueden hacer olvidar la inutilidad del proceder sobre vinos equilibrados, ni sus efectos destructivos sobre vinos ligeros.

Se pueden controlar las aireaciones en tanques mediante inyecciones puntuales, sin trasvase. Se añade el «aire reconstituído» industrial por medio de un tubo terminado en un difusor de acero inoxidable que asegura la difusión del gas (figura 8.4). Se calcula la duración de la inyección con la ayuda de la fórmula siguiente (Vivas, 1999):

$$t\,(\text{min.}) = \frac{\text{Volumen recipiente (l)} \times \text{Oxígeno a añadir (mg/l)}}{\text{Caudal gaseoso (ml/min.)} \times \text{Contenido en oxígeno del gas} \times \text{Masa 1 l } O_2 \text{ (1,429 g)}}$$

Ejemplo: para una cuba de 50 hl, oxigenada por aire (20 % de oxígeno), limitándose el caudal a 80 ml/min., se tiene $t = (5.000 \times 3) / (80 \times 0{,}2 \times 1{,}429) = 656$ min., es decir, alrededor de 11 horas.

Para cubas muy importantes, se puede aumentar el caudal que se inyecta o el número de difusores. Se reproduce la operación según las necesidades, controlando sistemáticamente la evolución del vino.

8.3.5. El sulfitado

Los trasiegos suponen la ocasión de completar las posibles insuficiencias de SO_2 libre con una buena homogeneización. El azufrado sigue siendo la técnica elegida para las barricas; los «comprimidos efervescentes» son muy prácticos para las pequeñas cubas (hasta 10 a 20 hl); las soluciones sulfurosas o el SO_2 gaseoso son las más adaptadas a los grandes recipientes. El removido complementario mediante gas inerte (nitrógeno en general) con la ayuda de difusores de remontado asegura una homogeneización excelente, muy recomendable.

8.4. Los rellenados

Salvo excepción, los vinos se deben conservar en recipientes que se mantienen llenos por aportes periódicos de vinos complementarios, los rellenados, que están destinados a compensar evaporaciones, absorciones y contracciones del vino. Esta operación simplemente exige cuidado y limpieza. Se debe utilizar un vino de calidad perfectamente libre de levaduras y bacterias y ligeramente sulfitado en exceso, por ejemplo con 30 a 50 mg/l de SO_2 libre.

Se reduce la necesidad y los riesgos de rellenos utilizando tanques con chimeneas de expansión de volumen suficiente (al menos 20 a 30 l/100 hl) cerrados por trampillas equipadas con cierres asépticos rellenos de solución sulfurosa (figura 8.5).

Los recipientes que se están revisando deben protegerse por «inertidad», es decir por sustitución de la atmósfera de aire por una atmósfera de gas inerte (nitrógeno, gas carbónico, argón o sus mezclas industriales o específicas) con material adaptado (figura 8.6). Al inicio de la operación, es necesario eliminar

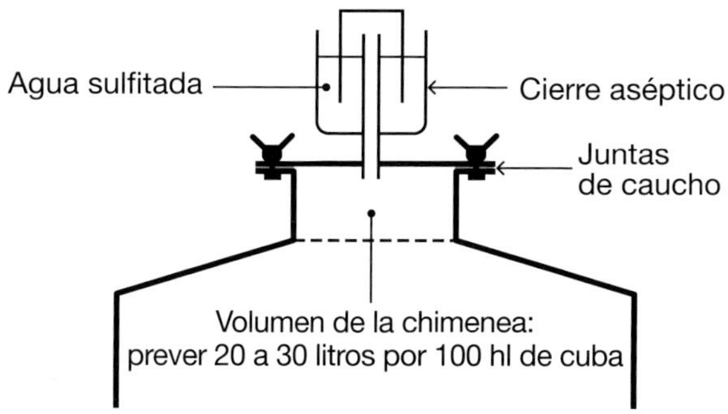

Figura 8.5.–Cierre de tanques.

todo el oxígeno del aire mediante barrido (figura 8.7) con alrededor de 3 volúmenes de gas inerte por volumen de aire a renovar.

En el transcurso del almacenamiento, es necesario mantener una ligera sobrepresión (10 a 20 mbar en general), sin escape gaseoso. En caso de utilizar una mezcla sin CO_2, se produce un empobrecimiento del vino en CO_2 con desabrimiento; con una mezcla que contenga CO_2, hay un enriquecimiento en

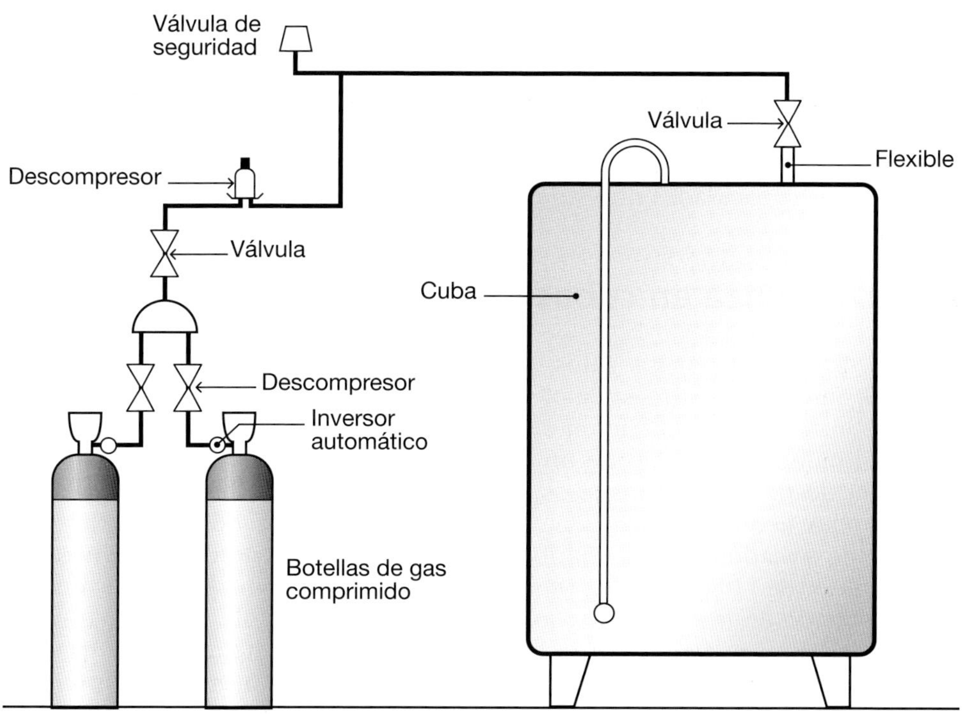

Figura 8.6.–Protección del vino en tanque bajo atmósfera de gas inerte.

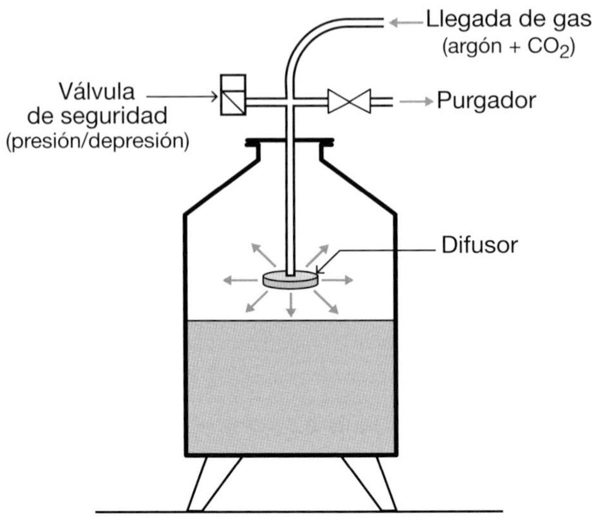

Figura 8.7.–Purga del aire de una cuba en revisión (según Air Liquide).

CO_2 y el vino se puede volver «cabezón». Es posible ajustar el contenido de CO_2 del vino a un valor seleccionado por regulación del contenido en CO_2 de la mezcla en función del volumen de atmósfera de vino y de la temperatura.

La conservación de los vinos mientras se están revisando por «sombrero flotante» con muelle de hermeticidad hinchado está reservada para pequeños volúmenes, con una vigilancia estricta. El aporte de aceite de parafina o derivados está prohibido actualmente.

Es recomendable reducir los rellenados y los recipientes abiertos en revisión por un conjunto de cubas o de tanques con bastantes unidades de pequeñas capacidades que se mantengan llenas.

8.5. La crianza en cubas y en barricas

Inventada por los galos, que mostraron a los romanos las ventajas sobre las ánforas de barro cocido, la barrica de madera –o tonel– tiene 2.000 años de historia vinícola. Sirven de almacén en la bodega y de expedición a través del mundo, por tanto de un único uso, la barrica es una herramienta de mejora después de varios años. Las obras de enología han consagrado durante mucho tiempo páginas enteras a los tratamientos destinados a eliminar el gusto a madera nueva (clarificantes, carbones) o a prevenirlo (encolado en el interior de la barrica). La búsqueda del carácter «a madera», típicamente exteriorizado en los aromas y *bouquets* de origen vinícola y fermentativo, es una moda muy reciente: el resultado se puede obtener sin barricas por procedimientos muy antiguos (taninos de roble, virutas) o más recientes (*toasted oak chips*), autorizados en diversas situaciones pero prohibidos por las VCPRD francesas.

La producción anual de barricas nuevas estimada entre 500.000 y 1 millón no tiene relación con la producción vinícola nacional, europea o mundial. Nótese, por tanto, que los muy grandes vinos del mundo criados en barricas aparecen discretamente «maderados» puesto que están enriquecidos en aromas y sabores de la uva.

Todos los vinos deben inspirarse en sus propios éxitos, sin limitarse a valorar la barrica, que no es más que un mero accesorio.

8.5.1. Cuba (tanque) o barrica

Cubas y barricas tienen ventajas e inconvenientes (tabla 8.2) a aprovechar eligiendo las cubas (tabla 8.3) o barricas (tabla 8.4) mejor adaptadas a cada situación.

- La crianza en cubas respeta las características procedentes de la uva y de las fermentaciones. El control de la clarificación, de la estabilización y de la aireación garantiza una buena evolución de los componentes olfativos y de la estructura tánica, comparable a la crianza en barricas.
- La crianza en barricas se justifica por la búsqueda de caracteres aromáticos específicos que pueden completar a los del vino nuevo, sin anularlos. El equilibrio ideal se centra en el gusto pero sólo los «grandes vinos» se revalorizan de forma duradera por la crianza en barricas, que maquilla los vinos más modestos de forma agradable, divertida o ridícula según los casos. Las miles de páginas escritas sobre el tema eximen de largos discursos que tienen el riesgo de un rápido olvido si se tiene confianza en la evolución de numerosos pioneros de la reciente renovación de la barrica en Francia. Evitemos que el abuso de barricas mate la barrica.

Tabla 8.2.–Características comparadas de cubas y barricas

Cuba	Barrica
Preservación del aroma	Formación del *bouquet*
Ningún aporte aromático	Aporte del carácter «de madera»
Penetración de oxígeno despreciable	Aireación lenta continua
Riesgos microbiológicos limitados	Riesgos microbiológicos elevados
Higiene fácil	Higiene compleja
Eliminación CO_2 muy lenta	Eliminación progresiva del CO_2
Pérdidas de vino reducidas	«Consumo» importante (3 a 6 % /año)
Inversión limitada (200 a 400 F/hl/20 años –30-60 EUR)	Inversión elevada (1.000 a 1.500 F/hl/3 a 5 años-150-230 EUR)
Necesidades de mano de obra escasas	Grandes necesidades de mano de obra
Tamaño escaso (30 a 50 hl/m^2)	Gran ocupación de espacio (2 a 4 hl/m^2)

Tabla 8.3.–Características de diferentes cubas

	Hormigón desnudo	Hormigón revestido	Acero esmaltado	Acero inoxidable	Fibra de vidrio-poliéster	Polietileno
Inercia térmica	+++	+++	0	0	+	+
Inercia química	– – –	+++	+++	+++	++	+
Limpieza	– – –	+++	+++	++	++	++
Riesgos de malos gustos	(++)	(+)	(+)	– – –	(++)	(++)
Inversión	+	++	++	+++	++	++
Volumen	– – –	– – –	+	+	+	+
Movilidad	– – –	– – –	++	++	+++	+++
Reventa	– – –	– – –	++	+++	+	+

8.5.2. Algunas técnicas de crianza en barricas

¿Barricas nuevas o barricas viejas?

La observación de algunos «grandes vinos» franceses (Burdeos) y españoles (Rioja) muestra diferencias de prácticas y de resultados muy instructivos pero poco generalizables. El alojamiento del vino nuevo en el 100 % de barricas nuevas de roble francés durante 15-24 meses con 3-4 trasiegos al año es frecuentemente el esquema de referencia de numerosos grandes vinos de Burdeos. La crianza de numerosos años (3 a 10 años) en viejas barricas de roble americano, con trasiegos poco numerosos, caracteriza (o más bien caracterizaba) los vinos de «gran reserva» de Rioja. Se observan hoy en día todos los intermediarios y diversas novedades (crianzas con 200 % de madera, barrica y aireación reforzada, barrica y crianza con calor...). En la práctica sólo los muy grandes vinos tintos, a la vez potentes y elegantes, aprovechan plenamente una cantidad elevada de barricas nuevas, desarrollando su rica personalidad. Los demás se estropean y desfiguran perdiendo completamente su insuficiente personalidad. La «dosificación» de barricas se puede comparar con la sal en la cocina: insuficiente el plato está soso, en exceso está incomible, bien dosificada pasa inadvertida. ¡La estancia en madera demasiado tiempo tiene el riesgo de parecerse a un *chile con carne* donde el *chile* –el pimiento– enmascara el gusto de la carne!

En la buena utilización de las barricas de «2.° vino, 3.er vino» permanece el secreto de los buenos controles de bodega. Bien mantenidas, bien conservadas, permiten una evolución muy suave de los vinos, con un ligero aporte aromático que, sin embargo, desaparece después de 3-5 años, mientras que se multiplican los riesgos microbianos.

¿Roble francés o roble americano?

Desde hace un siglo, y mucho antes, las preferencias por los orígenes de los robles han cambiado mucho, según las modas o las posibilidades de aprovisionamiento: Stettin, Yugoslavia, Francés, Limoges, Ohio, Ucrania, Colombia… La verdadera diferencia de los «robles americanos», de especie botánica diferente a los robles europeos, comunica a los vinos características aromáticas particulares, bastante bien explicadas hoy, apreciadas de distinta forma según los vinos, los consumidores y el contexto cultural. Menos caros, tienen una reputación menor pero a menudo son bien valorados en catas a ciegas (tabla 8.4).

Las diferencias entre robles sésiles y pedunculados, de Tronçais o de Limoges, de Francia o de Europa del Este, son bien estudiadas y estadísticamente muy reales: la principal reside en las condiciones de crecimiento del árbol, durante 100 a 200 años, que termina en un «grano» más o menos fino, apretado, teniendo entonces aportes al vino más o menos intensos.

Nota

Las barricas de castaño, acacia, fresno, árboles frutales ya no son citadas pero ciertos empresarios toneleros fabrican todavía barricas de castaño que producen muy buenos vinos.

En casi todas las situaciones, se debe recomendar la diversidad de especies, de orígenes y de toneleros teniendo un cuidado particular en la duración y en la calidad del secado, o más exactamente de la maduración, de las maderas antes de usarlas.

Tabla 8.4.–Características de los robles franceses y americanos

Roble francés	Roble americano
Eliminación de ramas necesaria	Aserramiento habitual
Grandes pérdidas en las fabricación	Pocas pérdidas de fabricación
Precio muy elevado	Precio menos elevado (-40 a –60 %)
Madera de densidad mediana	Madera muy densa
Riesgos de gusto a verde con secado demasiado corto	Pocos riesgos de gusto a verde
Aporte de taninos elevado	Aporte de taninos escaso
Carácter tánico	Carácter «azucarado»
Aporte aromático limitado	Aporte importante de whisky-lactonas
«Toma de madera» lenta	«Toma de madera» rápida

La «bajada» en barricas

Tradicionalmente, los Burguiñones «bajan» el vino en «piezas» desde el sangrado mientras que los Bordeleses, al menos desde hace 40-50 años, esperan al acabado de la fermentación maloláctica y uno o dos trasiegos. La técnica bordelesa está bien adaptada a los lotes importantes y al control de temperaturas en cubas aireadas. La técnica burguiñona corresponde mejor a la diversidad de vinos, de DOC diferentes, largamente guardados sobre lías, encontrándose en una misma bodega con frecuencia enterrada, más fácil de calentar.

Los ensayos de «malo sobre lías», a veces con envasados en toneles a temperaturas elevadas (35-40 °C) han dado resultados desiguales, a veces con incidentes microbianos y/o gustativos serios, a menudo con variaciones sensibles en vinos muy jóvenes que se vuelven insignificantes después de 1 ó 2 años.

Por el contrario, el envasado en barricas de vinos muy clarificados, filtrados, se debe evitar. Además de las fugas de vino muy frecuentes, se observa un «maridaje» vino-madera menos agradable, más agresivo.

En la práctica, la puesta en barricas en noviembre-diciembre del vino que ha terminado su fermentación alcohólica y maloláctica, desprovisto de grandes lías gracias a uno o dos trasiegos, es generalmente lo más recomendable.

Preparación de las barricas antes de su empleo

Las barricas nuevas, recientemente tratadas, se lavan simplemente con algunos litros de agua fría perfectamente limpia verificando la estanqueidad, después se escurren y rellenan de vino.

Las barricas usadas deben ser cuidadosamente lavadas, escurridas y ligeramente azufradas. La limpieza, la desinfección, la regeneración de las barricas usadas o alteradas son objeto de numerosas propuestas. Los resultados son irregulares: un decapado ligero no sirve de nada, un decapado demasiado intenso genera un «gusto de tabla», las quemas después del decapado transforman el ácido tartárico fijado por la madera en productos de olores desagradables...

Las barricas se cierran cada vez con más frecuencia por un cierre «tipo silicona» menos estético pero más eficaz que el cierre de vidrio y más seguro que el cierre de madera ajustado con un trapo. La conservación «cierre por encima» es útil durante los primeros meses para rellenar más fácilmente. Puede mantenerse durante toda la crianza con los cierres de silicona que aseguran una perfecta estanqueidad.

Se dispone actualmente de dispositivos de almacenamiento, relleno, trasiego, semi-automáticos (figuras 8.8 y 8.9) que permiten un mejor trabajo del vino con costes reducidos.

Los vinos blancos y la barrica

La crianza de los vinos blancos en barricas es una tradición antigua y constante en algunas regiones (grandes vinos blancos de la *Côte d'Or,* Sauternes). Se está produciendo una renovación importante en el mundo entero para la elaboración de vinos blancos de crianza, con más *bouquet* que aromas. Se obtienen los mejores resultados mediante la fermentación alcohólica (y ocasionalmente maloláctica) en barricas y en una crianza de algunos meses sobre lías regularmente puestas en suspensión por «apalaeado». Se evitan así los riesgos de caracteres de reducción, con enriquecimiento del vino en coloides liberados por las levaduras y se obtienen vinos redondos, grasos, carnosos.

Más todavía que para los vinos tintos, el exceso de madera empeora los vinos blancos que pueden perder su aroma varietal de juventud sin manifestar su *bouquet* enmascarado por los caracteres de madera.

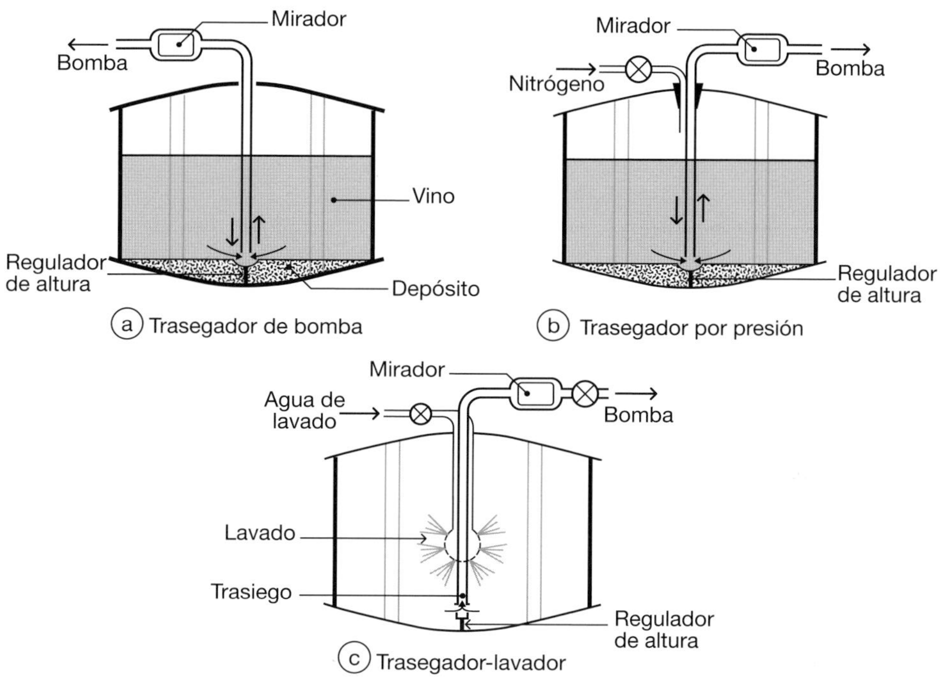

Figura 8.8.–Dispositivo de trasiego-aclarado de barricas.

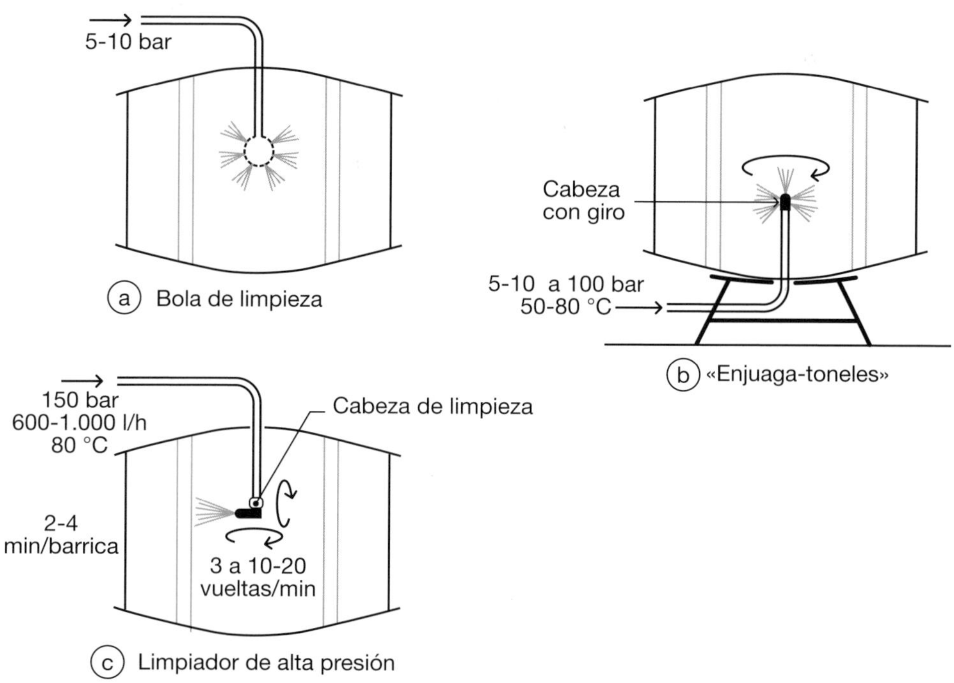

Figura 8.9.–Sistemas de limpieza de las barricas.

9. ENFERMEDADES Y ACCIDENTES DE LOS VINOS

9.1. Introducción

La calidad de un vino pasa por la ausencia de defectos significativos. Se nombran, y existen, muy grandes vinos con defectos muy reales, ¡pero son tan excepcionales como Beethoven, el genial músico que se volvió sordo! Desde siempre, y cada vez más, los consumidores rechazan lo que tenga o parece que tiene un defecto. Este defecto puede ser visual, olfativo, gustativo, analítico, toxicológico... El nivel de aceptación varía con los vinos, las épocas, los individuos y sus culturas pero siempre está limitado. En ciertos casos, es posible que algunos acepten lo que para otros es un defecto, gracias a una información correcta. He conocido a un elaborador que hizo aceptar un lote de vino ligeramente turbio gracias a una nueva denominación más rústica: ¡sus clientes se sorprendieron cuando las cosechas posteriores fueron límpidas!

Se observa desde hace varias décadas exigencias cada vez mayores sobre riesgos de defectos. El afinamiento de los métodos de caracterización permiten detectar sustancias en contenidos infinitesimales, con contenidos de algunos nanogramos (milmillonésima de gramo) por litro. Presentes desde siempre, se transforman en defectos en dosis cuantificadas pero pueden hacerse sin inconveniente. Por otro lado, los circuitos de distribución modernos hacen adoptar a cada intermediario un margen de seguridad sobre los valores límites del estado final: en ciertos casos, se convierte en casi imposible el respetar las exigencias que son irrealizables o, peor, se tiene que poner en juego procedimientos que alteran profundamente las demás cualidades del vino.

La búsqueda de «cero defectos» hoy en día está anticuada pero cada responsable debe definir con precisión los umbrales a respetar, vino por vino, mercado por mercado. En el caso de umbrales de aceptación elevados, este capítulo no les afecta. En los demás casos, convendría poner en marcha, lo antes posible, las técnicas adaptadas a cada problema. Las turbideces y los depósitos no son inconvenientes para los vinos embotellados pero deben controlarse en los vinos a granel, incluyendo las turbideces provocadas y eliminadas.

Nota

La identificación y la cantidad de sustancias y/o microorganismos son consideradas de una incertidumbre relativa (% del valor nominal) que crece rápidamente cuando el valor absoluto disminuye. El contenido en alcohol (100 g/l aproximadamente) se conoce con 0,5 % más o menos, la acidez volátil (0,5 g/l aproximadamente) con un 5 a un 10 % de margen, el cobre (alrededor de 0,1 a 0,2 mg/l) con un 20 a un 50 % de margen, etc. Estas incertidumbres analíticas se ven agravadas por las heterogeneidades de las muestras. La interpretación final de los resultados es responsabilidad del demandante (gerente de la bodega..) pero requiere una colaboración seria con las técnicas de análisis para obtener la máxima eficacia con un mínimo de acciones contenciosas.

El diagnóstico de turbideces y depósitos

A pesar de la simplicidad aparente de las descripciones de turbideces y depósitos siguientes, los diagnósticos prácticos siguen siendo complejos puesto que las causas pueden ser múltiples y las consecuencias muy complicadas. Es necesario acoplar las observaciones visuales y microscópicas, tests coloreados y análisis específicos. Un reciente coloquio (*Turbideces y depósitos de vinos embotellados*, Encuentro Aquitania-Navarra-Álava, Laguardia 25 y 26/11/98) nos ha permitido presentar una síntesis de estos métodos que proceden de laboratorios especializados. Los diagnósticos en bodega son útiles pero a menudo insuficientes.

9.2. Mecanismos generales y clasificaciones

9.2.1. Los mecanismos

A pesar de grandes diferencias, problemas tan variopintos como un picado acético, una precipitación tartárica o un olor a moho apuntan a una misma proximidad explicativa, preventiva y correctiva (figura 9.1).

- El problema es un *síntoma* caracterizado por un estado visual, olfativo, gustativo y/o analítico.

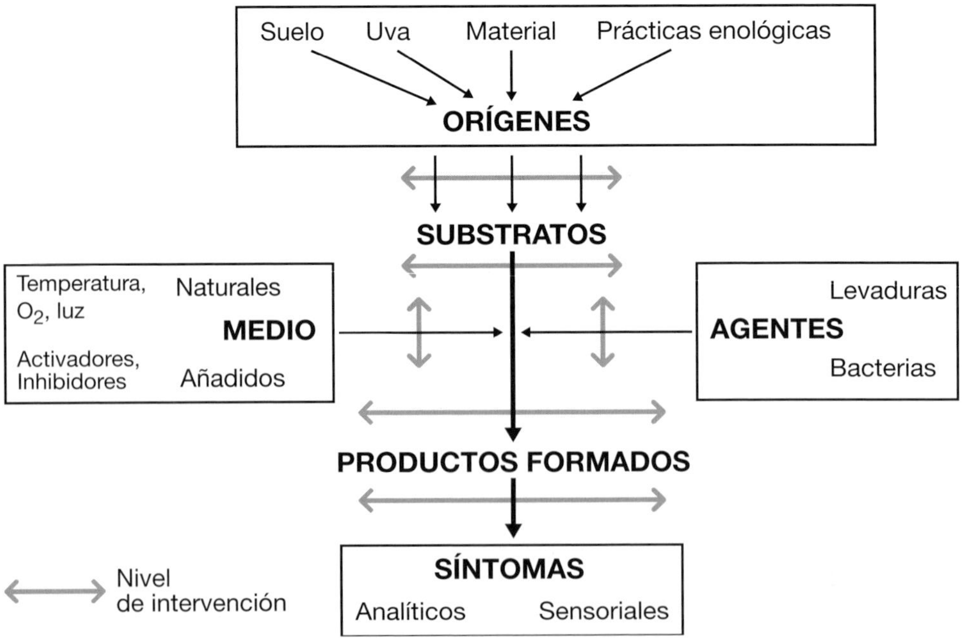

Figura 9.1.–Mecanismo general de enfermedades y accidentes.

- Este síntoma procede de la presencia de uno o de muchos compuestos químicos y/o microbiológicos.
- Estos compuestos proceden de un *medio* (la uva, el mosto, el vino, el continente, la atmósfera).
- Este medio tiene una reacción con diversos *agentes* internos o externos, aceleradores o ralentizadores.
- Estos agentes han actuado sobre *sustratos* que tienen uno o varios *orígenes*.

Tradicionalmente, como para muchas enfermedades o accidentes humanos, se interviene sobre el síntoma, después sobre el medio y luego sobre los orígenes. Un dolor de muelas se alivia con una aspirina mientras que puede estar causado por un elevado consumo de bombones. La aspirina es útil, habría podido ser sin motivo. Veremos cómo abordar los diferentes accidentes, enfermedades, falsos gustos... sucesivamente a partir de sus orígenes, del medio, de los agentes favorables y desfavorables y no solamente de los síntomas. Se adopta un procedimiento preventivo con preferencia sobre procedimientos curativos, más espontáneos pero menos eficaces.

9.2.2. Clasificación de las enfermedades y de los accidentes

El conjunto de enfermedades y de accidentes se perciben por modificaciones de color (pardeamientos...), de limpidez (turbideces y/o depósitos, liberación de gases...), de olor (avinagrado, enmohecido...), de gusto (amargor, acidez...), de composición sin importancia organoléptica (plomo...), de composición con efecto fisiológico (histamina...). Para simplificar lo expuesto, se pueden reagrupar en grandes grupos:

- enfermedades microbianas:
  - debidas a levaduras,
  - debidas a bacterias;
- accidentes físico-químicos:
  - quiebras metálicas debidas al hierro, al cobre, al calcio, al potasio,
  - enturbiamientos coloidales debidos a materia colorante, proteínas, glúcidos,
  - «falsos gustos y olores» de origen interno y/o externo,
  - alteraciones toxicológicas internas y/o externas.

Estas exposiciones integran las adquisiciones recientes que les concierne pero sin desarrollar aquí los aspectos químicos o microbiológicos largamente desarrollados en diversas obras y publicaciones (ver *Biliografía*).

9.3. Enfermedades y accidentes microbianos

La transformación de azúcares fermentables (glucosa y fructosa) en alcohol por las levaduras fermentativas y del ácido málico a ácido láctico por las bacterias lácticas es indispensable. Salvo excepción, los vinos no deben tener desarrollos de estos microorganismos sobre otros sustratos (ej.: degradación de azúcares no fermentables, de glicerina) o la presencia de otras levaduras o bacterias.

9.3.1. Las enfermedades debidas a levaduras

La flor

Síntomas

En la superficie del vino, en contacto con el aire, en cubas o en botellas, se forma un velo blanquecino (rosado en los vinos tintos). El vino adquiere el carácter de «picado», recordando la manzana; su gusto se hace insípido.

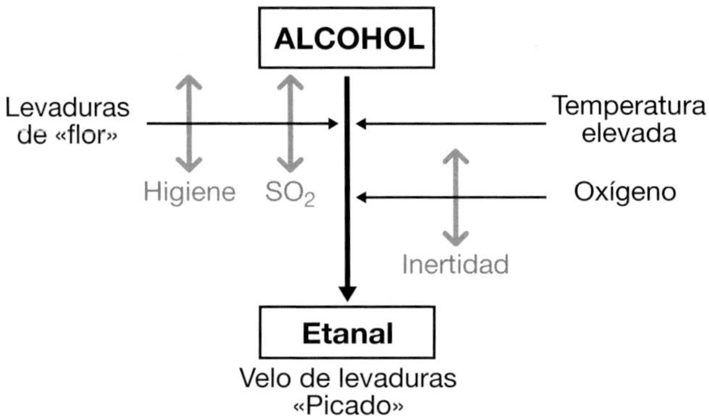

Figura 9.2.–Flor.

Causas

El velo de flor está formado por el desarrollo de las levaduras, de los géneros *Candida, Pichia, Hansenula*... omnipresentes en las bodegas. Se produce una transformación del alcohol en etanal (o acetaldehído) y gas carbónico.

Tratamiento

La flor sólo es frecuente en los vinos de escaso grado alcohólico (inferior a 10-11 % vol.), en contacto con el aire, mal sulfitados. Se evita conservando en recipientes llenos y/o bajo un gas inerte, con un nivel suficiente de SO_2 libre y con una higiene rigurosa. Si es necesario se puede estabilizar el vino por calor (pasteurización o embotellado en caliente) o mediante la adición de ácido sórbico (200 mg/l).

Nota

El velo es buscado en la elaboración de vinos del tipo «fino» de Jerez, vinos amarillos del Jura... En esta ocasión está formado por levaduras *Saccharomyces* que se desarrollan de forma controlada sobre los vinos de grados alcohólicos elevados comunicándoles aromas típicos.

Las levaduras de fermentación

Síntomas

Refermentación, a granel o en botellas, de azúcares residuales con formación de turbios, de liberación de CO_2 y aparición de depósitos. Se observan también turbideces y depósitos limitados pero molestos sobre vinos secos (blancos o tintos) contaminados por levaduras y a los que le falta SO_2 (ej.: accidente de filtración al embotellar).

Causas

En ausencia de SO_2 en cantidad suficiente, se produce una multiplicación de levaduras fermentativas habituales (*Saccharomyces*) o de levaduras muy resistentes al SO_2 (*Zygosaccharomyces bailii, Saccharomyces ludwigii*). Estas últimas levaduras son raras pero muy resistentes, difíciles de eliminar.

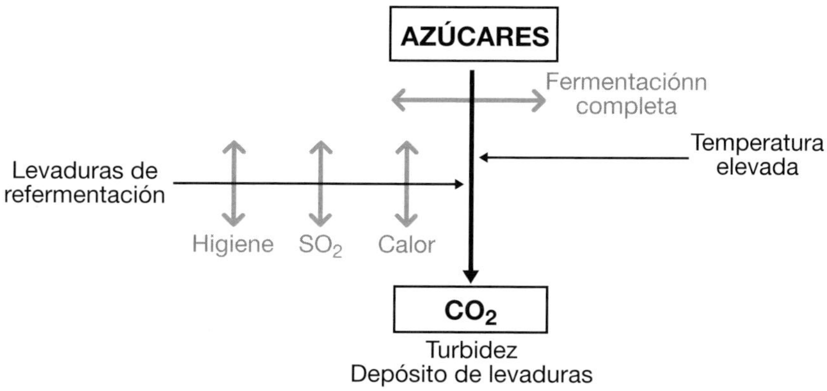

Figura 9.3.–Refermentación.

Tratamiento

- Los riesgos son reducidos para los vinos sin azúcar fermentescible (glucosa + fructosa dosificadas por vía enzimática inferiores a 0,1 –0,2 g/l).
- Las levaduras fermentativas deben eliminarse o reducirse después de la fermentación alcohólica.
- La higiene general de la bodega y de los materiales reduce o suprime las levaduras de refermentación.
- El sulfitado racional, desde el mosto hasta el embotellado, es muy eficaz.
- En situaciones difíciles, es necesario eliminar las levaduras mediante calor, las filtraciones estériles con control de resultados.
- El ácido sórbico es eficaz, bajo reserva de una puesta en juego precisa (capítulo 6); sobre todo se emplea para los vinos embotellados.

Levaduras y «falsos gustos»

Sin manifestación visual, ciertas levaduras pueden formar falsos gustos o, lo más frecuente, desviaciones olfativas.

Olores azufrados

Síntomas

Todas las levaduras fermentativas forman compuestos azufrados volátiles de naturaleza y de contenidos variables (capítulo 3). En ciertos casos, hay una acumulación con aparición de olores de tipo «reducidos, H_2S, col, mercaptano, huevo podrido, ajo...» desagradables. El caso es frecuente cuando la conservación sobre lías ha sido mal llevada. Se conocen también los «gustos de luz» que aparecen en ciertos vinos blancos conservados en botellas blancas, bajo luces ricas en ultravioletas. El fenómeno es bien conocido para los vinos espumosos: se reduce mediante la utilización de botellas que absorban estas radiaciones UV hacia 370-450 nm.

Se observa también la formación de compuestos azufrados comparables a partir de residuos de azufre elemental (utilizado contra el oidio), de numerosos pesticidas o cuando se produce el almacenamiento de vinos azucarados a temperaturas elevadas.

Tratamiento

Los riesgos se reducen mediante un buen control preventivo de los contenidos en fangos (en mostos blancos), del sulfitado, de la aireación de las fermentaciones y por una eliminación rápida de las lías más grandes. En caso de crianza sobre lías finas, se deben asegurar aireaciones suficientes. Se produce directamente cuando hay una crianza en barricas. En el caso de crianza en cubas o tanques, conviene trasegar y airear las lías antes de reincorporarlas (capítulo 7).

En caso de olores azufrados en exceso, es necesario intervenir lo antes posible trasegando al aire. En caso de que persista, y después de pruebas en laboratorio, se puede tratar el vino con sulfato de cobre, con una dosis máxima de 0,5 a mg/l, sin alcanzar la dosis máxima autorizada de 10 mg/l que supone la quiebra cúprica y gustos metálicos (o «estípticos») muy desagradables.

Nota

Estos olores azufrados se deben a sustancias que se perciben con cantidades muy escasas (varias millonésimas de gramo por litro) difíciles de controlar. La vigilancia olfativa precoz, regular, se impone para poner en juego las medidas preventivas más eficaces.

Olores fenólicos

Todos los vinos contienen escasos contenidos en diversos fenoles volátiles que participan en el *bouquet* general. En ciertos casos, se observan contenidos más elevados que comunican olores variables según los compuestos y su presencia cuantitativa: farmacia, disolvente, clavel, ahumado, especiado, cuadra, caballo... Los umbrales de detección, de agrado y de rechazo varían enormemente según los vinos, los consumidores y su formación.

Los principales compuestos causantes son los vinil-fenoles para los vinos blancos y los etil-fenoles para los vinos tintos, formados por transformación de los ácidos hidroxicinámicos de la uva.

En los vinos blancos, estos olores se deben a los vinil-fenoles procedentes de la transformación enzimática de ácidos hidroxicinámicos de la uva por levaduras y/o enzimas comerciales. Están en cantidades elevadas en uvas muy maduras, en extracciones de jugo drásticas, en malos desfangados y en cantidad reducida en casos de fuerte oxidación (sulfitado escaso, hiperoxigenación...) destruyendo los ácidos hidroxicinámicos –y también los aromas varietales–. Se reducen los contenidos en vinil-fenoles por el empleo de cepas de levaduras seleccionadas y/o de enzimas pectolíticas purificadas (llamadas FCE por *Free Cinnanyl Esterase*).

En los vinos tintos, estos olores fenólicos animales (cuero, caballo, cuadra) se deben a etil-fenoles poco abundantes al final de la fermentación pero que se pueden acumular durante la crianza. La causa esencial es el desarrollo de levaduras del género *Brettanomyces* (o *Dekkera*) incluso ciertas bacterias lácticas pueden intervenir de manera muy limitada. Los riesgos son elevados en caso de higiene general insuficiente y de crianza con cantidades insuficientes de SO_2 libre. El accidente es más frecuente en barricas (añejas) mal desinfectadas: el azufrado (5 a 7 g de azufre conservado en seco por barrica) es indispensable para aseptizar las paredes, las soluciones sulfurosas no tienen poder de penetración suficiente. La eliminación por renovación de las barricas afectadas es difícil y debe ser controlada de forma rigurosa, barrica por barrica; a menudo es razonable suprimir esas barricas.

Nota

Se pueden dosificar vinil-fenoles y etil-fenoles pero este control es inútil en caso de degustación negativa y no tiene porqué (a veces) confirmar una cata positiva.

Igualmente se pueden caracterizar las *Brettanomyces* a partir de su ADN.

9.3.2. Las enfermedades bacterianas

El picado acético

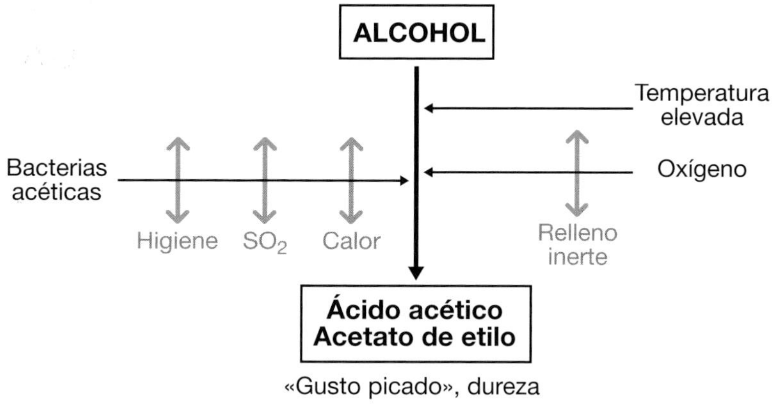

Figura 9.4.–Picado acético.

Síntomas

El contenido en ácido acético del vino se eleva por encima de 0,5-0,8 g/l con aparición del olor característico a «picado» debido al acetato de etilo a partir de 120-150 mg/l. El examen microbiológico muestra la presencia de bacterias acéticas (*Acetobacter aceti*) a veces con una ligera turbidez y/o un ligero velo en la superficie en contacto con el aire.

Causas

En presencia de oxígeno, las bacterias acéticas se multiplican y transforman el alcohol en ácido acético y en acetato de etilo. La evolución depende directamente de la importancia de la población bacteriana. Esta población es escasa y estable durante las fermentaciones alcohólicas y malolácticas, pero crece rápidamente en presencia de oxígeno, a temperatura elevada. Durante la crianza del vino, en cada trasiego, se observa un fuerte aumento del número de bacterias (figura 9.5), con el riesgo de subidas sucesivas de la acidez volátil.

Tratamiento

Se reduce la población inicial mediante una higiene estricta, mediante la eliminación de focos de contaminación (grifos, tuberías, tanques y barricas), y por aireaciones controladas de forma estricta. En situaciones difíciles, se reducen las poblaciones con filtraciones muy selectivas y tratamientos por calor. Se puede eliminar el ácido acético por ósmosis inversa y evaporación: el procedimiento está prohibido en la Unión Europea.

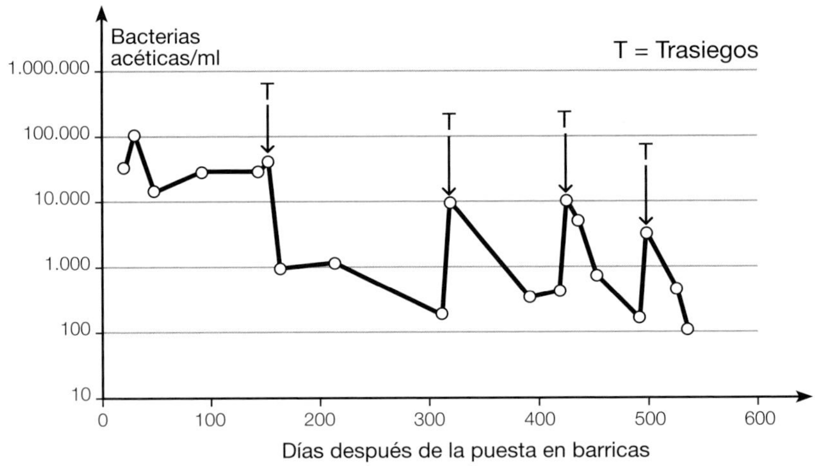

Figura 9.5.–Evolución de la poblaciones de bacterias acéticas en los trasiegos (según Millet, 2000).

Su empleo supone una recuperación de los vinos enfermos tan poco acordes con las buenas tradiciones de los vinos de calidad como con las necesidades de un mercado de vinos globalmente excedentario.

Nota

Las poblaciones de bacterias acéticas en las uvas son escasas, sobre todo del género *Gluconobacter*, pueden ser considerables en el caso de podredumbre ácida (capítulo 2). Desaparecen desde el comienzo de la fermentación alcohólica.

El ácido acético y el acetato de etilo provocan un endurecimiento del vino en escasa cantidad, muy por debajo del límite legal. Existen algunos grandes vinos que, a pesar de una tasa de acidez volátil elevada, habrían sido incluso mejores sin este exceso.

Alteraciones debidas a bacterias lácticas

Síntomas

Al final de la fermentación alcohólica, o durante la crianza, se observa un aumento de acidez volátil, a veces de acidez total, con aparición más o menos intensa de caracteres lácticos (yogur, leche fermentada), sin olor a picado. El examen microbiológico muestra la presencia de bacterias lácticas confirmado por una tasa elevada de ácido láctico, bajo la forma D– y L+ mientras que la fermentación maloláctica sólo forma ácido L+ láctico. Se produce un picado láctico (figura 9.6). En ciertos casos, hay degradación de ácido cítrico o formación de manitol (picado manítico; figura 9.7), de glicerol con formación de acroleína y aparición de sabores amargos por reacción con los polifenoles (enfermedad del amargor; figura 9.8), del ácido tartárico (enfermedad de la «vuelta»; figura 9.9). Estas tres últimas enfermedades que hicieron grandes estragos son hoy en día muy raras en condiciones normales de vinificación. Se produce generalmente formación de 2-butanol a veces empleado como marcador de ataques bacterianos (ej.: vino de orujos).

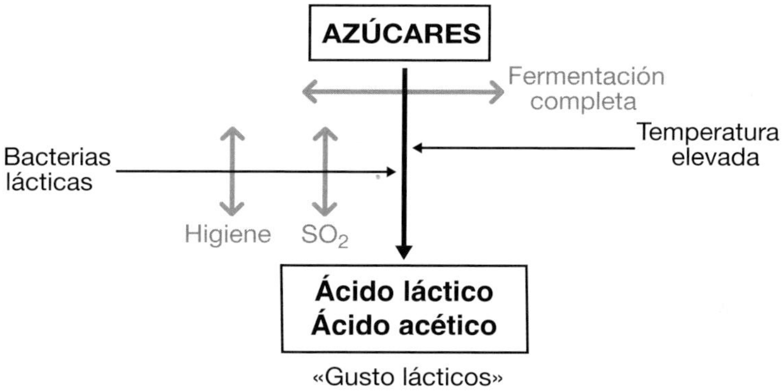

Figura 9.6.–Picado láctico.

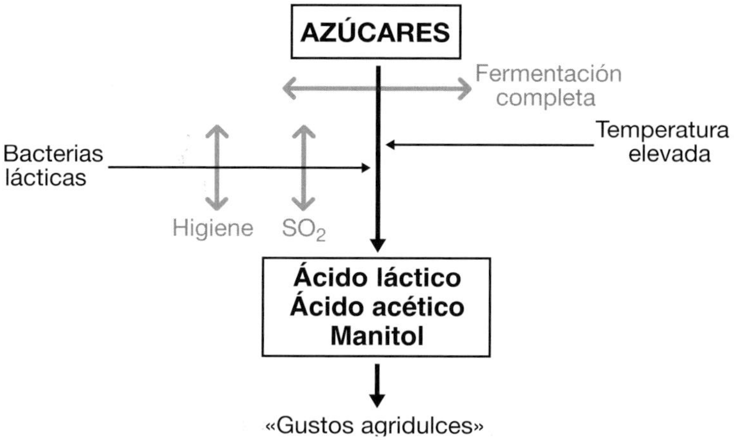

Figura 9.7.–Picado manítico.

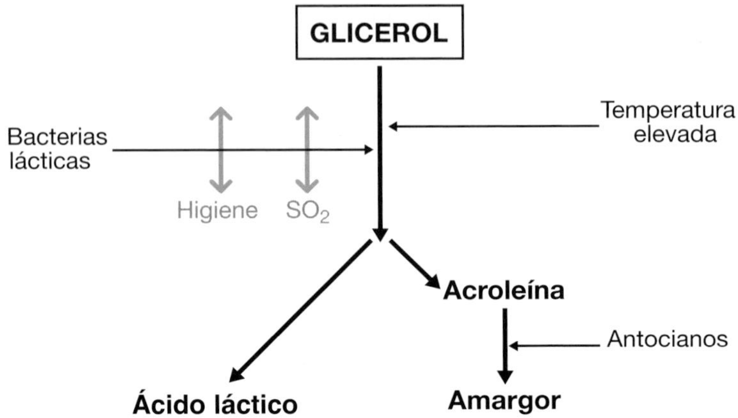

Figura 9.8.–Amargor.

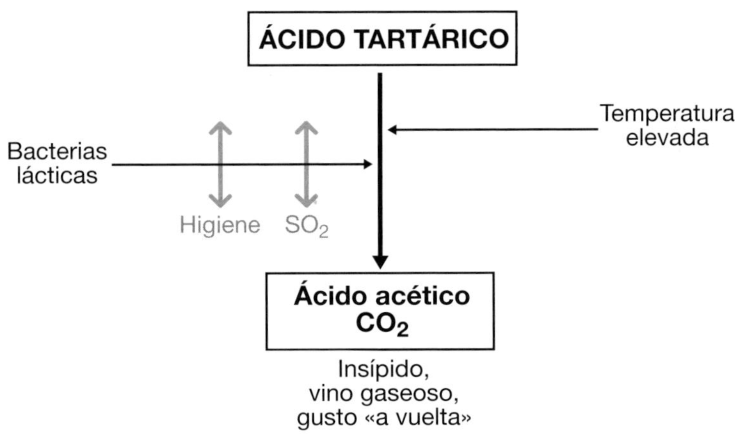

Figura 9.9.–«Vuelta».

Causas

Las bacterias lácticas han degradado los azúcares fermentescibles (glucosa, fructosa) o los no fermentescibles por las levaduras (arabinosa, xilosa). Esta degradación es particularmente importante en fermentaciones difíciles de mostos muy azucarados, demasiado poco ácidos, contaminados con bacterias antes de la fermentación, con temperaturas elevadas no controladas, con carencias de oxígeno, nitrógeno y/o tiamina que conducen a paradas de la fermentación alcohólica (capítulo 3). Estudios recientes muestran que las bacterias lácticas pueden sobrevivir durante muchos meses en cubas, en barricas o en botellas cuando el contenido de SO_2 es insuficiente. Son reactivadas con motivo de las aireaciones que acompañan trasiegos, clarificaciones, embotellados. La degradación organoléptica es irreversible y puede ser grave.

Tratamiento

La frecuencia bastante elevada de «pequeños» picados lácticos impone el que se respeten diversas prácticas preventivas:

- higiene rigurosa antes de la fermentación alcohólica, mediante desinfección de los materiales de recolección, transporte y recepción de la uva;
- sulfitado pre-fermentativo riguroso;
- fermentación alcohólica regular y completa;
- sulfitado post-fermentativo precoz y controlado;
- eliminación rápida de lías inútiles (trasiegos, clarificaciones, filtraciones);
- conservación a temperatura suficientemente baja.

Estas medidas permanecen en el marco de una vigilancia técnica gustativa y analítica normal de la bodega. Se deben reforzar en situaciones de riesgos tales como incidentes previos, vinos frágiles (pH muy elevado) y/o muy «bióticos», es decir ricos en nutrientes para las bacterias (ej.: vinos de maceración carbónica, de termovinificación).

SO_2 y bacterias

Las bacterias son muy sensibles al SO_2 pero la observación y los estudios precisos muestran sensibilidades muy variables.

- Las bacterias acéticas del vino son poco sensibles al SO_2.
- La sensibilidad de las bacterias lácticas es muy variable según las cepas. La dosis de SO_2 activo necesario para reducir la población de tres cepas a la décima parte del valor inicial varía de 0,07 a 0,35 mg/l (según Lonvaud, 1999) mientras que un vino de pH 3,8 y 20 mg/l de SO_2 libre sólo tiene 0,35 mg/l de SO_2 activo (capítulo 6).
- La estabilidad bacteriana sólo puede asegurarse por una higiene general estricta que impida el desarrollo de las bacterias.

La grasa

Síntomas

El vino toma un aspecto aceitoso, viscoso, muy visible cuando se llena un vaso. No hay otras modificaciones organolépticas ni analíticas, salvo la presencia de un coloide de tipo polisacárido (dextrano) que provoca un fuerte aumento de viscosidad.

Causas

La grasa está directamente ligada al desarrollo de ciertas cepas de bacterias (*Pedioccus damnosus*) muy resistentes que se desarrollan en los vinos, a granel y embotellados, a pesar del alcohol, el pH suficientemente bajo, el SO_2 y la pobreza nutricional del vino. Esta enfermedad muy antigua era muy rara: ha reaparecido desde hace algunos años.

Tratamiento

Los coloides no pueden (actualmente) solubilizarse, se les elimina mediante cribas y filtraciones. Para prevenir las contaminaciones, se debe mantener el SO_2 libre hacia unos 30 mg/l, controlar las mezclas de vinos, filtrar en cascada hasta la esterilidad y/o tratar con calor, en el embotellado. Hay que reforzar la higiene general de todas las instalaciones.

Bacterias y modificaciones analíticas diversas

Además de las alteraciones estudiadas anteriormente, las bacterias pueden intervenir en numerosas alteraciones más o menos graves y frecuentes de olores, sabores y/o de composiciones.

Carbamato de etilo

La urea de los mostos y vinos (menos de 1 g/l) puede ser transformada en carbamato de etilo por las levaduras y las bacterias. En un estudio de 1.600 vinos franceses (Bertrand, 1993) apareció un contenido medio de 7,7 μg/l y muy pocos vinos por encima del límite de 15 μg/l fijado por la *Food and Drug Administration* (1988). Los contenidos son más elevados en casos de sobrefertilización nitrogenada del viñedo, de maceraciones intensas (altas temperaturas, períodos largos). Se reduce el contenido en carbamato de etilo por destrucción de la urea por una enzima, la ureasa. Esta práctica está autorizada pero poco utilizada. El riesgo cancerígeno del carbamato de etilo sólo se manifestaría con consumos enormes de vino.

Aminas biógenas

Diversas cepas de bacterias lácticas pueden transformar ciertos aminoácidos en aminas biógenas (histamina, tyrosina, putrescina, espermina, espermidina...) en concentraciones de varios mg/l a varias decenas de mg/l. Estas sustancias pueden entrañar alergias y su contenido está limitado en ciertos países, incluso en diversos alimentos comunes (pescados, quesos...) que contienen cantidades considerablemente superiores.

El tratamiento con bentonita reduce los contenidos en aminas biógenas.

Diacetilo, acetoína y butanodiol

Las bacterias de la fermentación maloláctica consumen también ácido cítrico con producción de ácido acético, de diacetilo, de acetoína y de 2-3 butanodiol.

El diacetilo puede alcanzar el umbral de percepción y comunicar a los vinos un carácter «de mantequilla» característico, diferentemente apreciado. Los demás compuestos no tienen efectos sensibles.

Olores a geranio

En presencia de ácido sórbico y ausencia de SO_2 libre, ciertas bacterias pueden formar diversos productos de mucho olor, con olor a geranio (capítulo 6).

Olores a ratón

Ciertos vinos presentan un «olor a ratón» muy desagradable: se percibe de forma tardía en boca, de forma muy persistente pero muy variable según los individuos. Igualmente se percibe muy bien tras haber mojado el dedo en el vino más bien sucio y haber dejado que se seque.

Esta característica ligada al desarrollo de ciertas bacterias lácticas, al final de fermentaciones lánguidas, con formación de acetiltetrahidropiridina percibida con un contenido del orden de 1,6 μg/l. Este olor muy tenaz se previene mediante fermentaciones francas y sulfitados suficientemente precoces.

9.4. Los accidentes físico-químicos

9.4.1. La quiebra férrica

Síntomas

Se observa la presencia de turbidez pudiendo formar un depósito ligero, blanquecino (vinos blancos o tintos) o azulado-negruzco (vinos tintos). Al analizarse, este depósito muestra la presencia de hierro acompañado de fosfatos y/o de taninos. La turbidez es más importante en presencia de aire, de frío y al abrigo de la luz: puede aparecer en una botella empezada, conservada en el refrigerador.

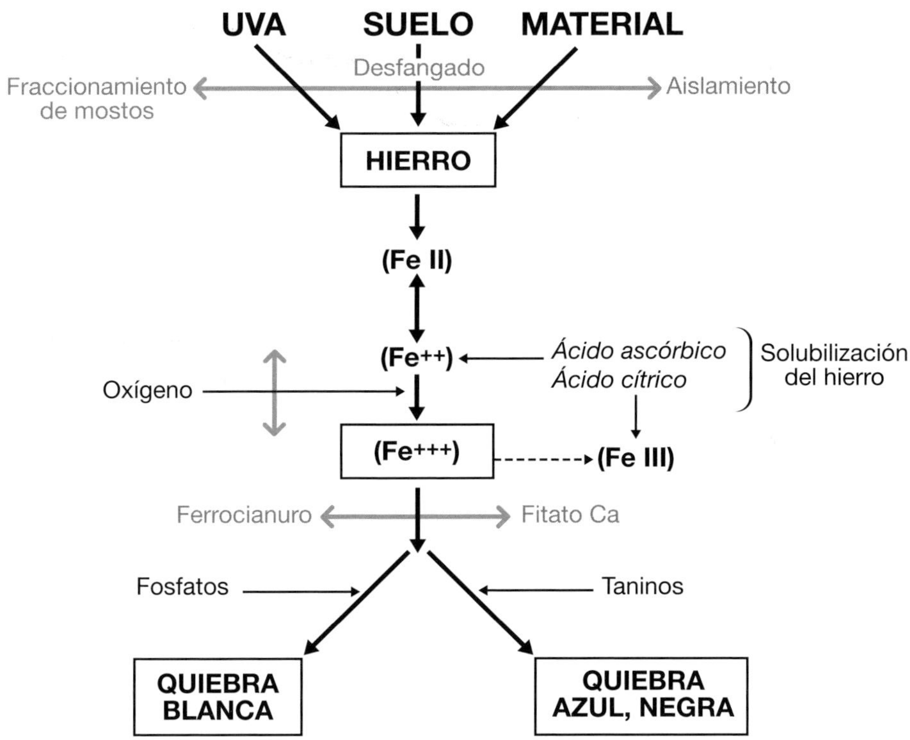

Figura 9.10.–Quiebras férricas.

Mecanismos

En presencia de oxígeno, el hierro, presente en todos los mostos y vinos, pasa a su forma oxidada, llamada hierro férrico (Fe^{3+}) reaccionando con los fosfatos y/o los taninos. En caso de exceso, aparece turbidez: el caso es frecuente durante la crianza, con motivo de trasiegos que airean el vino. Esta turbidez precipita eliminando el exceso inicial de hierro, el vino se convierte en estable: es el caso normal en particular para los vinos tintos con crianzas de muchos meses.

Tratamiento

La quiebra férrica aparece habitualmente con contenidos en hierro superiores a 8-12 mg/l, pero los riesgos pueden existir hasta 4-5 mg/l y la estabilidad se mantiene más allá de 15-20 mg/l. Las pruebas de contenido (vino aireado, en frío y en oscuridad) permiten prever los riesgos.

Orígenes del problema

La figura 9.11 resume los orígenes del hierro en los mostos y vinos. El hierro biológico es de alrededor de 4 a 6 mg/l salvo incorporación excesiva de jugo de sobrepresión (capítulo 4): fraccionamiento de mostos y desfangado dan lugar a mostos sin hierro excedentario. El hierro agronómico proviene de partículas terrosas fijadas sobre las pieles de las uvas: su papel es habitualmente limitado pero se convierte en muy importante en caso de lluvias, inundaciones, contaminando las uvas cercanas al suelo. El desfangado rápido elimina una fracción importante de este hierro agronómico. El hierro tecnológico, procedente del material, era importante en caso de utilización de aparatos de hierro y acero sin proteger. Su papel se ha transformado en despreciable con materiales como acero inoxidable, bronce, plástico, acero revestido de resinas de tipo epoxi.

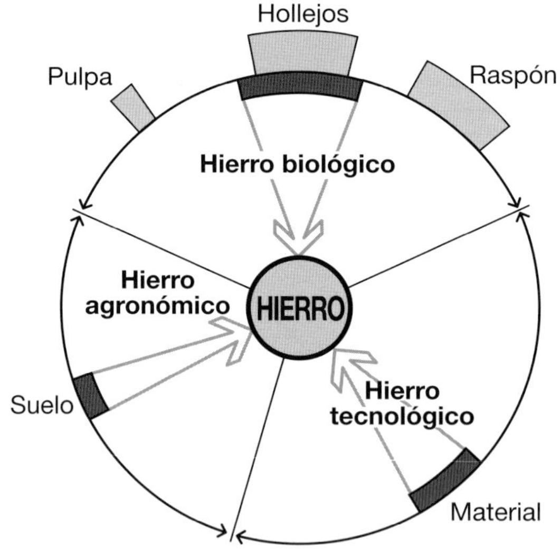

Figura 9.11.–Orígenes del hierro en los vinos.

Los contenidos naturales de fosfatos y de taninos no son limitantes. El riesgo se acentúa por adición de fosfato (ej.: fosfato de amonio). Actualmente, contenidos demasiado elevados de hierro deberían ser excepcionales.

Eliminación del hierro excedentario

Para evitar la quiebra férrica en botellas, se puede eliminar el exceso de hierro antes de embotellar:

- quiebra férrica provocada a granel mediante aireación, repetida si es necesaria;
- precipitación específica del hierro mediante tratamiento con ferrocianuro de potasio. Este tratamiento complejo está reservado a los vinos blancos y rosados. Está reglamentariamente bajo la responsabilidad de un enólogo y debe ejecutarse según unas reglas precisas (dosis, mezcla, filtración, control). La reglamentación autoriza también el fifato de calcio, de utilización muy basta y de eficacia incierta. Es el único producto autorizado para el tratamiento de vinos tintos.

Solubilización del hierro

Los pequeños excesos de hierro pueden mantenerse en forma soluble, bajo forma de complejo químico y/o de hierro ferroso (Fe^{2+}).

- Ácido cítrico: el hierro entra en una molécula, un complejo, que no puede precipitar. La dosis usual es de 50 g/hl (el contenido total en ácido cítrico está limitado a 1 g/l). Es insuficiente para los contenidos en hierro muy elevados. Existe acidificación ligera y riesgos de ataques posteriores por bacterias lácticas.
- Ácido ascórbico: el hierro se reduce a forma «ferrosa» (Fe^{2+}) no precipitable. Con una dosis de 3-8 g/hl, la eficacia es excelente pero es necesario tener suficiente SO_2 libre (20-30 mg/l) para evitar las oxidaciones posteriores (capítulo 6). Esta adición aumenta los riesgos de quiebra cuprosa.

La quiebra férrica se ha convertido en algo raro y debería desaparecer salvo accidente. Los métodos preventivos de limitación de contenidos en hierro de mostos y vinos son suficientes. En caso de duda, se impone la prueba de contenido.

9.4.2. La quiebra cuprosa

Síntomas

Se constata la presencia de una ligera turbidez seguida de un escaso depósito pardo, habitualmente localizado abajo y en los hombros de las botellas acostadas. Su análisis muestra la presencia de cobre y de proteínas, de compuestos azufrados. La turbidez se manifiesta lentamente al abrigo del aire y se ve favorecida por el calor y la luz (ej.: vino blanco en botellas blancas en escaparates de tiendas iluminadas). Esta turbidez es inexistente o invisible en vinos tintos.

Origen de la turbidez

La turbidez resulta de una reacción entre el cobre en forma reducida, cobre cuproso Cu^{+}, y los compuestos azufrados del vino al abrigo del aire formando un «sulfuro de cobre coloidal» precipitando lentamente en presencia de proteínas.

El cobre procedente de la uva es muy escaso (0 a 1 mg/l aproximadamente) pero los contenidos de los mostos aumentan mucho en caso de tratamientos cúpricos tardíos de la viña (de 2 a 10-15 mg/l). La fermentación supone una precipitación del cobre de los mostos en las lías: los vinos nuevos contienen trazas de cobre (menos de 0,1 a 0,2 mg/l en general) sin problemas. Pueden enriquecer en cobre por contacto con materiales de bronce no protegidos tales

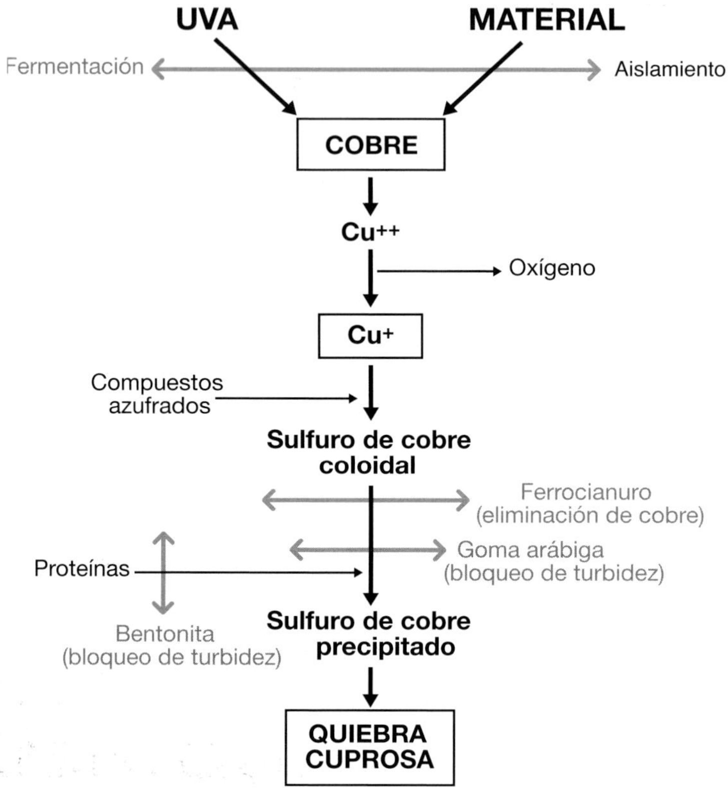

Figura 9.12.–Quiebra cuprosa.

como grifos de cobre, boquillas de llenadoras no adaptadas. Existe riesgo de quiebra cuprosa a partir de 0,1 a 0,5 mg/l de cobre.

Nota

El tratamiento de olores reducidos por sulfato de cobre aportan cobre (25 % de la cantidad del sulfato de cobre).

Tratamiento

Se puede eliminar el exceso de cobre mediante tratamiento con ferrocianuro de potasio, bajo control de un enólogo. Se reducen los riesgos, en caso de contenidos escasos, mediante tratamiento con bentonita que elimina las proteínas necesarias con formación de depósito.

La quiebra cuprosa es rara, no debe ser accidental con instalaciones normalmente bien proyectadas y conservadas.

9.4.3. Las precipitaciones tartáricas

La importancia y la especificidad de este problema serán tratadas a propósito de la estabilización general de vinos (capítulo 10), incluso si este depósito es hoy en días el más frecuente y el más complicado de controlar.

9.4.4. Las turbideces proteicas

Síntomas

Se constata la presencia de un turbio poco denso pudiendo formar depósito, de aspecto translúcido o blanquecino. El análisis muestra una fuerte presencia de proteínas. Esta turbidez es específica de vinos blancos (y rosados ligeros): aparece generalmente después de un período de tiempo bastante prolongado en botella, favorecido por el calor, el frío y su alternancia.

Causas

Las proteínas de la uva y de las levaduras pueden flocular en vinos bajo efecto del calor (35 a 50 °C), del frío y/o en presencia de taninos añadidos o aportados por medio de la mezcla de vinos, crianza en barricas, contacto con el corcho de los tapones. Diferentes técnicas cada vez más frecuentes contribuyen a la elevación del contenido proteico en los mostos y vinos: fertilización nitrogenada, sobremaduración, maceraciones incrementadas por recolección mecánica y maceración de los hollejos, desfangados más ligeros, estancias sobre lías, disminución de las clarificaciones. Los incidentes vuelven a ser frecuentes, mientras que su mecanismo y su prevención fueron claramente precisados por J. Ribéreau-Gayon, desde 1932.

Tratamiento

La limitación del contenido en proteínas es difícil puesto que su acumulación es el resultado de operaciones voluntarias, buscadas por otros efectos beneficiosos.

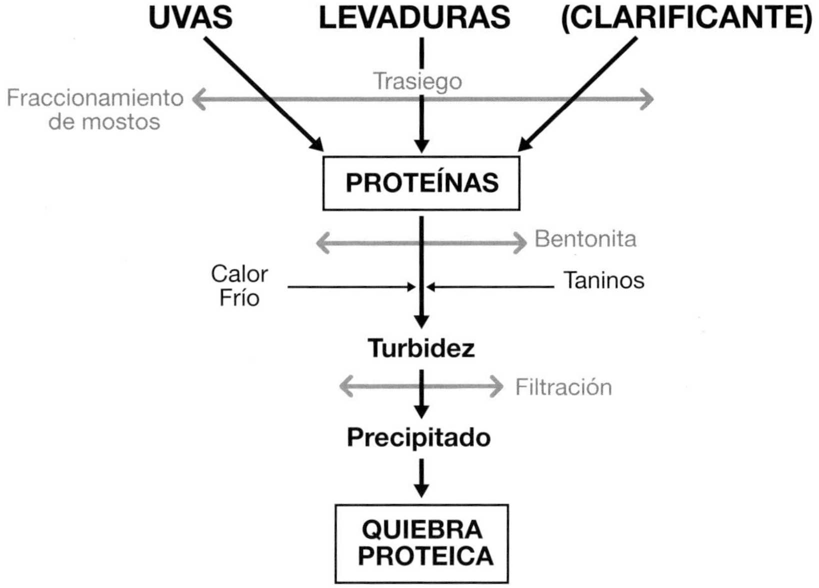

Figura 9.13.–Quiebra proteica.

Las proteínas excedentarias de los vinos blancos deben eliminarse mediante tratamiento con bentonita. Este tratamiento propuesto por primera vez en vinos (J. Ribéreau-Gayon) fue a continuación generalizado para mostos (Milisavlsevic, 1963) para posteriormente volver a los vinos.

El tratamiento sobre mostos es sencillo, rápido, produce pocas lías y es eficaz, pero es difícil de determinar la dosis óptima y puede ser necesario reprocesar en caso de enriquecimientos posteriores (estancia sobre lías, mezclas de vinos). El tratamiento de vinos puede practicarse con dosis óptima, en su estado final, pero supone una operación específica y una ligera pérdida de vino en las lías de clarificaciones. Puede suponer una ligera pérdida de aromas.

Práctica de la adición de bentonita

- Las bentonitas enológicas son arcillas especiales, extraídas del suelo y preparadas para presentar el máximo de acciones adsorbentes frente a las proteínas. Se comercializan en forma de polvos o de granulados.
- La dosis se debe determinar para cada vino y cada especialidad comercial de bentonita. Existen diferentes métodos de laboratorio de buena precisión.
- La dosis más común varía de 10-20 a 80-150 g/hl.
- La bentonita debe conservarse en recipientes limpios y estancos al abrigo de cualquier olor desagradable.
- En Francia se utilizan sobre todo bentonitas sódicas; las bentonitas cálcicas, corrientes en Alemania, parecen menos interesantes.
- Las bentonitas deben rehidratarse y mezclarse con cuidado (figura 9.14).

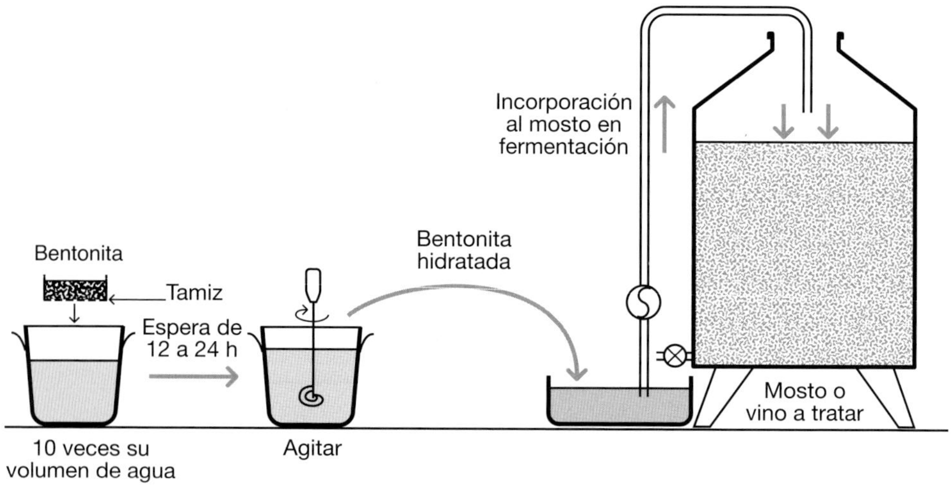

Figura 9.14.–Preparación de la bentonita.

A veces se practica la eliminación de proteínas mediante la adición de taninos: la elección de las dosis es delicada y los riesgos de endurecer los vinos son importantes.

9.4.5. Las precipitaciones de las materias colorantes

Síntomas

Se observa la presencia de una ligera turbidez, de aspecto coloidal, rojiza, seguida de un depósito rojo pardusco que puede convertirse en muy importante, con decoloración casi total del vino. Esta evolución de la materia colorante del vino tinto es a la vez universal e inevitable. Constituye un problema cuando se produce demasiado rápido y/o es demasiado intensa. A pesar de numerosos estudios acerca de los compuestos fenólicos, estos fenómenos se conocen y controlan todavía de forma parcial.

Mecanismo

Desde la fermentación y en los días siguientes, los antocianos de la uva precipitan parcialmente, directamente o por fijación sobre las levaduras: ésta es la explicación del color rojo de las lías de los vinos tintos. Esta eliminación tan rápida se ralentiza sin pararse, acompañada de numerosas reacciones de combinación/oxidación/polimerización entre antocianos y taninos. Los antocianos por sí solos son poco estables y precipitan rápidamente (ej.: termovinificación con fermentación en mosto claro). La presencia de taninos de la uva mejora su estabilidad (ej.: termovinificación con encubado). Las aireaciones adaptadas (capítulo 10) tienen un papel fundamental.

Tratamiento

Se puede reducir o retardar las precipitaciones de las materias colorantes según dos vías:

- Eliminar las formas inestables formadas por moléculas medianamente polimerizadas y que precipitan posteriormente, por tratamiento en frío (ej.: algunas semanas de –4 a +4 °C) y/o por filtración. La bentonita es muy eficaz pero fija cantidades importantes de antocianos debilitando el color. Las filtraciones eliminan eficazmente las turbideces formadas o en formación pero no los precursores mejor fijados por ciertas colas. Las filtraciones severas (tipo estéril, ultrafiltración) pueden acentuar las dificultades eliminando los coloides protectores naturales de los vinos.
- Impedir la formación de depósitos mediante la adición de un coloide protector, evitando la aglomeración de las moléculas condensadas que se convierten en insolubles. Tradicionalmente se utiliza la goma arábiga: impide el depósito pero no la turbidez que puede dar un aspecto «plomizo» al vino tras cierto tiempo de conservación. Este producto sobre todo es utilizable para los vinos de consumo rápido.

El control eficaz de las precipitaciones de materias colorantes exige tiempo; los problemas son limitados después de crianzas de 18 meses y más (después de «dos inviernos») con aireaciones y clarificaciones controladas.

Para los vinos de consumo más rápido (menos de 12-15 meses), es necesario practicar vinificaciones adaptadas, sin extracción excesiva y/o acentuar los tratamientos estabilizantes como el tratamiento por frío o las clarificaciones.

La quiebra oxidásica

La laccasa, procedente de *Botrytis cinerea*, oxida la totalidad de los compuestos fenólicos –antocianos y taninos– provocando pardeamientos y precipitaciones que pueden ser importantes.

En caso de actividad laccasa importante, estos fenómenos son muy rápidos, de algunas horas, se habla de «quiebra oxidásica», durante las vinificaciones o cuando se sangra al aire.

En caso de actividad laccasa residual muy escasa pero no nula, estas mismas evoluciones se extienden durante meses o años. En vinos jóvenes, se notan a menudo los taninos «más redondos, más fundidos» y la cata es halagüeña. Más tarde, estos vinos adquirirán un aspecto de tela de cebolla, de aromas tostados, de gusto de taninos secos. La medida de la actividad laccasa residual, en laboratorio, por ejemplo tras el primer sulfitado postfermentativo, se impone para todos los vinos pudiendo producirse con algunas uvas podridas.

Se reducen los efectos de la laccasa, en vinificación, mediante aporte de taninos; se puede conservar una cantidad suficiente de raspones o añadir taninos de uvas, de coste elevado. Los taninos «enológicos» procedentes del roble, del castaño... son menos eficaces. La adición de ácido ascórbico (5-15 g/hl) da buenos resultados experimentales pero no está autorizada para los vinos. Si es necesario, se debe destruir la actividad laccasa de los vinos como muy tarde antes de primavera, mediante sulfitado y/o tratamiento razonado mediante calor. Las intervenciones más precoces son las más eficaces.

10. CLARIFICACIÓN Y ESTABILIZACIÓN DE LOS VINOS

La totalidad de los consumidores buscan vinos de muy buena limpidez, sin turbideces ni depósitos. Advertimos el hecho de que esta búsqueda de limpidez tiene asociada (cada vez más) una demanda de vino «natural», sin tratamientos ni aditivos: estas dos exigencias legítimas son con frecuencia contradictorias. Productor y consumidor deberían informarse recíprocamente: una ligera turbidez no es signo de una alteración o una falsificación; los tratamientos y aditivos bien controlados desarrollan las cualidades propias del vino. Cada cual puede destacar que los vinos más apreciados están a la vez entre los menos «tratados» y lo más frecuentemente «con depósitos».

Incluso en ausencia de cualquier enfermedad o accidente, la evolución espontánea de un vino sólo alcanza raramente un objetivo de limpidez próximo a las prácticas de clarificación y de estabilización comprobadas.

10.1. El principio de la clarificación de los vinos

La clarificación tiene como objetivo eliminar la turbidez del vino, formada por partículas visibles y/o que absorben o desvían la luz. Se producen reacciones de suspensiones de partículas de levaduras, de bacterias, de cristales, de restos vegetales visibles al microscopio o a la vista pero también de soluciones coloidales. Las soluciones «verdaderas» de moléculas (ej.: glucosa...) o de iones (ej.: carbonatos...) no intervienen aquí (tabla 10.1).

Los coloides están formados bien por agrupaciones inestables de moléculas bastante pequeñas (ej.: compuestos fenólicos y antocianos condensados, quiebra férrica, cúprica...), bien por moléculas muy grandes que fijan el agua, estables (ej.: polisacáridos, proteínas...).

Estas partículas no son visibles directamente pero absorben o desvían la luz –efecto «Tyndall»– y participan, por tanto, en la ausencia de limpidez. Estos coloides tienen composiciones no definidas, variables según los vinos y el transcurso del tiempo, según su «historia», es decir, sus orígenes, las condiciones (temperatura, agitación) y sus mezclas. En el caso de los vinos están formadas por partículas que tienen cargas eléctricas negativas, rodeadas de cargas positivas (el vino es eléctricamente neutro). Este reparto de cargas varía con la composición y con el pH de posibles mezclas.

Tabla 10.1.–Características generales de soluciones y suspensiones

	Soluciones «verdaderas» iónicas y moleculares	Soluciones «coloidales»	Suspensiones de partículas
Tamaño	fijo	variable	muy variable
	< 1-2 nm	2 a 100 nm aprox.	>1.000 nm
Dispersión en solución	total, rápida	limitada, lenta	según densidad
Retención en filtros	nula	variable	muy buena
Retención por diálisis	nula	fuerte o total	total
Residuo tras evaporación	cristalina	amorfa	partículas
Temperatura de congelación	muy inferior al solvente	próxima al solvente	idéntica al solvente
Número de fases	1	2	2
Floculación	sólo en solución concentrada o por agente específico	posible en disolución diluida, espontánea	//
Eliminación mediante clarificación	nula	muy buena	muy buena
Difusión de la luz	nula	fuerte (efecto Tyndall)	variable

(//) Sin objeto.

Medida de la limpidez

Los depósitos importantes se miden por su volumen aparente o por su peso, después de centrifugar en el laboratorio. Los turbios se miden por la turbidez, con la ayuda de un turbidímetro o nefelómetro, expresada en NTU (*Nephelometric Turbidity Unit*). Habitualmente se adoptan las normas indicadas en la tabla 10.2.

Tabla 10.2.

Apreciación visual	Blanco	Rosado	Tinto
Brillante	< 1,1	< 1,2	< 2
Claro con velo	1,1 a 4,4	1,2 a 4,8	2 a 8
Turbio	> 4,4	> 4,8	> 8

La observación visual directa es insuficiente para un seguimiento preciso entre las operaciones de clarificación o del estado del vino.

La clarificación y la estabilización de los vinos depende en gran medida de la evolución de los coloides por precipitación o «solubilización».

- La precipitación es el resultado de mecanismos complejos descritos en los vinos que tiene sus principios desde 1933 de J. Ribéreau-Gayon pero conocidos de forma incompleta. Los coloides cargados negativamente fijan las moléculas de agua, perdiendo sus cargas al reaccionar con otros coloides cargados positivamente y/o con efecto deshidratante. En el caso de los vinos, éste es el papel esencial de los taninos, tanto vínicos como aportados y de otros productos similares. Después de estas neutralizaciones eléctricas, el tamaño de los coloides aumenta con aparición de una turbidez visible, cuando no de un depósito: es la floculación. Estos mecanismos dependen en gran medida de numerosos factores: alcohol, taninos, calor, presencia de sales y concentración de las distintas moléculas.
- La presencia de coloides hidrófilos estables «recubre» las otras moléculas retardando –o impidiendo– su floculación y las bajadas de limpidez. Sin embargo, en concentraciones muy elevadas pueden formar moléculas grandes, con turbidez y depósitos estables. Así, según el caso (naturaleza y concentración de las moléculas), estos «coloides protectores» aseguran o impiden la estabilidad coloidal facilitando o dificultando el trabajo del enólogo.

Todos los mecanismos coloidales claves en la clarificación y en la estabilización de los vinos son difíciles de calcular pero se pueden aproximar mediante ensayos estructurados que permitan la puesta en juego de técnicas mejores, los clarificantes y las filtraciones.

10.2. Los clarificantes

10.2.1. Mecanismos

Se añade al vino una «cola» cuya floculación rápida y vigorosa arrastra partículas y una fracción de coloides del vino. Existe un efecto clarificante –eliminación de la turbidez presente– y un efecto estabilizante –eliminación de coloides susceptibles de provocar turbidez con posterioridad–. Los clarificantes más habituales son las proteínas.

El esquema clásico de la clarificación es aquel en el que reacciona la proteína añadida cargada positivamente con las partículas y los coloides del vino cargadas negativamente. En un primer paso, hay una neutralización de las cargas eléctricas opuestas y transformación de los coloides hidrófilos estables en formas hidrófobas inestables, precipitables: hay una formación rápida (de algunos segundos o minutos) de un turbio visible a simple vista. El engrosamiento posterior de las partículas provoca su precipitación lenta, en varias horas o algunos días, según los clarificantes y las condiciones.

Estas reacciones complejas proteínas-vino dependen de numerosos factores que modifican la velocidad y el resultado:

- Estas reacciones no son proporcionales a las concentraciones de los compuestos presentes (no estequiométricas según los químicos); varían con el tamaño de las moléculas, el grado de condensación de los taninos y antocianos, y la naturaleza de los polisacáridos presentes. La cantidad de taninos eliminados es escasa pero muy variable (ej.: 50 a 300 mg/l).

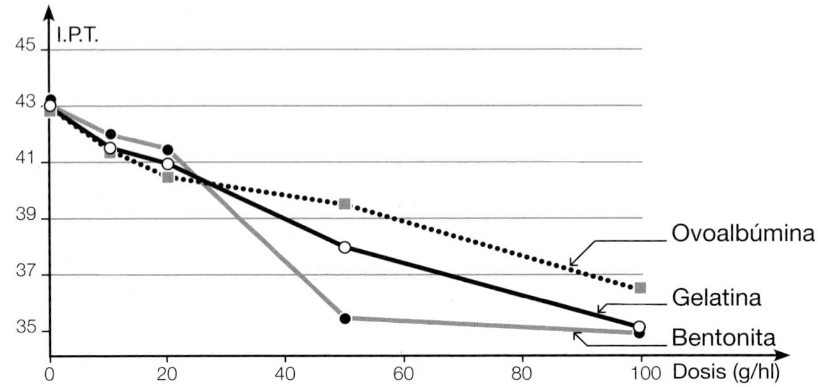

Figura 10.1.–Clarificación y polifenoles totales (según Blouin y Audouit, 1978).

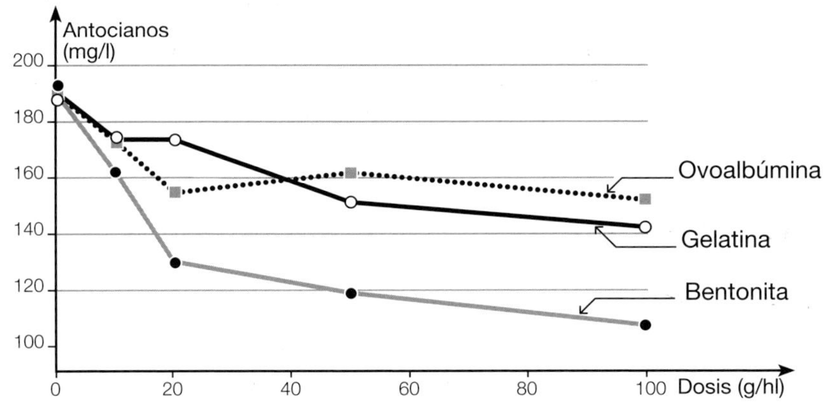

Figura 10.2.–Clarificación y antocianos (según Blouin y Audouit, 1978).

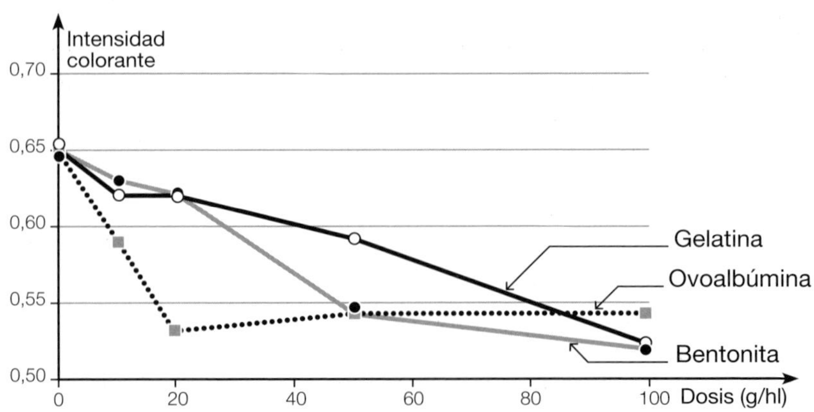

Figura 10.3.–Clarificación y color (según Blouin y Audouit, 1978).

- Las cargas negativas de las partículas del vino aumentan aproximadamente de 1 a 2 cuando el pH varía de 3 a 4; es lo mismo para los taninos eliminados.
- El hierro bajo forma férrica Fe^{3+} (capítulo 9) es necesario: la aireación facilita la clarificación.
- El efecto de la clarificación es más intenso a bajas temperaturas.
- Las clarificaciones se acompañan de los resultados habituales siguientes, de intensidad muy variable:

  • Disminución general de compuestos fenólicos y del color;
  • Disminución particular de los compuestos poco o muy fuertemente polimerizados con una reducción de astringencia;
  • Según las dosis de clarificante y del equilibrio clarificante-vino se nota una suavización que puede conllevar a una pérdida de volumen, de cuerpo y a una cierta sequedad gustativa.

La evolución aromática es variable. Se observa a menudo una ligera bajada de intensidad y una mejora de la finura.

Las figuras 10.1 a 10.3 dan algunos ejemplos de los efectos de tres clarificantes sobre los polifenoles, los antocianos y el color comprendiendo dosis excesivas para la gelatina y la ovoalbúmina.

La sobreclarificación

La complejidad de las reacciones en juego puede transformar la clarificación en «sobreclarificación»: existe un exceso de las proteínas aportadas o una mala clarificación y riesgo de turbideces posteriores por aportes, incluso mínimos, de taninos por mezclas, tanizado, puesta en barricas o contacto con el corcho de los tapones. El caso más frecuente se produce con los vinos blancos, pobres en taninos.

Se previene la sobreclarificación mediante una buena elección de la dosis de clarificante. La adición de tanino complementario es paradójica: la clarificación tiene como efecto –y objetivo– principal eliminar los taninos de la uva, no siendo coherente añadir «taninos enológicos» procedentes de otras plantas que comunican a menudo caracteres astringentes, amargos.

La sobreclarificación accidental se corrige eliminando las proteínas excedentarias mediante bentonita, gel de sílice, frío, filtración...

10.2.2. La elección del clarificante

La complejidad de los mecanismos de la clarificación y la diversidad de productos básicos acentuada por la de las preparaciones comerciales hacen que sea muy complicada la elección de la pareja clarificante-vino adaptada para cada vino.

Desde los años 1994 o 1996, se sabe cómo analizar la naturaleza y el valor de las cargas eléctricas de los vinos y de los clarificantes (Lagune y Glories) así como la reactividad de los taninos con una proteína (*Serum Bovin Albumine* o BSA-de Freitas) o una «falsa proteína» (PVPP-Aleid y Fabre). Estas determinaciones bastante complejas mejoran nuestro conocimiento de los clarificantes, de los vinos y sus reacciones, pero «el ensayo del clarificante» queda como el método de elección para obtener los mejores resultados posibles. Se puede basar en el modo de actuar siguiente, que se puede practicar tanto en bodega como en laboratorio:

- Poner el vino a tratar, normalmente sulfitado, en botellas de 75 cl blancas, o mejor, en tubos cilíndricos de vidrio de unos 80 cm de altura y 4 cm de diámetro.

- Preparar las soluciones de los clarificantes estudiándolas en las condiciones habituales de la bodega (ej.: solución o suspensión de 50 a 100 g/l es decir 50 a 100 mg/ml asegurando una clarificación de 5 a 10 g/hl con una adición de 1 ml/l de vino).
- Incorporar los diferentes clarificantes en 1-3 dosis suministrando la dosis previsible habitual con ayuda de una jeringuilla. Mezclar inmediatamente y taponar de nuevo la botella o el tubo. Conservar uno o dos tubos de muestra sin clarificar pero tratados de la misma forma.
- Dejar reposar los vinos clarificados sobre un soporte que se pueda observar por la parte de atrás, a una temperatura próxima a la del clarificante real.
- Observar la evolución de un vino clarificado:
  - tiempo de aparición de los primeros flóculos;
  - rapidez de la caída;
  - limpidez final, tras 1 a 5 días según el aspecto, si es posible midiendo la turbidez sobre la muestra recogida a media altura;
  - volumen y asentamiento de las lías;
  - en caso de duda, verificar la ausencia de sobreclarificado: una ligera adición de taninos supone entonces un problema.
- Al término del ensayo, degustar los vinos clarificados y los patrones dando importancia particularmente a la estructura, al cuerpo, a la astringencia, al amargor y a las variaciones olfativas.
- Elegir el mejor par clarificante-dosis.

Notas

Estos ensayos se basan en un principio sencillo pero de puesta en marcha bastante engorrosa. Su coste es irrisorio en relación con las diferencias de calidad observables.

Estas manipulaciones en pequeños volúmenes deben evitar aireaciones excesivas, muy superiores a las que se producen cuando se clarifica en bodega.

Esta complejidad de las reacciones vino-clarificante se ve amplificada en los casos de clarificantes complejos que se mezclan con muchos otros productos básicos. Es más racional utilizar clarificantes sencillos o mantener una mezcla óptima vino por vino: el clarificante universal todavía no se ha inventado, si es que existe.

10.2.3. Los clarificantes enológicos

Las gelatinas

Las gelatinas son proteínas procedentes del colágeno de la piel de los cerdos o de huesos de animales, más o menos hidrolizados por vía ácida, alcalina o enzimática, en caliente o en frío. Las gelatinas enológicas –del 1 al 5 % del mercado total de las gelatinas para uso fotográfico, farmacéutico, alimentario– se dividen en tres categorías:

- gelatinas solubles al calor SC, con moléculas grandes y fuertes cargas negativas, las más enérgicas para eliminar los taninos con el riesgo de desecar el vino;
- gelatinas líquidas L, con moléculas de tamaño mediano, de cargas débiles y ricas en péptidos;

- gelatinas solubles en frío SF, con cargas muy débiles con pocos péptidos pero pequeñas moléculas proteicas.

Esta diversidad de gelatinas impone una elección muy atenta para suavizar el vino sin desecarlo ni suponer un riesgo de sobreclarificación.

Las dosis de empleo varían de 3 a 10-15 g de producto seco por hl.

La cola de pescado o ictiocola

Es una proteína bruta, cruda, procedente de la vejiga natatoria de pescados (esturión), que se vende en forma de hojas o copos blancos translúcidos difícilmente solubles en 30 a 50 volúmenes de agua templada ligeramente acidulada, o bajo forma de solución lista para su empleo.

Es una cola «dulce», utilizada sobre todo en vinos blancos (1 a 3 g/hl) pero también para vinos tintos (3 a 5 g/hl), aportando mucho brillo con lías voluminosas pero que sean poco apretadas pero fáciles de filtrar.

La albúmina de huevo u ovoalbúmina

La clara de huevo (alrededor del 12,5 % del peso del huevo entero) es rica en ovoalbúmina; se utiliza fresca, congelada o en forma de polvo seco a rehidratar al usarse. Este es el clarificante clásico en los vinos tintos de calidad, en dosis de 3 a 8 claras de huevo por barrica, o de 5 a 15 g/hl de polvo seco disuelto en 100 a 200 ml de agua, ó 75 a 200 ml/hl de clara descongelada. Tradicionalmente este clarificante se preparaba con la adición de un poco de sal (hoy en día prohibida) que facilitaba la disolución de la ovoalbúmina que debe hacerse con cuidado, sin formar espuma.

Este clarificante seca los vinos de poco carácter y sigue siendo poco utilizado en los vinos blancos.

La caseína o lactoalbúmina

La caseína es la principal proteína de la leche, que se coagula inmediatamente en medio ácido (la «cuajada») y es muy eficaz para fijar los productos amarillentos resultantes de las oxidaciones de los polifenoles. Se utiliza sobre todo para los vinos blancos (10-20 a 50-100 g/hl, según ensayos) bajo forma de caseinato potásico más soluble en agua que la caseína. La incorporación debe ser muy cuidadosa, muy progresiva mediante inyector puesto que la caseína coagula instantáneamente en medio ácido. Este clarificante enérgico es igualmente utilizable en mostos antes del desfangado.

El clarificante de leche entera no está autorizado por la Unión Europea, salvo derogación específica. La materia grasa sería eficaz para fijar ciertos malos olores (enmohecido).

La albúmina de sangre

La albúmina de sangre es un clarificante enérgico, que clarifica bien, sencilla de emplear, y que forma pocas lías. Su empleo, así como el de la sangre fresca, abandonado desde hace mucho tiempo, está prohibido por la legislación europea (Reglamento CEE 2087/97).

Los alginatos

El alginato de sodio es un clarificante glucídico –y no proteico– procedente de diversas algas, que se vende en forma de polvos blanquecinos que forman una solución viscosa que flocula debido al efecto de la acidez de los vinos. La floculación es muy rápida pero la precipitación es lenta. Este clarificante se utiliza sobre todo en vinos destinados a una filtración muy rápida, en dosis de 4 a 8 g/hl.

Las bentonitas

Las bentonitas son clarificantes minerales naturales de la familia de las arcillas, silicatos de aluminio de tipo montmorillonita ricos en iones, Ca^{2+}, Mg^{+}, y Na^{+}, dispersados en hojas microscópicas que se hinchan grandemente en presencia de agua. Fijan muy eficazmente las proteínas de los vinos blancos (punto 9.4.4, «Quiebra proteica») pero también la materia coloidal de los vinos tintos puesto que presentan una superficie adsorbente considerable (20 a 650 m^2/g de formulación en polvo). La dosis se debe fijar con cuidado, según cada bentonita, puesto que en exceso seca o decolora los vinos formando lías demasiado voluminosas. En Francia, se utilizan sobre todo bentonitas sódicas mientras que en Alemania se emplean muchas bentonitas cálcicas que forman menos lías pero son menos eficaces.

Los «geles» y «soles» de sílice («silicagel», «kieselsol»...)

Los «soles» de sílice son suspensiones minerales acuosas estables de sílice (SiO_2) que forman geles a pH bajo. Estas partículas cargadas negativamente, como las partículas de los vinos, deben reaccionar con las proteínas (cargadas positivamente) para flocular y precipitar. Se utilizan los «soles» de sílice (20 a 100 ml/hl) con gelatina (relación sílice/gelatina de 5 a 10) para acelerar la precipitación, la compactación de las lías, la limpidez y la filtrabilidad. Ofrece buenos resultados, incluyendo los vinos procedentes de uvas podridas o sobrefiltradas. Es indispensable un ensayo previo.

La polivinilpirrolidona (PVPP, «Polyclar AT®»)

Este producto de síntesis, a veces denominado falsa proteína, tiene una afinidad muy fuerte por los polifenoles. Es interesante para fijar la astringencia excesiva de los vinos tintos (20 a 50 g/hl) y sobre todo la astringencia y/o el color amarillento y el amargor de los vinos blancos (10 a 30 g/hl), solo o asociado a la caseína. El conjunto de características de los clarificantes se exponen en la tabla 10.3.

Los taninos

Los taninos no son clarificantes pero pueden considerarse como aditivos clarificantes por sus reacciones con las proteínas. Según su origen, presentan fuertes diferencias de composición y de efectos. Los taninos «enológicos» procedentes de la nuez de agalla de roble (galotaninos), son muy puros y baratos pero frecuentemente amargos; los taninos de roble y de castaño (elagitaninos) son más caros, fuertemente astringentes pero menos amargos. Estos taninos se emplean en dosis de 5 a 20 g/hl; se añaden para controlar las reducciones pero también los riesgos de oxidación. Los taninos de uvas procedentes de hollejos y/o de semillas (procianidinas) son muy caros, menos astringentes pero eliminan fácilmente las proteínas y, sobre todo, contribuyen a la estabilización de los antocianos en vinos tintos con los cuales forman complejos coloreados. En dosis elevadas (20 a 100 g/hl), refuerzan la estructura de los vinos, aportando compuestos de las uvas.

Las proteínas vegetales

Para paliar la posible prohibición de las proteínas de origen animal, se proponen desde hace varios años las proteínas vegetales (ej.: glutelina de trigo). Los primeros resultados son alentadores.

10.2.4. Práctica de la clarificación

Tras una buena elección del clarificante y de su dosis, el éxito del clarificante pasa por una puesta en práctica muy buena.

- Preparación del vino: sulfitado, trasiego, mezcla según las necesidades.
- Conservación de los productos en recipientes cerrados, en las condiciones descritas por el suministrador, al abrigo de todos los malos olores.
- Respeto estricto del producto elegido y de las dosis.
- Preparación de soluciones o suspensiones de clarificantes en concentraciones adaptadas.
- Incorporación progresiva, en circuito cerrado o abierto, mediante inyector o dosificador. Terminar con una homogeneización por bombeo, agitación, o removido con gas inerte.
- Dejar precipitar el clarificante el tiempo suficiente, evitando superar de 15 a 30 días con los clarificantes orgánicos. Si es necesario, filtrar.
- Practicar el «recogimiento del clarificante» para separar cuidadosamente las lías del vino limpio, sin que se vuelvan a mezclar.
- Verificar la calidad analítica (turbidez) y gustativa del resultado.

Notas prácticas

Se recomienda por eso mismo colar y «recoger el clarificante» en tiempo anticiclónico (alta presión atmosférica, frío) para reducir los removidos y las lías por desprendimiento de CO_2.

La clarificación es más fácil, más rápida y mejor en recipientes de pequeña altura (ej.: barrica de 60 cm de altura).

Las figuras 10.4 y 10.5 presentan algunos sistemas de incorporación y de homogeneización eficaces, a utilizar regularmente para obtener las mejores clarificaciones con el mínimo de productos.

10.3. Las filtraciones y las centrifugaciones

10.3.1. ¿Por qué filtrar?

El vino contiene una enorme diversidad de partículas diferentes por origen, composición, papel y tamaño. La figura 10.6 indica las denominaciones y dimensiones aproximadas de estas partículas, así como el tipo de filtración apta

Tabla 10.3.–Características de los clarificantes enológicos

Clarificantes	Origen	Formas	Aspecto	Dosis de empleo (g/hl)		Notas
				Vinos blancos	Vinos tintos	
Gelatinas		SC	polvo amarillento	(1-3)	3-5 a 10	
	pieles, hueso	SF	polvo amarillento	(1-3)	4-5 a 10	riesgo de sobreclarificación, disminuye la astringencia
		L	líquido amarillento	(1-3)	3-5 a 10 (producto seco)	
Ictiocola (cola de pescado)	pescados	sólida	lámina o copos translúcidos	1-3	3-5	aspecto «brillante», lías poco apretadas
		solución	solución blanquecina	1-4	3-6	
Albúmina de huevo		clara fresca		///	3-8/barrica	
	clara de huevo	clara congelada		///	75-200 ml/hl	«clásica» para vinos tintos
		polvo	polvo blanco, crema	///	5-15	
Lactoalbúmina (caseína)	leche	caseinato de sodio	polvo amarillento	10-20 a 50-100	///	eliminación de taninos oxidados, floculación fácil, no hay sobreclarificación
Alginatos	algas		polvo blanquecino	4-8	4-8	floculación fácil, precipitación lenta

Bentonitas	«arcillas»		polvos, granulados	10-50 a 100	5-20	fijación de proteínas y materia colorante, mala clarificación
«Soles» de sílice	sílice	«sol», «gel»	suspensión blanquecina	20-100 ml/hl	20-100 ml/hl	siempre acoplados a un clarificante proteico, buena eliminación de coloides protectores
Polivinilpirrolidona (PVPP)	síntesis		polvo blanquecino	10-30	20-50	fijación de taninos astringentes oxidados; máximo legal 80 g/hl
Taninos	«enológico»		polvo blanco crema	3-5	5-10	muy puro, ricos en elagitaninos
	roble, castaño		polvo pardusco	3-6	6-10	ricos en elagitaninos
	agalla		polvo pardusco	3-7	7-10	ricos en galotaninos
	uva		polvo pardo rojizo	3-8	8-10	ricos en proantocianidinas

(///) Sin objeto.

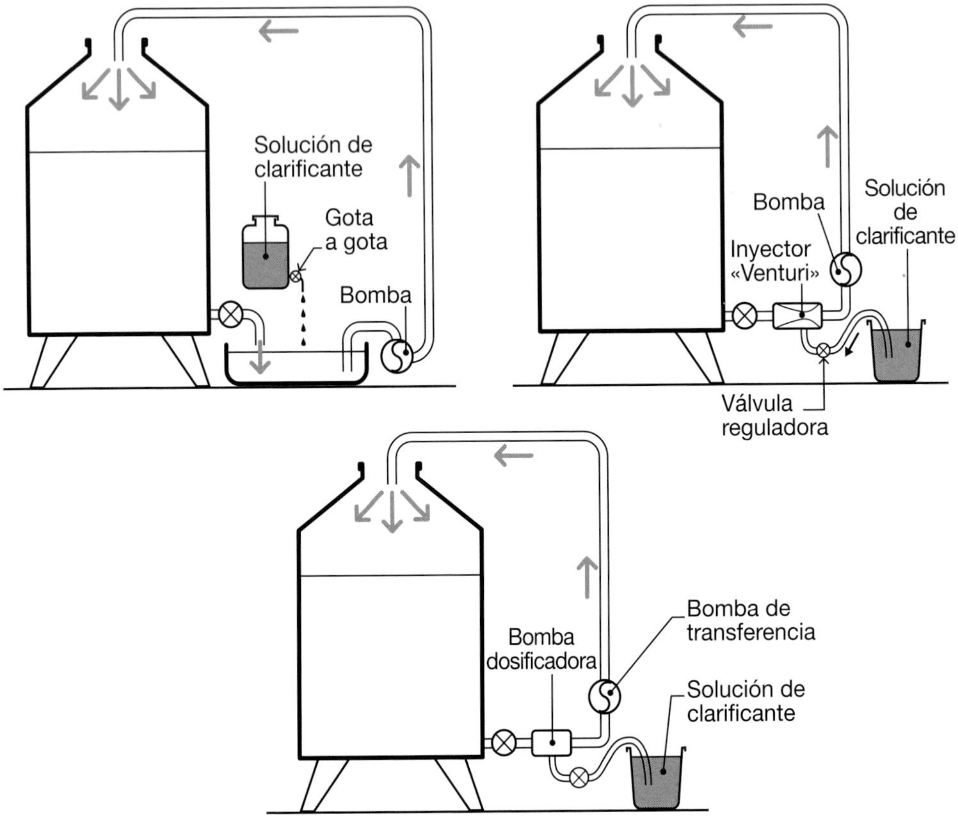

Figura 10.4.–Esquemas de incorporación de clarificantes.

para retenerlas. Las «partículas gruesas» (superiores a 50-100 μm) son visibles individualmente a simple vista: están formadas por restos diversos, cristales. Las partículas «medianas» (de 50-100 a 1-1,5 μm) son visibles al microscopio óptico y forman un turbio más allá de una cierta concentración: las más frecuentes están constituidas por levaduras y bacterias. Las «pequeñas» partículas (inferiores a 0,5-1 μm) están formadas por moléculas grandes de coloides invisibles pero que pueden absorber y/o difundir la luz («efecto Tyndall»). Por último, las moléculas y los iones (ej.: alcohol, azúcar, potasio, ácido tartárico) son partículas invisibles, no causan turbidez pero pueden comunicar color (ej.: antocianos).

Todas las partículas visibles y/o que absorben la luz participan en la turbidez y posiblemente en el depósito de los vinos: deben eliminarse por clarificantes o mediante filtraciones. Actualmente se dispone de filtros muy variados que pueden retener partículas de varios milímetros (o centímetros) –los tamices– hasta varias fracciones de millonésimas de milímetros (los iones, retenidos por electrodiálisis), sin fronteras claras entre las diferentes categorías. Estos filtros dependen de mecanismos diversos a menudo relacionados con su mejor uso para cada situación.

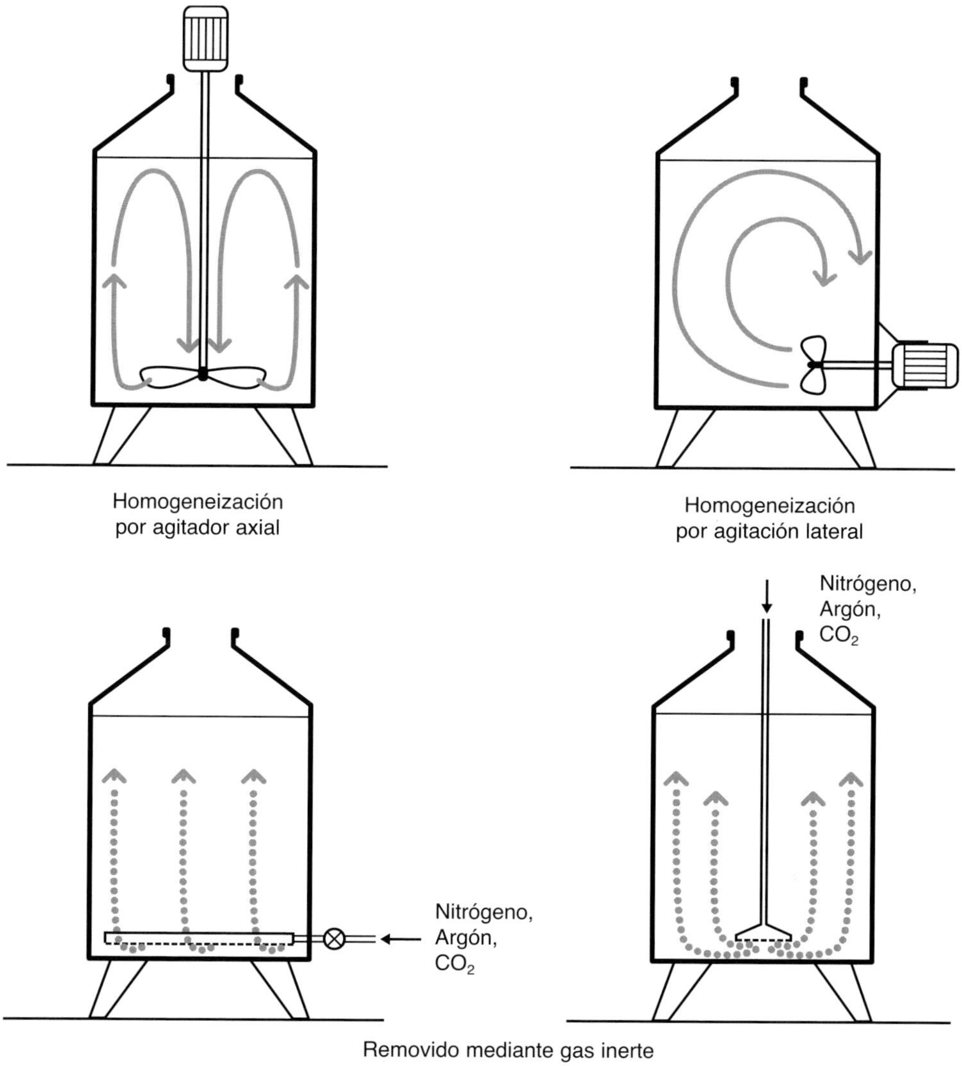

Figura 10.5.–Esquemas de homogeneización de clarificantes.

La historia de la filtración

Los grabados que acompañan a los jeroglíficos nos muestran a los egipcios filtrando el agua del Nilo, pero también su vino de uvas y de palma. La palabra «filtrar» –y por tanto la práctica– figuraba ya en el fráncico de Clovis (*filtir*, que significa amortiguador) del latín de los alquimistas (*filtrum*, 1235). Más próximo a nuestros días, se utilizan los filtros de papel –los ancestros de nuestros filtros de placas –desde 1879, la filtración esterilizante desde 1913, los filtros de tierra desde 1929 y los filtros de membrana desde 1940, para filtrar el carburante de las V2.

Regresando a la enología, puede ser interesante meditar sobre estas dos citas:
«La filtración de los vinos es una práctica relativamente moderna pero que toma cada día una importancia más grande debido a las modificaciones que se producen en las condiciones de

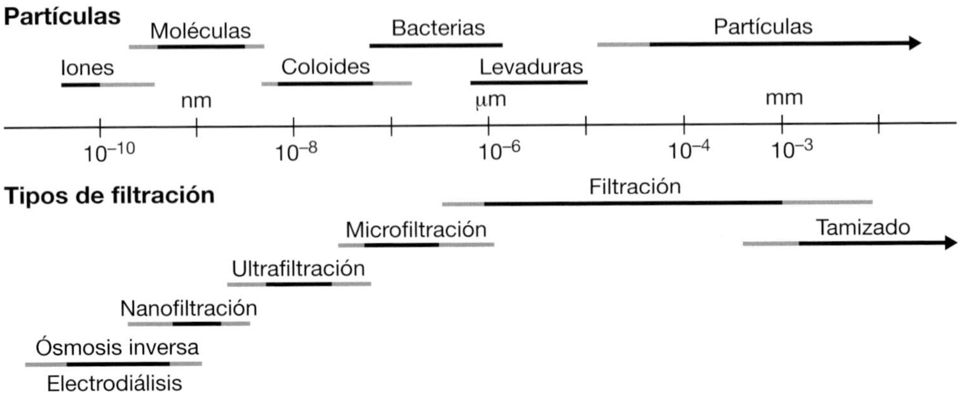

Figura 10.6.–Dimensiones de partículas y tipos de filtración.

entrega de los vinos a los consumidores» L. Degrully, Profesor de la Escuela Nacional de Agricultura de Montpellier, 7/012/1904.

«...si se le quitan a los buenos vinos de forma radical las materias que los enturbian... se conservarán más fácilmente, madurarán más rápido y la limpidez final se obtendrá más fácilmente» J. Laborde, Director de la Estación Enológica de Burdeos, 1908.

Podemos abordar seriamente esta técnica «nueva».

10.3.2. Los mecanismos de la filtración

La filtración de un líquido y/o de un gas es la retención de las partículas que contiene, mediante su paso por un filtro:

- si se trata del líquido cargado de partículas que atraviesa el filtro que retiene las partículas dejando pasar el «filtrado»: es la filtración frontal (figura 10.7a);
- si se trata del líquido cargado que circula paralelamente al filtro que no deja pasar el líquido limpio –el filtrado– mientras que las partículas se eliminan en el retenido por la llegada de otro líquido a filtrar: es la filtración tangencial (figura 10.7 b).

La filtración de cada gota de vino se obtiene en unos segundos, y no en algunas horas o días como en la clarificación.

En los dos casos, el filtro se asemeja a una pared perforada que trabaja según dos mecanismos muy diferentes:

- En superficie: las partículas de tamaño superior al de los poros del filtro son retenidas por tamizado, sin penetrar en la pared filtrante (figura 10.8). La filtración se para cuando todos los poros son tapados por partículas rígidas o muy poco deformables. El tamaño de los poros puede variar desde algunos milímetros (tamices de semillas) a varias milésimas de micrometros (ultrafiltración tangencial).
- En profundidad: las partículas penetran en el interior del filtro, de estructura esponjosa donde son retenidas: se produce la filtración en profundidad según muchos mecanismos.

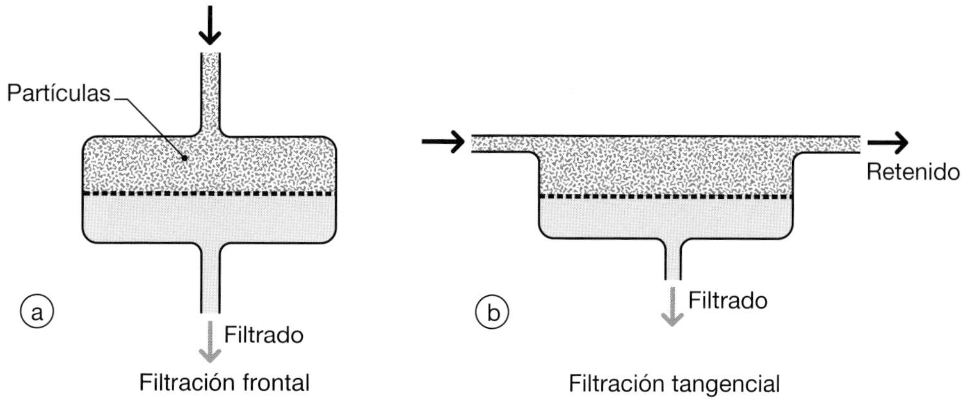

Figura 10.7.–Esquema de los principios de filtración: (a) frontal; (b) tangencial.

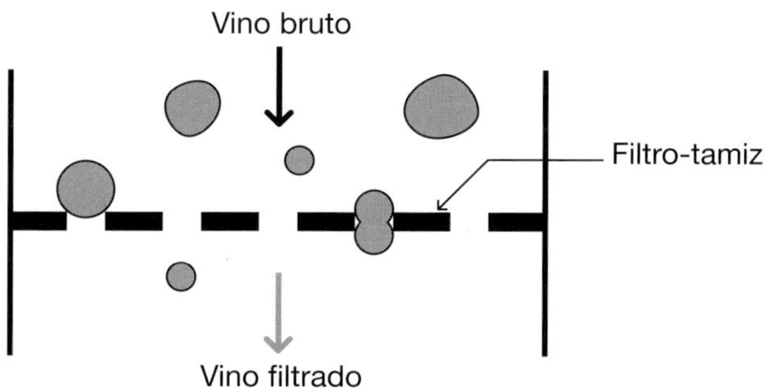

Figura 10.8.–Filtración mediante tamizado.

- intercepción de partículas arrastradas por el flujo líquido (figura 10.9a);
- sedimentación: la velocidad de circulación del líquido y de las partículas, en el interior de un filtro de sección grande, se vuelve muy escasa y las partículas se depositan (figura 10.9b).

  Por ejemplo, en un filtro de 10 placas de 40 × 40 cm, que funciona a 50 hl/l, la velocidad es de 0,001 m/s mientras que es de 1,1 m/s en tuberías de alimentación de 40 mm de diámetro;
- adsorción eléctrica: las partículas del vino cargadas negativamente son atraídas por los componentes del filtro cargados positivamente: hay una retención de partículas y de ciertos coloides mucho más pequeños que el diámetro de los poros (figura 10.9c).

Este efecto de profundidad es esencial para la mayor parte de los filtros. Asegura la capacidad de retención, es decir la cantidad total de partículas que pueden ser retenidas. Se puede comparar el paso de un filtro de 10 mm de espesor que tiene poros de 100 mm para una partícula de 10 mm con la travesía

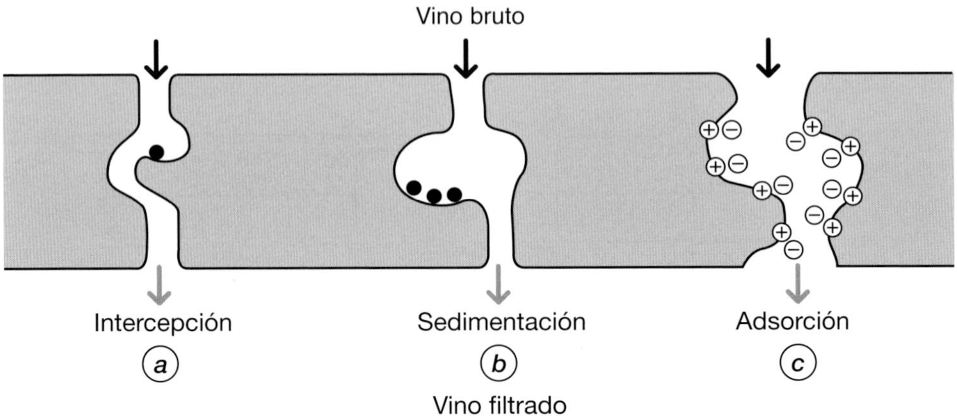

Figura 10.9.–Mecanismos de filtración en profundidad: (a) intercepción; (b) sedimentación; (c) adsorción.

de un bosque de 2 km lleno de árboles separados 20 m por un hombre (de 2 m) sin ninguna visibilidad, empujado por una corriente de líquido continuo: ¡la probabilidad de salir del bosque es muy escasa!

Un filtro es un conjunto de materias filtrantes estructuradas, de soportes y de accesorios que permiten una mejor filtración:

- aparato operativo,
- resistencia mecánica, química, adaptada al producto a filtrar,
- flexibilidad de utilización óptima: alimentación y recogida del vino, limpieza...,
- gran variedad de empleos.

10.3.3. Los materiales y los medios filtrantes

Los materiales filtrantes

Están formados por productos elementales, de distintas características, a menudo utilizados en mezclas. La tabla 10.4 presenta las características esenciales de los materiales más usuales en enología. Ninguno se puede utilizar de forma individual, siempre se debe preparar para transformar un medio filtrante.

Los medios filtrantes

En enología, se utilizan diferentes familias de medios filtrantes. Cada medio se caracteriza por muchos parámetros que permiten las comparaciones:

- Superficie total (y útil, en caso de enmascaramiento de los soportes y de los accesorios).
- Porosidad: es la relación entre la suma de las secciones de los poros y la superficie total. Puede variar de 10-20 a 80-90 %.

Tabla 10.4.–Características de diversos materiales filtrantes

	Origen	Composición	Aspecto	Dimensiones (mm)	Características químicas	Notas
Celulosa	vegetal, madera	celulosa	fibras flexibles	10-200 × 0,03-0,05	muy pura, neutra, poco resistente	
Amianto	mineral	silicato de magnesio	fibras rígidas	5-50 × 0,01-0,03	resistencia química muy grande; muy absorbente	prohibido
Kieselguhr, diatomeas, tierra de infusorios	mineral fósil, esqueletos de algas, radiolarios	sílice casi pura	finas partículas de silicio	5 a 100, calibrados	resistencia química muy grande	
Perlita	mineral, volcánica	silicato de aluminio	partículas irregulares	5-100, calibrados	resistencia química muy grande, abrasiva	escasa densidad aparente
Acero inoxidable	industrial	hierro, níquel, cromo...	hilos tejidos o metal tratado		resistencia química muy grande	muy utilizada para aceites, gas
Vidrio	industrial	sílice	hilos tejidos o vidrio tratado		resistencia química muy grande	uso de laboratorio
Fibras «plásticas»	industrial	polietileno, carbonato, amida, polietileno...	polvos e hilos	muy polimorfos	resistencia mecánica y química a veces escasa	
Derivados celulósicos	industrial	acetatos, nitratos... de celulosa	membranas espongiformes o perforadas			

- Diámetro de los poros: es el tamaño (sección o diámetro equivalente) de los poros. Se puede expresar el diámetro medio, el reparto de los diámetros, el diámetro máximo, por ejemplo de 0,1 a 10 µm. El diámetro máximo puede definir el umbral de retención, es decir el tamaño de la partícula más pequeña que no es retenida por el filtro. Los diámetros de los poros determinan la finura de la filtración.
- Permeabilidad: es el flujo del filtro, en condiciones definidas, expresado en «darcy»: determina la velocidad de filtración. Los medios filtrantes enológicos tienen porosidades que van de 0,01 a 10-20 darcys.
- Capacidad de retención: es la cantidad (peso) de las partículas que pueden ser retenidas por el filtro antes de colmatarse. Esta cantidad es difícilmente cuantificable pero es muy importante para el rendimiento económico del filtro.

Notas sobre las unidades

1 darcy = 1ml/1s/1cm^2 de superficie/1cm de espesor/1bar de presión/1centipoise de viscosidad dinámica (es decir 36 m^3/h/m^2).
1 centipoise = viscosidad del agua a 20 °C: los mostos y los vinos tienen viscosidades de entre 1,5 a 3 centipoises.

Las placas filtrantes

Este antiguo soporte –el fieltro de los alquimistas– está hoy formado por un conjunto de fibras de celulosa como un papel o un cartón poroso completado por otras fibras de kieselguhr. Los distintos fabricantes proponen gamas muy grandes de placas filtrantes que aseguran flujos, umbrales y capacidades de retención muy variadas para corresponder a las distintas necesidades. No hay correspondencias rigurosas entre las diferentes marcas pero se clasifican en tres categorías –de desbaste, clarificantes y esterilizantes– y se pueden basar en la tabla indicativa pero no exhaustiva adjunta (tabla 10.5).

Estas placas están disponibles en diversos formatos cuadrados (20 × 20, 40 × 40, 80 × 80 cm...) o en forma lenticular (punto 10.3.4).

Las tierras filtrantes

Las tierras filtrantes –o tierras de filtración, tierras de infusorios, diatomeas, diatomitas, kieselguhr...– proceden de yacimientos de diatomeas fósiles, lavadas, molidas, calcinadas y calibradas. Esta calibración permite proponer gamas muy amplias de tierras filtrantes operativas formadas por partículas de tamaños variables, repartidas según una granulometría precisa. Se caracterizan por su permeabilidad, de 0,02 a 15 darcys aproximadamente. Se trata de productos muy puros, regulares y comparables entre suministradores (tabla 10.6). Las tierras «lentas», de escasa permeabilidad (inferior a 0,5 darcy aproximadamente) son con frecuencia rosas, las otras son blancas.

Las perlitas

Las perlitas proceden de rocas volcánicas machacadas, secadas, expandidas y tamizadas para presentar granulometrías adaptadas a los diferentes usos. Igualmente se caracterizan por su permeabilidad (de 0,02 a 15 darcys

Tabla 10.5.–Correspondencia entre placas filtrantes

	Seitz	Beco	Schenk	Filtrox
Filtración esterilizante	EKS-NEU	STERIL S 100	AF S 100	
	EK1-NEU	STERIL S 80	AF S 200	
	EK - NEU	STERIL 60 STERIL 40		AF STERIL 140
	KS 50 NEU		AF S 400	AF STERIL 150
	KS 80 NEU	KDS 20	AF S 600	AF STERIL 110 AF STERIL 100
Filtración de acabado	K 100 NEU	KDS 15	AF S 800	
	K 150 NEU	KD 10	AF 10	AF 10 AF 101 N
	K 200 NEU	KD 7	AF 7	AF 50
	K 250 NEU	KD 5		AF 250 H
	K 300 NEU		AF 5	AF 40
Filtración clarificante	K 700 NEU			AF 30
	K 800 NEU	KD 3	AF 3	
	K 900 NEU	KD 2	AF 2	AF 20

aprox.) (tabla 10.7), estas perlitas tienen una densidad aparente, en bolsas, muy escasa. Son productos fuertemente abrasivos para los materiales (bombas, válvulas).

Las «membranas»

Las membranas verdaderas son películas de ésteres de celulosa (nitrato, acetato...) de varias décimas de milímetros de espesor, estructuradas en forma de esponjas permeables de fuerte porosidad (70 a 80 %) o, más raramente, perforadas por canales rectilíneos para formar un micro-tamiz. De muy buena resistencia química, mecánica e hidráulica, trabajan casi únicamente mediante tamizado pero con una capacidad de retención muy escasa.

Los poros cuyo diámetro varía entre 0,2 a 2-5 µm, son habitualmente muy regulares y garantizan todo más pequeño que un valor determinado (ej.: 0,65 µm).

Tabla.10.6.–Comparación de varias tierras filtrantes (según Matevi-Filtration, Cámara de Agricultura de la Gironde, 2000)

	Beco	**Ceca**	**Celite**	**Celite**	**Eagle Picher**	**Laboratoire oenotechnique**	**Laffort**	**Lamothe Abiet**	**Spindal**
Permeabilidad (darcy)	Francia	Francia	Francia	Estados Unidos	Estados Unidos	Francia	Francia	Francia	Francia
	Becogur	Clarcel	Primisil		Celatom	Oenofiltra	Diatomyl	L A	Spindalite
0,02					FN 6				
	100	CLBL/3	121			KGF/L3	P 6	LA 0	L 3
			141		FN 1		P 5	LA 1	
		CBL			FP 1	KGF/L			N
0,1							P 4		R
	200				FP 2	KGF/R			
		CBR							
0,2	1.200		241	Std Supercel				LA 2	
0,3		CBR/3				KGF/R3			
	1.500								
0,4				Célite 512					
0,9	3.500	DIF/BO	511			KS/BO	P 2	LA 5	AM 3
		DIC/B		Hylio Supercel		KS/B			XX
1,5					FW 14		P 1	LA 6	

2,1		DIC			FW 20	KS/C	P 0		
2,7									
			741					LA 14	
				Célite 535					
3,2		DIC/S							AM
4				Célite 545			P 00		
	4.500	DIT/R							
					FW 60 S	KS/R			T
7				Célite 555					
9		DIT/2R							
						KSR/2			TT
15		DIT/3R				KSR/3			

Tabla.10.7.–Comparación de algnas perlitas (según Matevi-Filtration, Cámara de Agricultura de la Gironde, 2000)

	Beco	**Ceca**	**Celite**	**Dicalite**	**Littorale**	**Laboratoire oenotechnique**	**Laffort**	**Lamothe Abiet**
Permeabilidad (darcy)	Francia	Francia	Estados Unidos	Estados Unidos	Francia	Francia	Francia	Francia
	Becolite	Flo	J	Celatom	Europerl	Oenoperl	Perl	
0,02								
	100			408		W 4	P6	
							P5	
			206			W 5		
0,1				418				
							P4	
						W 6		
0,2								
0,3			208	428				
					450	W 7		
0,4								
0,7	3.000			478		W 9	6	lente
0,9								
						W 12		

			4	4.108				
1,5		L	2	4.128		W 19		
	6.000							
				4.158				
2,1		M				W 24		
		OENO		4.208				
		R				W 26	10	H 900
				4.258	900 V1			
2,7			100					RS
			150					
3,2								
				4.308		W 28		
4								
				4.358			15	
						KS/R		
7			Célite 555					
9								
						KSR/2		
15						KSR/3		

Garantizan así un umbral de retención absoluto. Este tipo de filtros sigue siendo muy utilizado en el laboratorio pero prácticamente está abandonado en enología.

Se utilizan membranas compuestas formadas por una superposición de delgadas películas, tejidos, placas muy finas que constituyen los soportes filtrantes de varios milímetros de espesor dispuestos en placas, tubos o tubos con pliegues. Están definidas para un umbral de filtración nominal que corresponde al tamaño de las partículas retenidas (ej.: 1 µm). Trabajan a la vez mediante tamizado y en profundidad con una capacidad de retención muy mejorada en relación con las membranas verdaderas, a pesar de una porosidad limitada (15 a 20 %).

Existen igualmente filtros de acero inoxidable tejidos o tratados, de una gran resistencia química y mecánica pero de escasa capacidad de retención.

10.3.4. Los filtros

La enología utiliza actualmente un gran número de filtros más diferentes y complementarios que concurrentes. Su descripción detallada es imposible. Nos remitimos a los documentos especializados (ej.: Matevi®-Filtration, Cámara de agricultura de la Gironde, *www.matevi-france.com*) para profundizar en las características, principios, modos de empleo, disfunciones y precios de los aparatos disponibles en el mercado francés. Aquí simplemente indicaremos las principales ventajas e inconvenientes, las condiciones de utilización de las grandes familias de filtros. La calidad de los resultados depende de la buena adaptación entre filtro, soporte, materiales filtrantes, el mosto o el vino y la puesta en marcha.

Los filtros de placas

Las placas filtrantes se mantienen mediante unos platos (verticales) que aseguran la llegada del vino bruto y la recogida del vino filtrado. El conjunto se completa con diferentes accesorios indispensables tales como una bomba de alimentación, un mirador y un manómetro de entrada/salida, purga y recipiente de recuperación (figura 10.10).

Estos filtros son muy polivalentes, gracias a la elección de placas disponibles, simples, robustas y sin piezas que se muevan y puedan estorbar. El montaje de las placas es bastante delicado, siendo las fugas de vino frecuentes. El buen funcionamiento depende de muchas reglas obligatorias:

- respetar el sentido de circulación del vino, con salida por la cara «estrecha»;
- alimentación regular del vino, sin variaciones, sin sobrepresiones, mediante una bomba con variador de caudal de tipo centrífuga o rotativa;
- respetar los caudales según las placas (l/h/placa) (tabla 10.8);
- volumen filtrado limitado, en general de 6 a 8 veces el volumen máximo horario;
  - lavar las placas antes de usarlas hasta la desaparición del «gusto a placas», con agua muy limpia y filtrada con filtros de agua;
  - la regeneración (agua caliente) es posible pero poco recomendable, puesto que existen riesgos de re-entrada de partículas o de fibras del filtro.

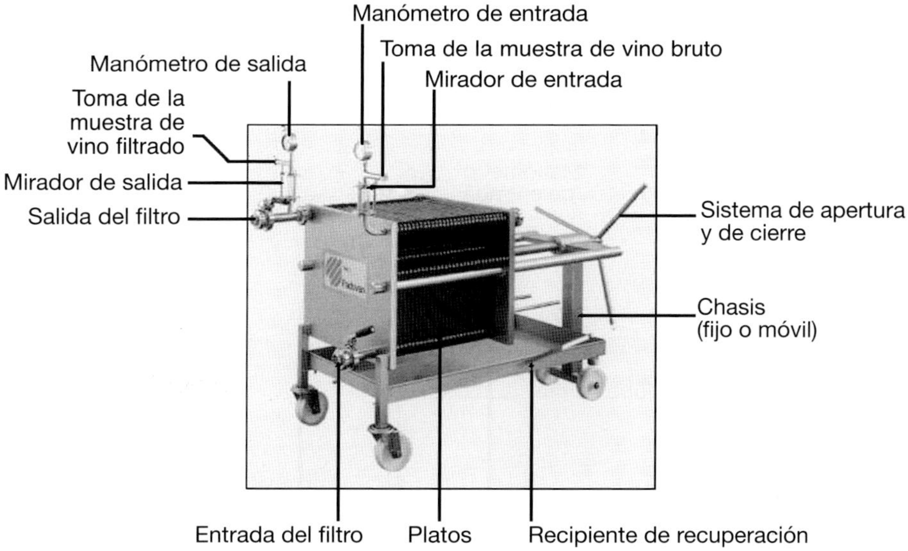

Figura 10.10.–Aspecto general de un filtro de placas.

Existen filtros de placas con cámara de derivación: sobre un mismo soporte, el mismo vino se filtra sobre placas pequeñas además de estrechas, y filtros con marcos huecos permiten filtrar mediante aluvionado.

Los filtros de placas se utilizan sobre todo para la clarificación de vinos medianamente cargados, siendo sustituidos por filtros de aluvionado para los vinos muy cargados y por filtros de cartuchos para los vinos muy limpios.

Tabla 10.8.–Caudales en función de las placas

	Placas		
	Quita-partículas gruesas	**Clarificantes**	**Esterilizantes**
Caudal (l/h/placa)	120-140	70-80	45-60
Presión (bar)	2,5	1,5-2,0	1-1,2

Los filtros lenticulares

De aspectos muy diferentes, los filtros lenticulares son la prolongación de los filtros de placas. En el interior de un cilindro vertical, los medios filtrantes forman capas (o *lentillas*) huecas conectadas a un tubo central que recoge el vino filtrado (figuras 10.11 y 10.12).

Estas capas tienen una resistencia mecánica e hidráulica muy fuertes; se pueden esterilizar *in situ* (agua caliente, vapor, solución sulfurosa) y pueden usarse durante largos períodos con paradas. Existen capas para superficie, de permeabilidad y de capacidad de retención variadas, que se corresponden a las placas quita-gruesos y a las esterilizantes.

Estos filtros son muy sencillos, muy robustos, poco voluminosos, sin fugas de vino, fáciles de instalar y de esterilizar. Muy polivalentes, podrían ser usados de forma muy amplia en enología.

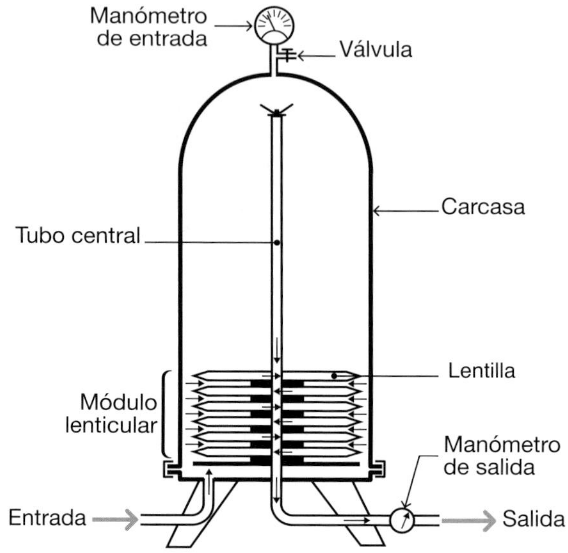

Figura 10.11.–Esquema de un filtro lenticular.

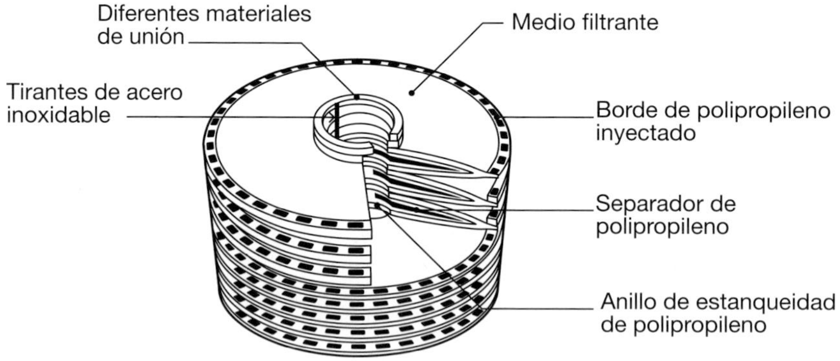

Figura 10.12.–Esquema de lentillas de filtración.

Los filtros de aluvionado continuo

En estos filtros, el *filtrador* fabrica para cada operación el medio filtrante a partir de los materiales suministrados. El mosto o el vino se mezclan en continuo con tierra de infusorios o con perlita que se retienen sobre un tamiz (de acero inoxidable o de tela) –el soporte– fijando las partículas del vino. En la práctica, la filtración se compone de dos fases: la formación del pre-lecho para sustituir el efecto tamizante del soporte y la filtración propiamente dicha (figura

10.13). El caudal es teóricamente constante y la filtración sólo se detiene cuando el filtro se obtura o por una colmatación accidental.

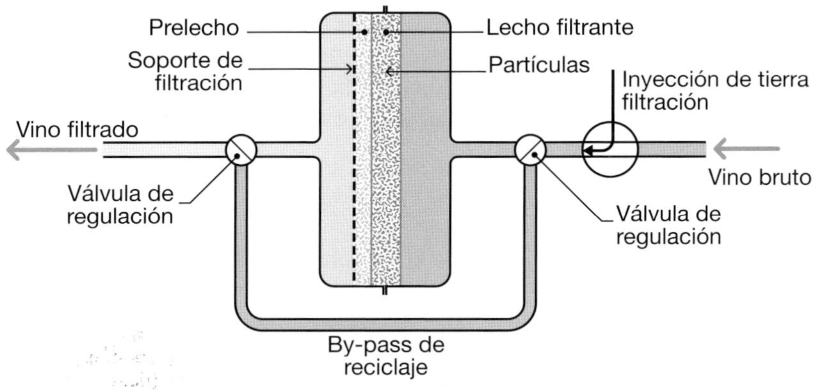

Figura 10.13.–Esquema del principio de un filtro de aluvionado continuo.

La elección del filtro pasa por una definición previa precisa de necesidades: tipo de producto a filtrar, volumen y caudal necesarios. Los buenos resultados dependen en gran medida de la calidad del *filtrador* que debe aplicar diversas reglas empíricas a adaptar a cada lote a filtrar.

- Preparar cuidadosamente el pre-lecho con una tierra ligeramente más permeable que el lecho filtrante y un vino (o agua) limpia, de caudal lo suficientemente elevado. Se necesitan de 1 a 2 kg de tierra/m^2 de pre-lecho. Puede ser útil elaborar dos pre-lechos.
- Aluvionar el lecho con regularidad, sin variaciones de presión, con un vino no demasiado cargado –reciclar el vino filtrado si es necesario– ajustando la cantidad y la calidad de la tierra a la evolución de la filtración. Si es necesario, filtrar en dos veces, para una eliminación de gruesos seguida de un acabado: se obtienen mejores resultados técnicos y económicos.
- Vigilar regularmente el funcionamiento del filtro: limpieza a la salida, subir de presión, bajar el caudal para intervenir lo más preventivamente posible.
- La tabla 10.9 da algunas indicaciones sobre cantidades y calidades (permeabilidad) de las tierras a utilizar.
- Recuperar el vino que queda en el filtro después de parar.
- Sacar la tierra de filtración cargada de partículas recuperándola para evitar la colmatación de las canalizaciones y la contaminación de los efluentes.
- Limpiar y desinfectar rigurosamente todo el aparataje y sus bombas, válvulas y accesorios.

Los filtros rotativos a vacío

Estos filtro, de desarrollo reciente en enología, son muy útiles para la clarificación de líquidos muy cargados (mosto, fangos, lías) puesto que su caudal depende poco de la cantidad de partículas del líquido a filtrar. Están formados por un tambor horizontal rotativo poroso (de acero inoxidable, o de tela) sobre el que se deposita un lecho filtrante de kieselguhr o de perlita de varios centímetros de espesor (20 a 30 kg de tierra/m^2) mediante aspiración en vacío. El líquido a filtrar sigue entonces el mismo camino (figura 10.14) y el depósito superficial se elimina mediante un raspado regular con el caudal constante, el que tenga la carga de líquido. Se obtienen caudales de 1-2 a 10-12 hl/h/m^2 para cantidades de 0,3 a 2 kg de aditivo/hl filtrado. Una buena puesta en marcha requiere una preparación cuidadosa de la capa filtrante y una vigilancia estricta del funcionamiento, en particular para evitar la colmatación, la rotura o el desprendimiento de este lecho.

Tabla 10.9.–Cantidad y calidad de kieselguhr para la filtración mediante aluvionado continuo (según *Journal international des sciences de la vigne et du vin,* 1993)

	Pre-lecho		Aluvionado		Caudal (hl/h/m^2)
	Permeabilidad (darcy)	Cantidad (kg/m^2)	Permeabilidad (darcy)	Cantidad (kg/m^2)	
Vinos del año	2-3	0,5-1	2-3	150-300	5
Vinos prensa	2-3	0,5-1	2-3	200-400	5
Vinos en fase de crianza	1-2	0,5-1	1-2	50-200	10
Vinos antes de embotellar con filtración sobre placas	1	0,5-1	0,4-1	20-100	10-15
Vinos antes de embotellar con filtración «membrana»	1	0,5-1	0,06-0,4	20-100	10-15

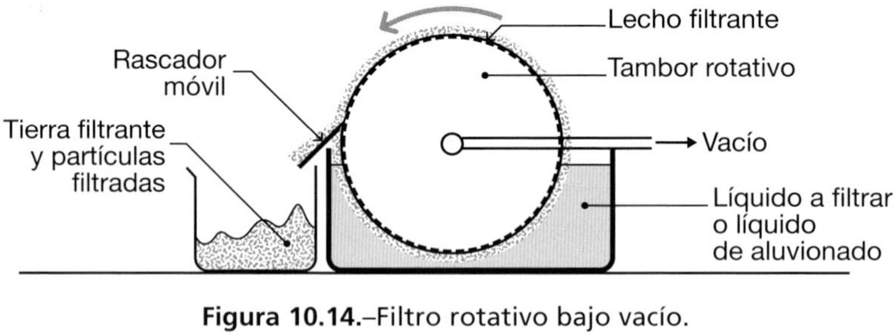

Figura 10.14.–Filtro rotativo bajo vacío.

Los filtros de cartuchos

En una carcasa, se sitúan uno o varios «cartuchos» del tipo de membranas compuestos de 10, 20, 30, 40 pulgadas (10 pulgadas = 254 mm) que recogen el vino filtrado por su eje (figura 10.15). La gama de cartuchos utilizados está adaptada particularmente a las filtraciones estrechas, con umbrales de filtración de alrededor de 0,45 a 1,3 µm, pero existen cartuchos mucho más rudimentarios (entretejidos, de celulosa modificada) para clarificaciones más gruesas (ej.:

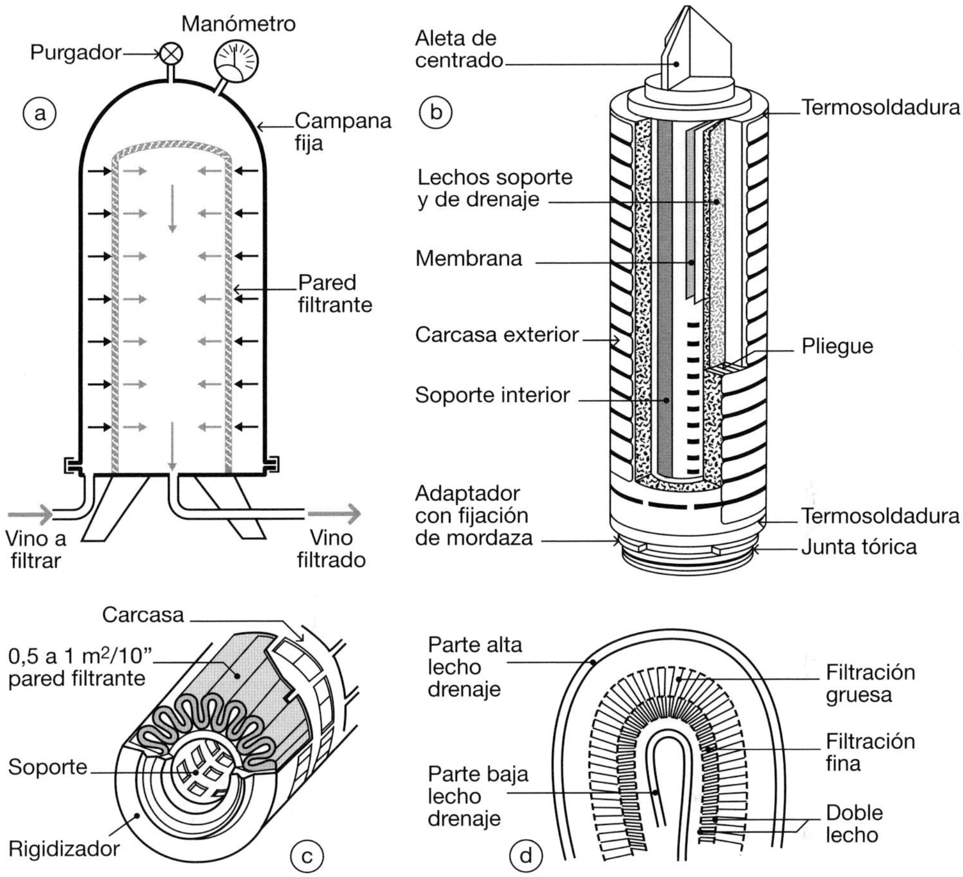

Figura 10.15.–Filtros de cartucho: (a) esquema general; (b) aspecto de un cartucho (con cortes); (c) sección de un cartucho; (d) detalle de los pliegues de un cartucho.

filtros de agua con cartuchos de 10″). Para una normal utilización, que puede ser más larga, sólo se filtran los vinos poco cargados puesto que los cartuchos tienen una escasa capacidad de retención.

Lo más frecuente es que las carcasas de los cartuchos se coloquen en serie –pre-filtración grosera y filtración ajustada– sobre las paletas de filtración equipadas con bomba y circuito de aclarado. Estos filtros son muy resistentes a la presión (5 a 7 bares, pero evitar presiones menores de 2 a 3 bares), a las variaciones de presión y son regenerables y esterilizables con agua caliente en el sentido de la filtración o a contracorriente (según las indicaciones del fabricante).

Los filtros-prensa

Aunque su aspecto exterior es semejante a los filtros de placas, los filtros-prensa tienen principios y utilización muy diferentes. El líquido a filtrar, generalmente muy cargado, se clarifica en los tejidos soporte (nailon, polipropileno) mediante el depósito de las partículas propias del vino que constituyen el material filtrante completado mediante un aporte de perlita (o de kieselguhr) a 0,5-3 kg/hl. El caudal instantáneo es muy escaso (0,5 a 3-4 hl/h/m^2) pero se mantiene aceptable para líquidos muy cargados (ej.: burbas en el desfangado, lías en la clarificación). Se dispone de filtros de 1-2 m^2 a 400-500 m^2), con marcos de 40 × 40 a 150 × 150 cm.

Después de cada ciclo de unas cuatro horas, se «desbasta» el filtro y se lava antes de un nuevo uso. Este sistema tan antiguo ha sufrido una renovación muy apreciada para la clarificación de mostos y de vinos muy cargados. Teniendo en cuenta el escaso caudal por m^2, es necesario elegir una superficie filtrante adecuada:

Ejemplo

50 hl a filtrar diariamente, en dos ciclos, de 1,25 hl/h/m^2.
Se necesitan: 50/2 × 1/1,25 = 20 m^2 de superficie (es decir, el equivalente a 156 placas de 40 × 40 cm).

Los filtros tangenciales

Experimentada desde 1980, la filtración tangencial conoció un fuerte desarrollo poco después. El mosto o el vino se envían bajo fuerte presión tangencialmente a una membrana orgánica (polisulfona, polipropileno...) o mineral (cerámica...), con poros de 0,05 a 3-8 μm. Estas membranas están en forma de capilares, de espirales reagrupadas en módulos que contienen superficies muy variables (0,1 a 500 m^2 por ejemplo). Poseen una estructura asimétrica que impide el colmatamiento. El filtro se alimenta a baja presión puesto que el *retenido* se recicla numerosas veces mediante una bomba de alta presión, lo que supone una elevación de la temperatura que se debe controlar mediante refrigeración, si fuese necesaria (figura 10.16).

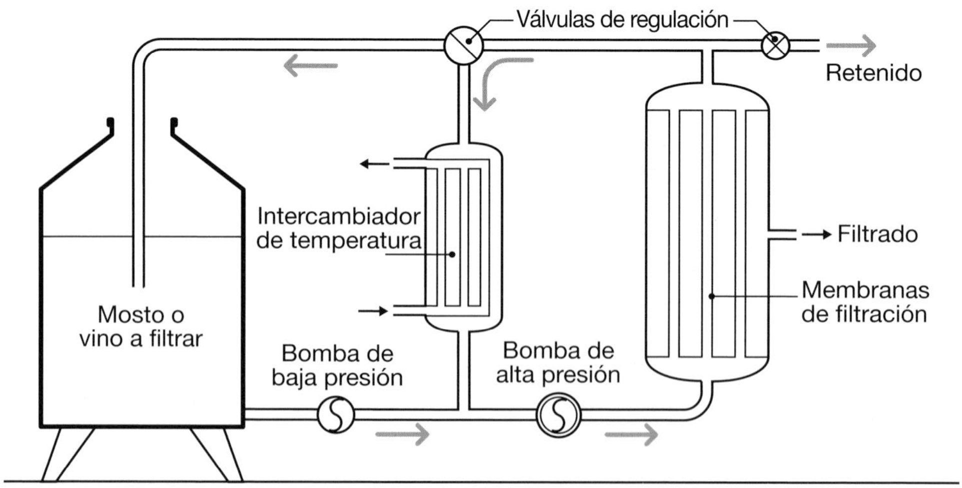

Figura 10.16.–Filtro tangencial.

Estos filtros tienen necesariamente un umbral de retención muy bajo (alrededor de 0,1 a 0,5 µm) proporcionando un líquido muy limpio (de algunas NTU o fracciones de NTU), aun teniendo un líquido de entrada muy cargado.

Notas

Estos filtros son utilizados corrientemente en la industria agroalimentaria y farmacéutica para recuperar el retenido (microorganismos, coloides) con eliminación del filtrado.

La fuerte retención de coloides elimina los coloides protectores y aumenta mucho los riesgos posteriores de precipitaciones tartáricas. El riesgo es particularmente grave en caso de filtración inmediatamente anterior al embotellado.

Estos filtros son teóricamente aptos para remplazar las otras filtraciones, en una única operación, transformando un líquido cargado en un líquido de limpidez perfecta, estéril: esta utilización es todavía ampliamente teórica.

El carácter tan peculiar de esta filtración ¿es verdaderamente necesario para el conjunto de los vinos?

10.3.5. Elección y seguimiento de la filtración

La diversidad de productos a filtrar y de filtros disponibles imponen una elección rigurosa del par vino/filtro y del seguimiento de los resultados obtenidos. Los numerosos estudios fundamentales sobre la filtración ofrecen herramientas prácticas diversas, demasiado a menudo poco empleadas. Sin desarrollar aquí estos conocimientos, se puede insistir sobre numerosas aplicaciones.

La filtrabilidad de mostos y vinos

La filtrabilidad de mostos y vinos depende a la vez de la cantidad, del tamaño y de la naturaleza de las partículas y de los coloides. Frente a la imposibilidad práctica de cuantificar estos elementos, se mide directamente la filtrabilidad de los mostos o de los vinos mediante ensayo en laboratorio. La turbidez informa acerca de la importancia de las partículas.

En estas condiciones estándares (temperatura, presión), se mide el volumen filtrado sobre un soporte filtrante de referencia (ej.: membrana de laboratorio con poros de 0,65 µm) o sobre una serie de soportes filtrantes idénticos a los filtros de bodega que se pueden utilizar.

A partir de numerosos ensayos (de 1994 a 1996), hemos demostrado que era posible calcular para cada muestra sus características de filtrabilidad como el «caudal inicial», «volumen nominal», «volumen de caudal conocido», para cada soporte. Los cálculos completos son extrapolables a partir de algunas medidas efectuadas en varios minutos, mediante una conexión entre una balanza y un microordenador (figura 10.17).

Estos cálculos completan y precisan los resultados más antiguos obtenidos del índice de colmatación (IC) o del índice de colmatación modificado (ICM) (Laurenty, 1996) o el volumen máximo (V_{max}) puesto a punto mediante las filtraciones únicas sobre membrana o similares.

Medidas, cálculos e interpretaciones se realizan en un laboratorio especializado o en un laboratorio de empresa.

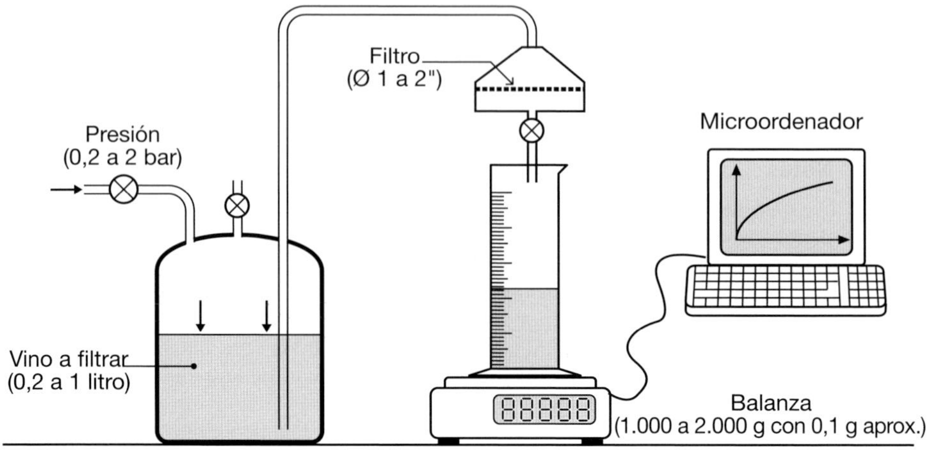

Figura 10.17.–Determinación de la filtrabilidad de los vinos.

El control de los filtros

A veces es posible verificar la aptitud a la retención de los filtros *in situ*, listos para ser utilizados.

Punto de burbuja

Se aplica una presión de aire creciente sobre un filtro «membrana verdadera» mojado y se observa a qué presión el aire atraviesa el filtro provocando burbujas en el líquido en el que se liberan. Esta presión, llamada «punto de burbuja», corresponde al tamaño de los poros mayores del filtro y, por tanto, a su umbral de retención absoluta (figura 10.18). Crece cuando el diámetro de los poros disminuye.

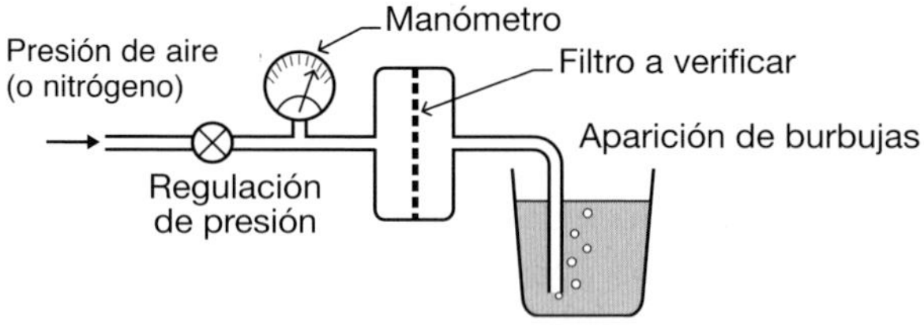

Figura 10.18.–Medida del punto de burbuja.

Control de integridad

No se puede utilizar este ensayo para los filtros de cartuchos o lenticulares, más heterogéneos, pero midiendo la velocidad de caída de la presión del aire aplicada sobre el filtro mojado se puede estimar su «integridad», es decir la ausencia de poros anormalmente grandes que supondrían una caída de la presión demasiado fuerte. Los fabricantes indican las presiones a ejercer y las caídas de presión admisibles según el tipo de filtros (figura 10.19).

========================

SARTOHECHECK JUNIOR
FILTER -TEST

========================

FECHA ....: 22.11.1988
HORA ....: 11:37

DOCUMENTACIÓN
===========

OPERARIO	: Durand
PRODUCTO	: Cabernet
LOTE DE PRODUCTO	: 234 / 9
TIPO DE FILTRO	: Vinasart
LOTE DEL FILTRO	: 518 /88
POROSIDAD	: 0,45 µm
TIPO DE DEPÓSITO	: 5 / 2

PARÁMETROS DEL TEST
==============

PRESIÓN DEL TEST	800 mbar
DURAC. DE ESTABILIDAD	3 min
DURACIÓN DEL TEST	5 min
CAÍDA DE PRESIÓN	25 mbar

RESULTADO DEL TEST
=============

CAÍDA DE PRESIÓN 5 mbar

EVALUACIÓN
========

TEST POSITIVO

Figura 10.19.–Filtrado de control de integridad.

Control de esterilidad

La mejor esterilidad se asegura mediante calor, por circulación de agua caliente filtrada (ej.: doble filtro de cartuchos para el agua) en todo el circuito, posiblemente hasta las boquillas de las llenadoras en la filtración de embotellado. Se debe mantener una temperatura de salida de al menos 80 °C durante 15 minutos.

La esterilidad se puede verificar mediante conteo microbiano o barrido de las paredes y medida del ATP.

El seguimiento de la filtración

En el transcurso de la filtración, se produce una bajada del caudal, un aumento de presión y, según los filtros, los vinos y su puesta en marcha, una mejora o una degradación de la turbidez. Por razones económicas evidentes, se debe tener un caudal máximo y por razones técnicas una turbidez mínima. Por otro lado el seguimiento regular de estos dos parámetros, si es posible acoplados a las «leyes de la filtración» del filtro utilizado, permitiría optimizar los resultados interviniendo de forma preventiva y regular sobre las condiciones de filtración (presión de alimentación, cantidad y naturaleza de los aditivos...): ésta es la función de *Filtrexpert* puesto a punto por la Cámara de agricultura de la Gironde y el laboratorio de microelectrónica de la Universidad de Burdeos.

Los controles de la filtración mediante «Filtrexpert»

El objetivo mínimo de la filtración es obtener el nivel de turbidez deseado, en todo momento.

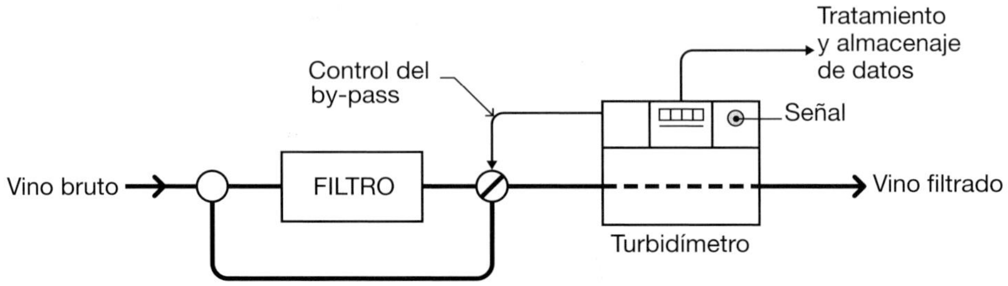

Figura 10.20.–Control de la calidad de filtración mediante Filtrexpert.

Filtrexpert es un turbidímetro para filtros industriales. Mide en continuo la turbidez del líquido filtrado, administra las anomalías puntuales fijando su valor, pone en funcionamiento una señal en caso de que se sobrepase, almacena los resultados y/o los transmite a una memoria externa para interpretarlos en tiempo real o diferido. La señal puede activar la parada de la filtración o el reciclaje del filtrado. El conjunto de los filtros en marcha se puede beneficiar de esta herramienta retomando una idea antigua con los aparatos actuales adaptados a las condiciones de trabajo de las bodegas.

Algunos ejemplos de trabajos de filtración

La diversidad de necesidades y de equipos se encuentra en una infinidad de organizaciones de trabajos.

- La casi totalidad de vinos se filtra de una a dos o tres veces.
- La ausencia total de filtración está muy limitada a algunos vinos, de crianza tradicional larga, aceptando el riesgo de ligeras turbideces o depósitos y la presencia de microorganismos residuales.
- La filtración de mostos se viene desarrollando desde hace muchos años; permite una mejor valoración de los volúmenes que no se explotan de forma adecuada por decantación.
- Eliminando los coloides, la filtración modifica la estructura de los vinos y pueden inducirse precipitaciones posteriores (ej.: precipitaciones tartáricas): no reemplaza la estabilización.

Conclusión

La figura 10.21 resume los principales casos de buena utilización de los diferentes tipos de filtros. Por razones técnicas y económicas, la elección del principio de filtración depende en gran medida de la carga (cantidad de materias sólidas) del mosto o del vino.

De forma más general, la gestión de las filtraciones se puede basar en el esquema de la figura 10.22: la filtración debe alcanzar el nivel de clarificación deseado, éste ni se verifica con la suficiente regularidad en tiempo real, ni se memoriza (ej.: figura 10.23) puesto que cada filtración sirve para mejorar la conducción de la siguiente.

La figura 10.24 presenta algunos circuitos de filtraciones usuales para la clarificación de los vinos.

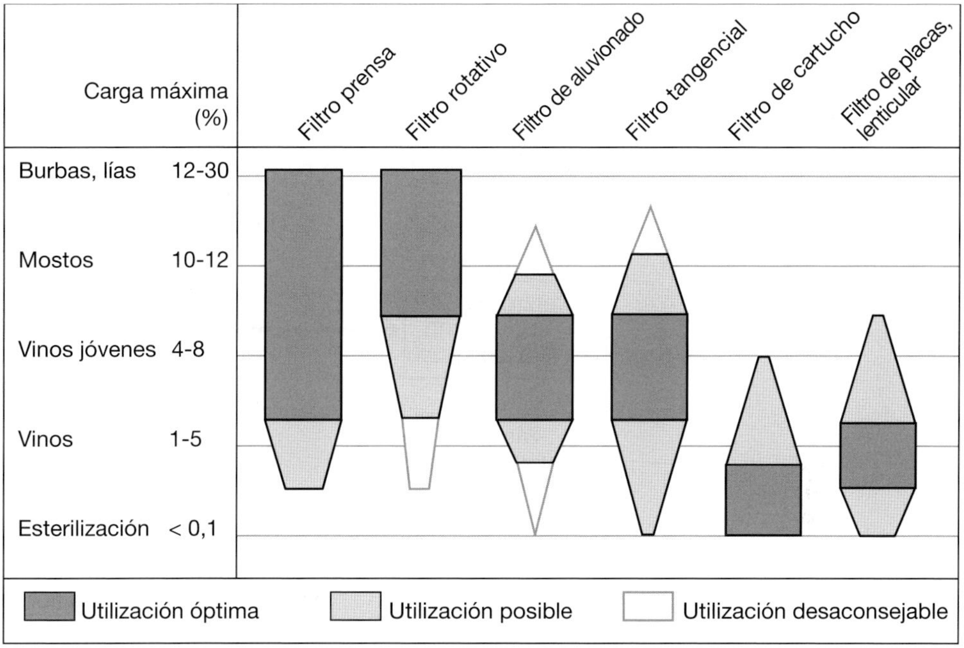

Figura 10.21.–Principales casos de buena utilización de diferentes filtros.

El coste de las filtraciones

El coste de las filtraciones es muy variable, a menudo elevada, pero debe compensarse con la plusvalía de los vinos y/o la ausencia de problemas comerciales. El precio de coste está formado por diferentes elementos:

- amortización del material;
- consumibles directos: placas, tierras, lentillas, cartuchos...;
- renovación del medio filtrante: membrana de filtros tangenciales;
- mantenimiento;
- energía: motor, posible refrigeración;
- pérdidas de vino: alrededor de 0,5 l/kg de tierra, fugas, cambio del filtro;
- mano de obra: preparación del filtro, vigilancia, desmontado y limpieza. La duración de los ciclos fija el tiempo total de las operaciones de preparación/desmontado/limpieza, las que consumen más mano de obra.

El cálculo preciso es complejo pero la estimación aproximada es indispensable para elegir las modalidades económicas de las filtraciones: compra, alquiler, utilización en grupo (cooperativa CUMA...), prestaciones de servicios.

Como para todas las demás operaciones enológicas, el resultado económico óptimo depende sobre todo de la posible plusvalía del vino, complementada por la valoración de un volumen importante (capítulo 4, «Filtración de los mostos»).

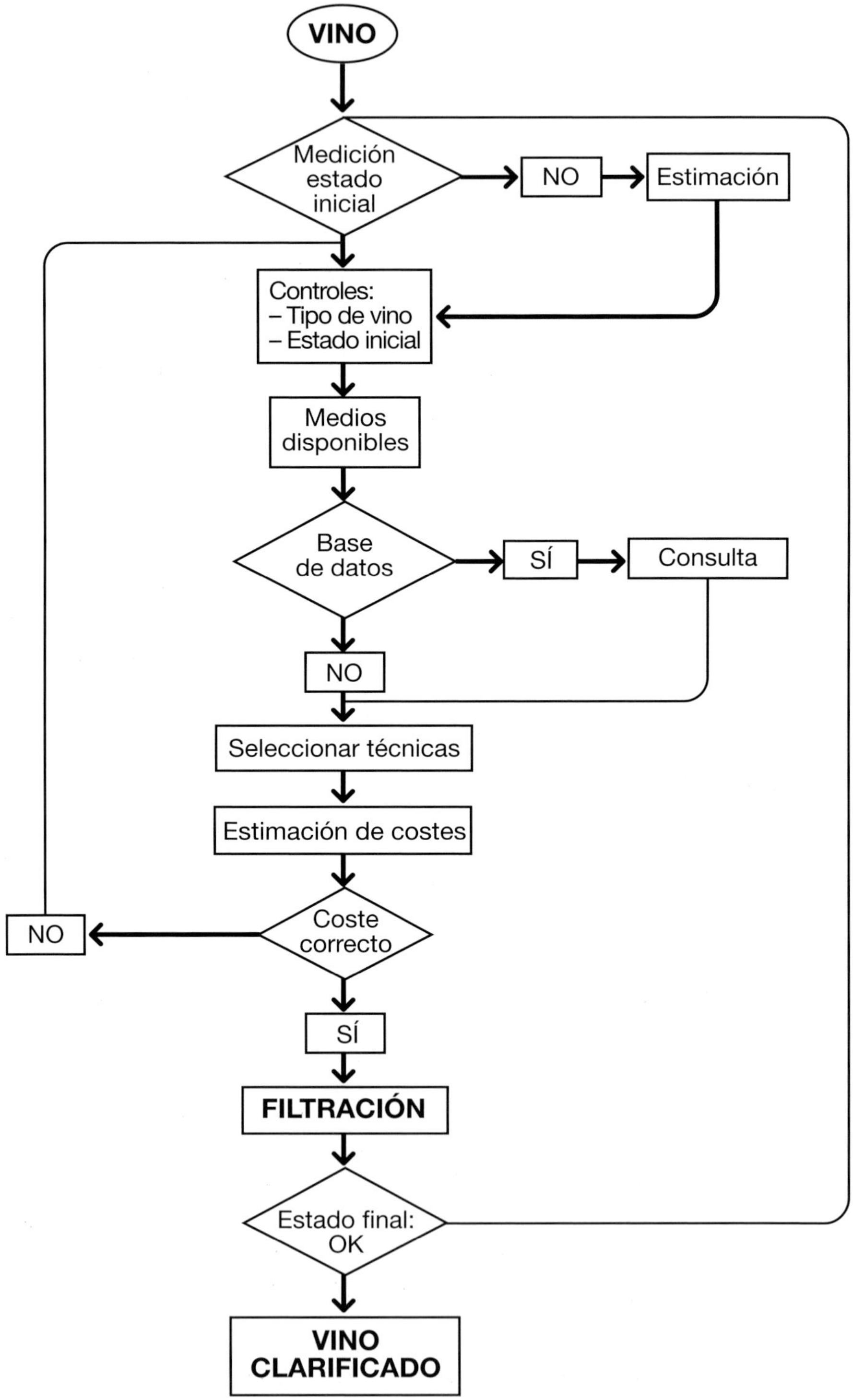

Figura 10.22.–Esquema de gestión de la clarificación mediante filtración.

FICHA DE FILTRACIÓN

1 - FILTRACIÓN EN LABORATORIO

***OPERARIO** .... Fecha....../....../...... Hora......... N.° ensayo......

***VINO:** Color .... Cosecha .... Identificación ....

Estado del vino: GAV...... S.T. ... A.T. ......g/l Turbidez ... NTU Burbas...g/l
Viscosidad .... Test alcohol ......

Preparación del vino

Fecha	Tratamiento	Producto	Cantidad	Duración	Calidad

***FILTRO DE PRUEBA:** Material filtrante .... Ref. suministrado ....
Diám. poros ....μm Diám. filtro .... mm
Superficie útil ....cm²

***CONDICIONES FILTRACIÓN:** Temp. vino......°C Presión filtro .... bares

***RESULTADOS FILTRACIÓN:**

Colmatación: Brusco/Progresivo/Echado a perder

V. MÁX...............ml/cm²	Caudal inicial............ml/cm²
I. C.	ICM.....................
V. MÁX / 10 =............hl/m² (1)	

Tiempo para Volumen fijado: .... mn para .... ml/cm²
Tiempo para Caudal fijado: .... mn para .... ml/mn/cm²
Volumen para Caudal fijado: .... ml para .... ml/mn/cm²

Turbidez final: .... NTU

***OBSERVACIONES:**

CONCLUSIÓN : Filtrabilidad = MB/B/Mediana/Mediocre/Mala

2 - FILTRACION EN BODEGA

***OPERARIO**.................. Fecha....../....../...... Hora inicio......... Fin ....

***VINO:** Color............ Cosecha............ Identificación.....................

***FILTRO:** Marca............ Tipo............ Superficie útil............m²

***MATERIAL:** Marca........................ Referencia.....................

***RESULTADOS**

☐ Cantidades:

Duración de la filtración.........h	Volumen filtrado............hl (2)
	Caudal medio...............hl/h

Caudal/superficie .... hl/h/m² (2) Relación filtrabilidad LABO/BODEGA = (1)/(2) :.........

Cantidades utilizadas: tierra ....kg es decir .... kg/hl N.° placas.........

☐ Calidad general:

Turbidez............ NTU Aspecto visual (1 a 5)......... Degustación (1 a 5).........

***OBSERVACIONES:**

Figura 10.23.–Ficha de filtración.

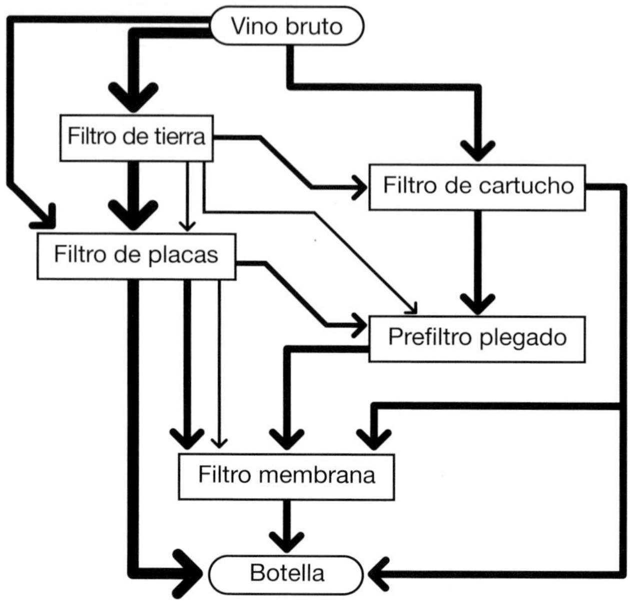

Figura 10.24.–Algunos circuitos de filtración de vinos (el grosor de los trazos indica la frecuencia de los circuitos).

10.3.6. Clarificación y filtración

Durante mucho tiempo separadas, opuestas, clarificación y filtración son complementarias. La clarificación es irremplazable para la estabilización y la suavización de taninos, de color y para la eliminación de proteínas en exceso.

La filtración es sólo apta para eliminar rápidamente los turbios así como todos los microorganismos.

El esquema clásico «clarificación y filtración» permanece en la base de la crianza de los vinos tintos pero también para los vinos blancos que tienen casi siempre necesidad de bentonizado. La tabla 10.10 reúne las posibilidades y límites de los diferentes sistemas de estabilización y clarificación.

10.3.7. Filtración y calidad organoléptica

Los efectos de la filtración sobre las calidades organolépticas han sido objeto de innumerables opiniones y observaciones que se pueden resumir de la siguiente forma:

- La presencia de turbidez no es un elemento de calidad global, incluso si hay (ligeros) depósitos bastante bien aceptados en algunos vinos viejos.
- La filtración elimina rápidamente las partículas (y los coloides) que desaparecerían lentamente bajo el efecto de la clarificación o del tiempo.
- La eliminación de los coloides mediante filtración está con frecuencia más limitada que mediante clarificación, salvo en el caso de filtración extremadamente intensa (filtración tangencial, microfiltración muy intensa).

Tabla 10.10.–Comparación de diferentes sistemas de estabilización y clarificación de mostos y vinos

	Tiempo	Clarificación	Filtración	Ultrafiltración	Centrifugación
Rapidez	– – –	+	+++	+++	+++
Eliminación de partículas	+	++	+++	+++	++(+)
Eliminación de coloides	+	+++	+	++(+)	+
Efecto clarificante	0 a ++	+ a +++	+++	+++	++(+)
Efecto estabilizante	++	+++	+	++ a – – –	//
Suavización de taninos	++	+++	+	+	//
Riesgos de desgasificación	(+++)	+	+(+)	+(+)	+(++)
Inversión	+(+)	+	++	+++	+++
Consumibles	0	+	+ a +++	(++)	+
Energía	0	+	+(++)	++(+)	++(+)
Mano de obra	+++	++	+(+)	+(+)	+
Pérdidas de vino	+	+(+)	+(++)	–	+

- Los componentes olorosos están formados por moléculas volátiles demasiado poco pequeñas para ser directamente retenidos por los filtros.
- La filtración provoca a menudo un «choque gustativo» resultado inmediato de la manipulación y de la aireación de los mostos o de los vinos. Este choque desaparece con el tiempo.
- El conjunto de las catas «a ciegas» muestra que las filtraciones favorecen la buena degustación final de los vinos, buscada en los «grandes vinos» con filtraciones muy enérgicas.

10.3.8. La centrifugación

La centrifugación elimina las partículas creando una gravedad artificial muy fuerte (1.000 a 10.000 g por ejemplo, ver punto 4.7.3); éstas son eliminadas automáticamente, en continuo (figura 10.25). Es muy eficaz para separar las partículas gruesas y las levaduras; algunos modelos permiten igualmente una muy buena eliminación de bacterias. Por el contrario, la centrifugación no puede eliminar la totalidad de los coloides y asegurar una limpidez muy buscada. Salvo excepción, se completa con una filtración, sobre todo en empresas importantes.

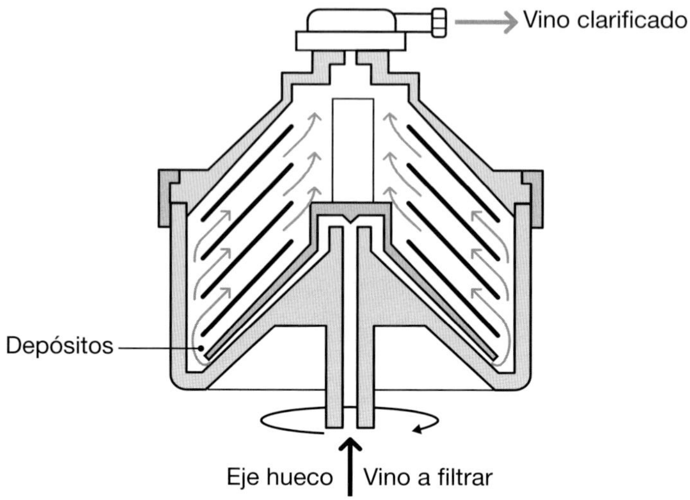

Figura 10.25.–Centrífuga.

10.4. La estabilización tartárica de los vinos

Conocida desde siempre y muy estudiada desde hace décadas, la presencia de depósitos de tartrato constituye el principal problema de depósitos en los vinos. Estudios muy recientes, muchas veces inéditos, en la actualidad nos permiten mejorar el conocimiento de estos fenómenos y proponer soluciones eficaces.

10.4.1. La físico-química de las precipitaciones tartáricas

Todos los vinos son objeto de precipitaciones tartáricas durante la vinificación, la crianza o ya embotellados. En este último caso, este fenómeno natural es ampliamente rechazado por los consumidores que ven un signo de alteración y/o de adulteración: se debe controlar.

El vino contiene siempre ácido tartárico, potasio y calcio. El ácido tartárico (abreviadamente H_2T) se disocia en iones bitartratos HT^- (o hidrogenotartrato) que reacciona con el potasio para formar bitartrato de potasio (KHT) y en iones tartrato T^{2-} para formar tartrato neutro de calcio (CaT). KHT y CaT son sales que tienen una solubilidad propia variable según la temperatura, el contenido en alcohol y los otros componentes del vino (figura 10.26). Si el contenido en KHT o CaT del vino, en un momento dado, es superior a la solubilidad límite correspondiente, existe riesgo de precipitación. En el caso de los vinos, los riesgos de sobresaturación se describen en la figura 10.27 esquematizando las diferentes situaciones que se dan en enología.

- En la zona I, «por debajo» de la curva A, para temperaturas elevadas y/o contenidos bajos de KHT, no hay ningún riesgo de precipitación de KHT que está en concentración inferior a la solubilidad del momento.

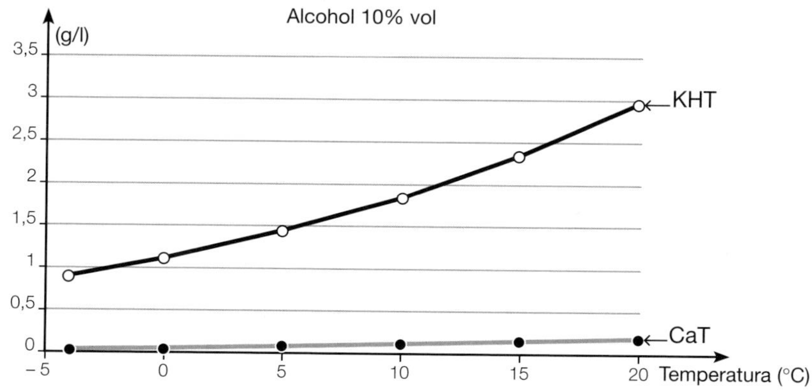

Figura 10.26.–Solubilidad de las sales del ácido tartárico en los vinos.

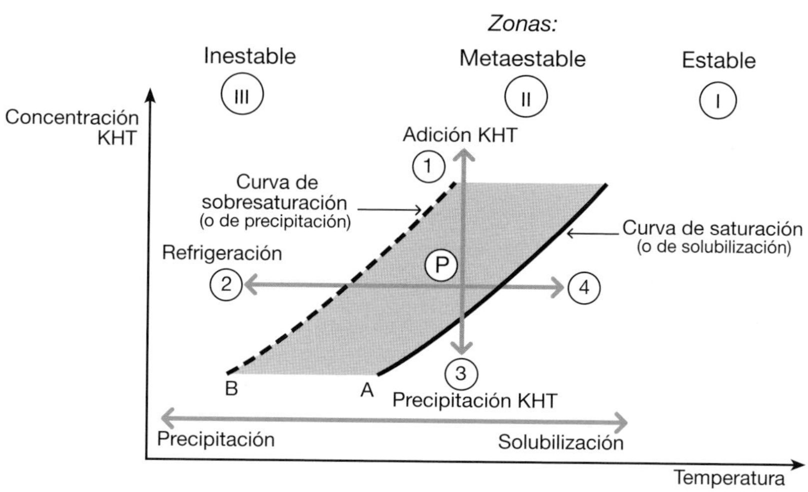

Figura 10.27.–Estados del bitartrato de potasio en los vinos.

- En la zona III, «por encima» de la curva B, para temperaturas bajas y/o contenidos elevados de KHT, se produce siempre precipitación de KHT para hacer volver el medio a la concentración correspondiente a la solubilidad del KHT a la temperatura considerada.
- En la zona II, entre las curvas A y B, hay riesgo de precipitación puesto que el contenido en KHT es superior a la solubilidad (curva A) pero el KHT puede permanecer en solución sin cristalizar: se dice que está en sobresaturación. Todas las dificultades relativas a la estabilización tartárica de los vinos (previsiones, tratamiento) resultan en esta zona de sobresaturación muy difícil de cuantificar: sólo la curva A es conocida, característica de KHT, mientras que la curva B depende a la vez de la composición del vino (coloides protectores) y de su «historia» pasada y futura (ej.: choques térmicos, agitación).

En la práctica, es necesario calcular el contenido de KHT en el vino para estimar el riesgo de precipitación. Los posibles tratamientos necesarios para garantizar la ausencia de depósitos son esquematizados por las evoluciones a partir del punto P, situado en la zona de peligro:

- añadir KHT (1) o refrigerar (2) para provocar la precipitación del KHT para eliminar y obtener un vino estable puesto que no hay sobresaturación;
- eliminar el KHT mediante precipitación voluntaria (3);
- mantenerse en la zona de subsaturación, a temperatura elevada.

Se puede observar la diversidad y la complejidad de las soluciones; todas necesitan, antes de ponerlas en práctica, un diagnóstico fiable de la estabilidad del vino.

10.4.2. Los ensayos de estabilidad tartárica

Se estima el riesgo de precipitación tartárica mediante diferentes simulaciones y/o cálculos de laboratorio.

Ensayo de contenido en frío

Se simula, en todas las condiciones estandarizadas, las condiciones de cristalización observadas en la práctica, por medio de la acción del frío, de la duración (tabla 10.11).

Al final del ensayo se observa la presencia, o la ausencia de cristales:

- presencia de cristales: el vino es inestable;
- ausencia de cristales: el vino es estable en las condiciones del ensayo; no se sabe para otras condiciones más severas.

Los ensayos de contenido en frío son métodos sencillos pero largos (al menos entre ocho y diez días) y sólo son seguros en caso de precipitación.

Tabla 10.11.–Condiciones de ensayos de contenido en frío

	Mínimo	«Mediano»	Máximo
Temperatura (°C)	–18	–4 a –5	0
Duración (días)	1	3 a 8	28
Filtración	0		poros 0,45 µm
Núcleos de cristalización	0	algunos mg KHT/l	250 a 1.250 mg KHT/l*
Adición de alcohol (% vol.)	0		1 a 2

* Método Istmétre

Ensayo de tratamiento en laboratorio

Se simulan en laboratorio las condiciones óptimas de un tratamiento en bodega y se observan las variaciones analíticas del vino.

Ejemplo: Mini-contacto (método Muller-Wurdig)

- Filtro de membrana: refrigerar a –4 ó –5 °C; añadir 4 g/l de KHT; esperar 3 a 5 horas; filtrar.

- Medir las variaciones de potasio (superior a 20 mg/l), de conductividad (superior a 50 μm) o de producto de concentración CP (al menos –1 a –2 × 10^{-5}).
- Método específico, bastante complejo. Los umbrales de interpretación son difíciles de precisar y/o de medir. Varían con los tipos de vino.
- Interesante para seguir el funcionamiento de la instalación mediante conductimetría.

Métodos químicos y termodinámicos

Método Berg (1957)

Se calcula el producto de concentración CP de KHT (o de CaT):

$$CP = [K^+] \cdot [HT^-]$$

con $[K^+]$ concentración de K (en milimoles por litro) y $[HT^-]$ concentración de iones bitartrato (en milimoles por litro).

Se compara este valor tanto con el de la solución saturada equivalente (misma temperatura y GAV), como con los valores estadísticos de CP observados en los vinos estables comparables, llamados «CP límite»:

Ejemplo

5 a 7 × 10^{-5} para los vinos blancos y 8 a 12 × 10^{-5} para los vinos tintos (de Burdeos).

Se desprecian los coeficientes de actividades y complejos de K y Ca.
Los valores limites no tienen ningún significado físico-químico.
Este método es muy utilizado.

Temperatura de saturación

Para cada vino, se determina la temperatura de saturación *Ts*, temperatura a partir de la que se puede disolver un aporte de KHT. Esta determinación es indirecta, por medición de la variación de la conductividad eléctrica con adición de KHT:

- mediante medición de la variación de la conductividad, a 20 o 25 °C, tras añadir un exceso de KHT (método Maujean y Wurdig);
- mediante cinética de la variación de la conductividad en presencia de exceso de KHT (método Ratsimba-Gaillard/«Stabisat»).

Se determina entonces la temperatura de cristalización *Tc*:

$$Tc = Ts + IS$$

donde Is es el intervalo de *sobresaturación* o de *cristalización.*

El intervalo de cristalización IS se estima en aproximadamente 15 °C para los vinos blancos y tiene un valor superior –por ejemplo, IS = 15 = 0,3 IPT (índice de polifenoles totales)– para los vinos tintos (Gaillard). *Ts* es conocido con precisión (± 0,2 °C) pero IS, y por tanto *Tc*, no se conocen más que con un margen de ± 2 a 5 °C aproximadamente: supone una gran incertidumbre sobre el riesgo de precipitación.

Nota práctica

Todos estos ensayos de contenido deben hacerse con muestras de vinos que contengan un nivel de clarificación al menos tan «estrecho» como aquel que se prevé para la operación en bodega.

Cálculo de la sobresaturación

A partir de la tesis de V. Gerbaud (1996) y los trabajos de A. Devatine (2000), se puede calcular la sobresaturación exacta del vino comparando la solubilidad del KHT en una solución saturada hidroalcohólica del mismo grado alcohólico y la misma temperatura, expresada por el producto de solubilidad K_{ST} característico del KHT, y el contenido del vino en KHT calculado mediante la siguiente forma:

$$C_{KHT} = a \cdot K^+ \times a \cdot HT^-$$
$$C_{KHT} = \delta_{KHT} [K^+] \cdot [HT^-]$$

con $a \cdot K^+$ y $a \cdot HT^-$ actividades de iones potasio y bitartrato

$$a \cdot K^+ = \delta_K [K^+]$$
$$a \cdot HT^- = \delta_{HT} \cdot [HT^-]$$

y $[K^+]$ concentración de potasio no complejado: hay entre un 10 y un 15 % de K complejado en los vinos; $[HT^-]$ concentración de iones bitartratos, calculada a partir del contenido en ácido tartárico, del pH y de las constantes de disociación del ácido tartárico en las condiciones del vino; δ_K, δ_{HT} y δ_{KHT} actividad de los iones K^+, HT^- y del KHT, calculada a partir del GAV y del conjunto de los demás iones; δ_{KHT} varía alrededor de 0,6 a 0,9.

Se puede calcular entonces la relación de sobresaturación:

$$S = C_{KHT}/K_{ST}$$

con K_{ST} producto de solubilidad del KHT en solución hidroalcohólica de los mismos GAV y temperatura.

Si *S* es inferior a 1, está en zona I, sin ninguna posibilidad de precipitación de KHT. Si *S* es superior a 1, hay saturación y riesgo de precipitación, tanto más elevada si *S* es muy grande (figura 10.28). En caso de sobresaturación escasa, el tiempo de aparición de los cristales puede ser muy largo, sin importancia práctica.

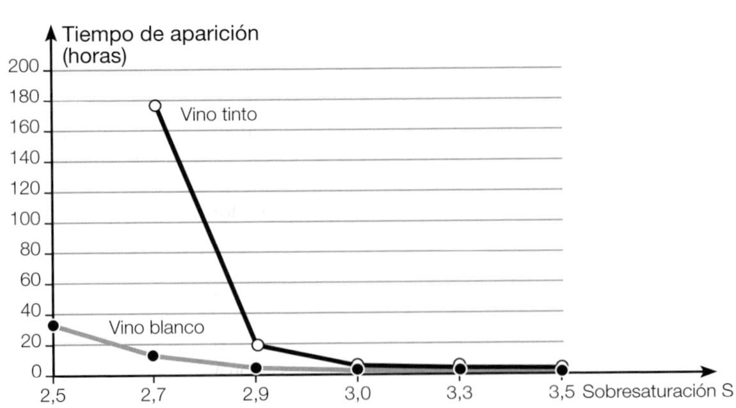

Figura 10.28.–Influencia de la saturación sobre la aparición de los cristales de KHT.

Hoy en día, el riesgo práctico no se puede calcular directamente a partir de una *S* única, pero el valor elevado de *S* constituye el «motor» de la cristalización espontánea. *S* actúa directamente a la vez sobre la formación de microcristales invisibles –la nucleación– y el crecimiento que las vuelve visibles y precipitables. Se calcula de la misma forma el contenido en CaT y los riesgos de precipitaciones.

A partir de análisis básicos –(GAV), AT, pH, H_2T, K, Ca si se desea– el lógico Mextar® calcula la totalidad de los elementos adjuntos a distintas temperaturas (ej.: 20 a – 5 °C). La figura 10.29 muestra un ejemplo de estos resultados:

- sobresaturación de 0,97 a 20 °C pero de 2,3 a 5 °C;
- temperatura de saturación: 19 °C; por debajo de 19 °C, hay sobresaturación. Este valor de temperatura de sobresaturación, obtenido mediante cálculo, es equivalente al medido por conductimetría pero un poco más elevado puesto que no hay ninguna interferencia de los coloides.
- KHT cristalizado (es decir, excedentario) a 0 °C = 1,642 g/l. Este valor indica la importancia potencial del temido depósito: en el caso de un valor bajo, el riesgo comercial es reducido.

Estos resultados contribuyen a cuantificar el riesgo de precipitación según la temperatura estimada de conservación. Por otro lado, la experiencia de los usuarios permite determinar un umbral de aceptación para el índice de sobresaturación *S*, según las regiones, los tipos de vinos, las añadas, mediante observación de las precipitaciones en las condiciones de bodega. A menudo se puede considerar como estable un vino que tenga un índice de sobresaturación netamente superior a 1.

Algunos ejemplos indicativos de valores límites de índice de sobresaturación de – 5 °C (según A. Devatine); no existen riesgos de precipitaciones tartáricas si el IS observado es inferior a estos valores límites.

Vinos tintos	IS límite = aprox. 2,6-2,8
Vinos blancos secos	IS límite = aprox. 2,0-2,4
Vinos de base Champagne	IS límite = aprox. 1,2-1,5

Mextar® ofrece los resultados correspondientes para el CaT (bajo reserva de cuantificar el calcio).

¿Por qué existe una sobresaturación de KHT?

Los vinos presentan la particularidad de tener una gran zona de sobresaturación, de inestabilidad, frente al KHT: corresponde a 15-20 °C aproximadamente. Esquemáticamente esta zona corresponde a una presencia de microcristales de KHT, invisibles, en los que el crecimiento para llegar a un tamaño visible y precipitable es ralentizado o bloqueado por la presencia de inhibidores de cristalización. Se ponen en evidencia muchos inhibidores naturales procedentes de la uva (de tipo coloide glucídico) y/o de las levaduras (de tipo proteico). El mantenimiento o el aporte de coloides protectores tiene el efecto de «ensanchar» la zona de sobresaturación (figura 10.30) y de impedir la aparición de cristales en un vino que contenga un exceso de KHT. La eliminación de estos coloides disminuye esta zona de sobresaturación y facilita la cristalización, y por tanto la eliminación del KHT excedentario: es una medida de prevención de las precipitaciones tartáricas en botellas mediante precipitación provocada de forma continua. La figura 10.31 muestra la modificación de la velocidad de cristalización (medida por la bajada de la conductividad) mediante la adición de ácido metatartárico (AMT) inhibidor muy activo, de taninos, ralentizador de la cristalización o eliminación de los coloides por ultrafiltración.

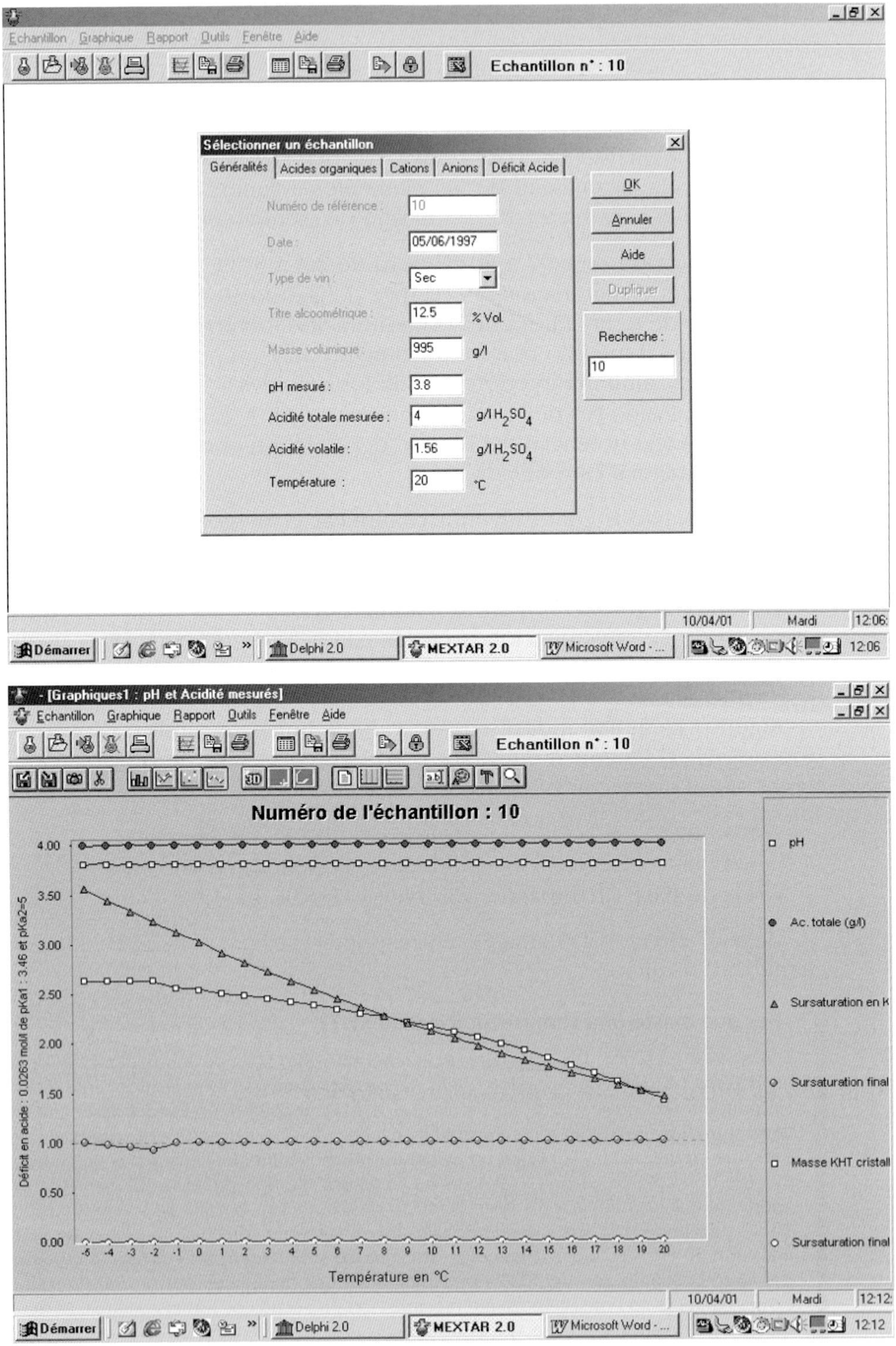

Figura 10.29.–Cálculo de la estabilidad tartárica mediante Mextar®.

Precipitación del KHT

La precipitación espontánea del KHT de los mostos comienza desde la fermentación puesto que el KHT es alrededor de 2 veces menos soluble a 12 % GAV que a 0 % GAV. Se prolonga bajo el efecto del frío invernal puesto que el KHT es alrededor de 2,7 veces menos soluble a 0 °C que a 20 °C. Las estabilizaciones tartáricas más antiguas reproducen y optimizan este efecto del frío. En todos los casos, es necesario respetar algunas buenas prácticas enológicas.

Notas generales

La eficacia, la calidad, los tratamientos «mediante frío» dependen de numerosas prácticas anexas, que se deben controlar perfectamente.

- El vino a tratar debe homogeneizarse antes del tratamiento puesto que la mezcla posterior de dos vinos estables puede resultar inestable.
- Estos tratamientos son más eficaces sobre los vinos fuertemente sobresaturados (vinos jóvenes) en los que las precipitaciones espontáneas son más fáciles.
- El vino a tratar debe estar bien clarificado mediante clarificaciones, filtración... para eliminar el efecto retardante de los coloides inestables del vino.
- Estas operaciones tecnológicas deben conducirse con un gran rigor enológico general: higiene, contenido en CO_2 y SO_2 y aireaciones controladas.
- Después del tratamiento, impedir todo nuevo contacto con «tártaro» (tuberías, cubas...).

Los tratamientos de estabilización tartárica son, en principio, prácticas enológicas que deben respetar los buenos usos cualitativos para respetar y desarrollar la calidad gustativa general.

Estabilización tartárica mediante estabulación en frío

El vino preparado se refrigera al límite de la congelación siendo luego mantenido a esta temperatura durante 4-5 a 20-30 días y filtrado en frío. Se mejora mucho la eficacia del tratamiento mediante una somera adición de cristales de KHT triturado (alrededor de 20 g/l según J. Ribéreau-Gayon, 1932) pero también mediante una agitación suave cada 2 ó 3 días y sobre todo una filtración a la mitad del tratamiento. Se adopta, en general, como temperatura de tratamiento el valor de T (°C) = – (GAV % – 1)/2. Este tratamiento tiene una buena eficacia, incluido para los vinos tintos cuya materia colorante estabiliza, pero es lento y costoso en inversiones que deben amortizarse en grandes volúmenes (Figura 10.33).

Nota

El frío invernal suficientemente intenso y repetido –al menos durante dos inviernos –asegura casi siempre una estabilidad tartárica suficiente: es el caso frecuente para los vinos tintos de crianza.

Estabilización mediante el «procedimiento de contacto»

Basándose en un test de laboratorio (Berg, 1955), Muler-Spath (1977) ha demostrado que se podría obtener una estabilidad muy buena por adición masiva de KHT: el vino se sitúa en una saturación muy fuerte (zona III de la figura 10.28), el KHT precipita hasta la estabilidad definitiva.

El vino preparado es refrigerado hasta 0 a + 1 °C, añadiéndole alrededor de 400 g/hl de KHT cristalizado triturado finamente (50 % del peso en partículas de menos de 50 mm) y se mantiene agitándolo de forma continua durante 4 a 8 h. Se separan entonces los cristales (decantación, centrifugación, centripeta-

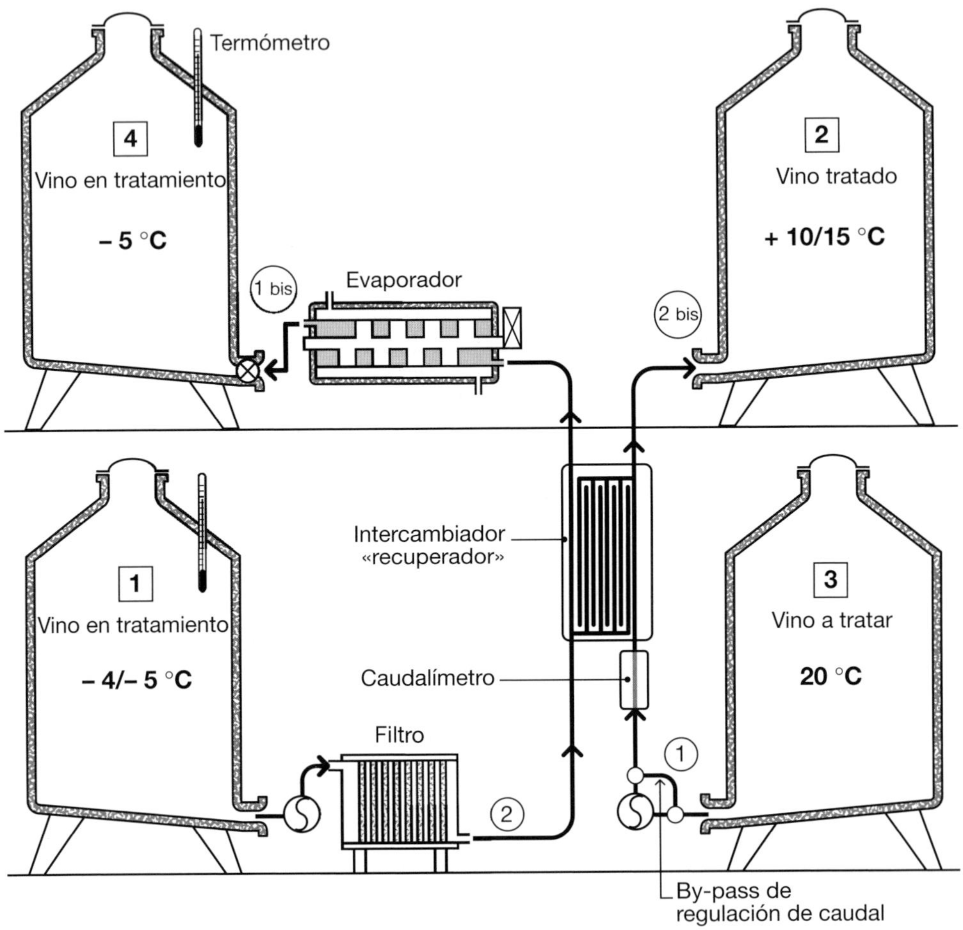

Figura 10.33.–Tanques isotérmicos.

ción, en mini-ciclones, filtración) en frío (figura 10.34). Los cristales se pueden reciclar (aproximadamente de dos a cinco veces), teniendo en cuenta que se debe verificar regularmente su eficacia.

El procedimiento es rápido y de muy buena eficacia para los vinos blancos y rosados, más incierto para los vinos blancos licorosos y, sobre todo, para los vinos tintos cuyos polifenoles frenan la cristalización del KHT y no se pueden eliminar en varias horas. Esta técnica exige poca inversión económica pero el coste del KHT es elevado: está sobre todo adaptada a los tratamientos de numerosos pequeños lotes distintos.

Estabilización tartárica en continuo

Esta técnica es asimilable a un tratamiento de contacto en continuo, en un tanque adaptado, el cristalizador (figura 10.35). El vino preparado se refrigera al límite de la congelación enviándose después a una cuba de cristalización, con continua circulación para una estancia media de 10 a 40 min,

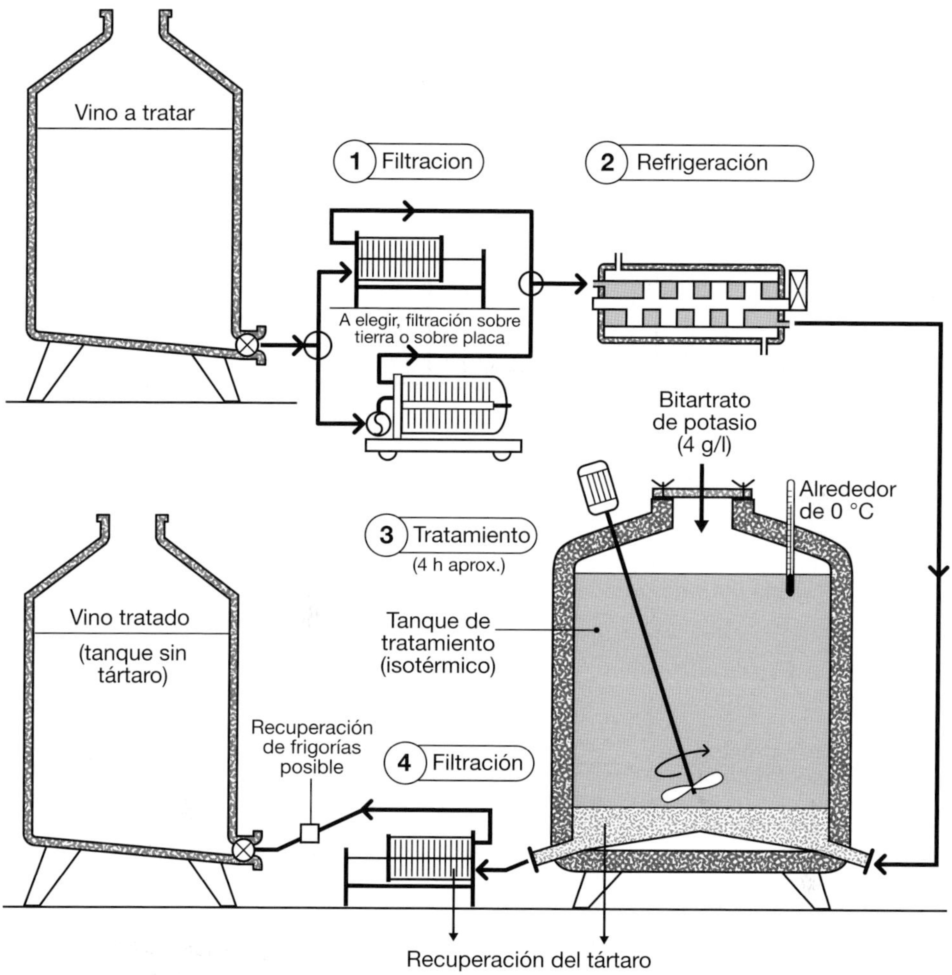

Figura 10.34.–Esquema del tratamiento por contacto.

según los aparatos. Es con frecuencia necesario sembrar el tanque para mantener un contenido de alrededor de 400 g/hl de KHT. La instalación lleva diversos accesorios de regulación del nivel, del caudal, de agitación, de reciclaje que necesitan de un manejo muy atento. La inversión muy elevada debe optimizarse usándose de forma importante y controlando la línea con eficacia. Se obtienen buenos resultados sobre los vinos blancos y rosados pero más variables sobre los vinos tintos, a causa de la brevedad del tratamiento.

Nota

Ensayos ya antiguos (Martínez y Blouin, 1980) han establecido la posibilidad de asegurar en continuo la estabilidad tartárica por percolación sobre columnas llenas de cristales de KHT (figura 10.36). Han sido recuperadas recientemente (Charrier, 1991).

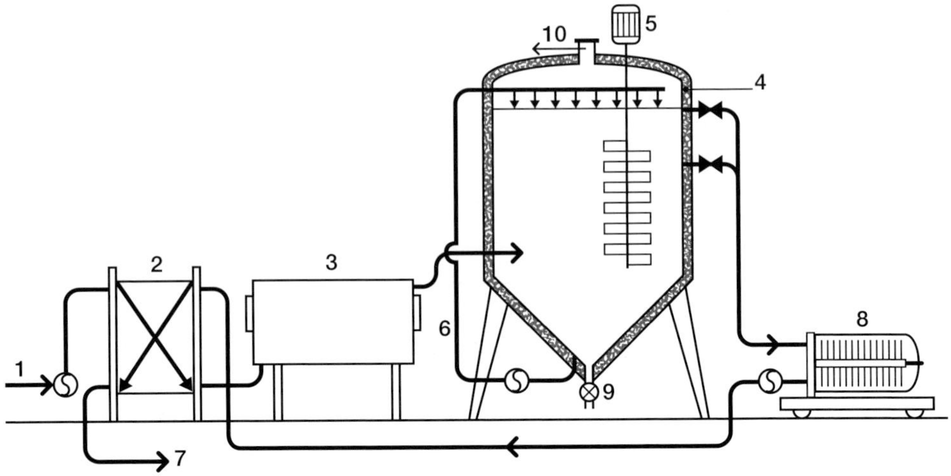

Figura 10.35.–Esquema del principio de una instalación de estabilización por frío en continuo: (1) llegada del vino a tratar; (2) intercambiador de frigorías; (3) refrigerante; (4) aislamiento; (5) agitador mecánico; (6) circuito de recuperación (opcional); (7) salida del vino tratado; (8) filtro (de tierra); (9) purgador; (10) límite de llenado.

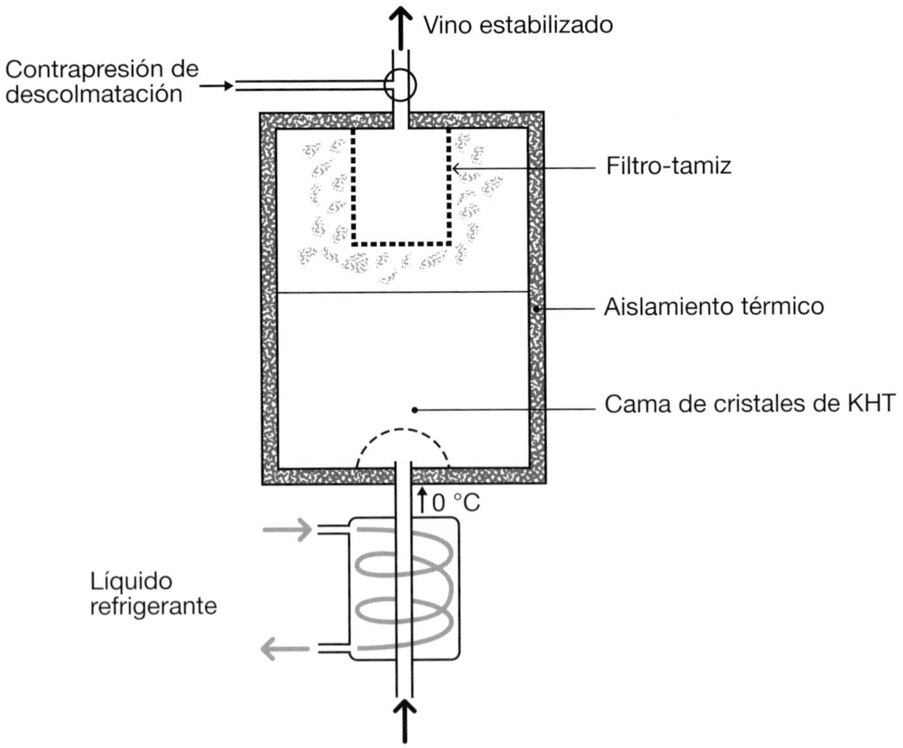

Figura 10.36.–Esquema del principio de estabilización tartárica sobre columna.

Inversión	+	+++	+	+++	0	0	0	+++	++
Consumibles	0	0	+++	+	+	+	+++	+	+
Personal	+	+	+	++	e	e	e	+	+
Energía	0	+	+	++	0	0	0	++	+
Reglamentación (marzo 2001)			+						
Uso agroalimentario	Sí	Sí	Sí	Sí	Sí	Sí	No	Sí	Sí
Autorización en enología	Sí	Sí	Sí	Sí	Sí	Solicitada	Solicitada	Sí	No

(1) A determinar por ensayo previo.
(2) Eficacia reducida por el calor.
(?) Acción escasa o mal conocida.
(//) Sin objeto.
– – – a +++ = importancia creciente.
e = papel muy escaso.

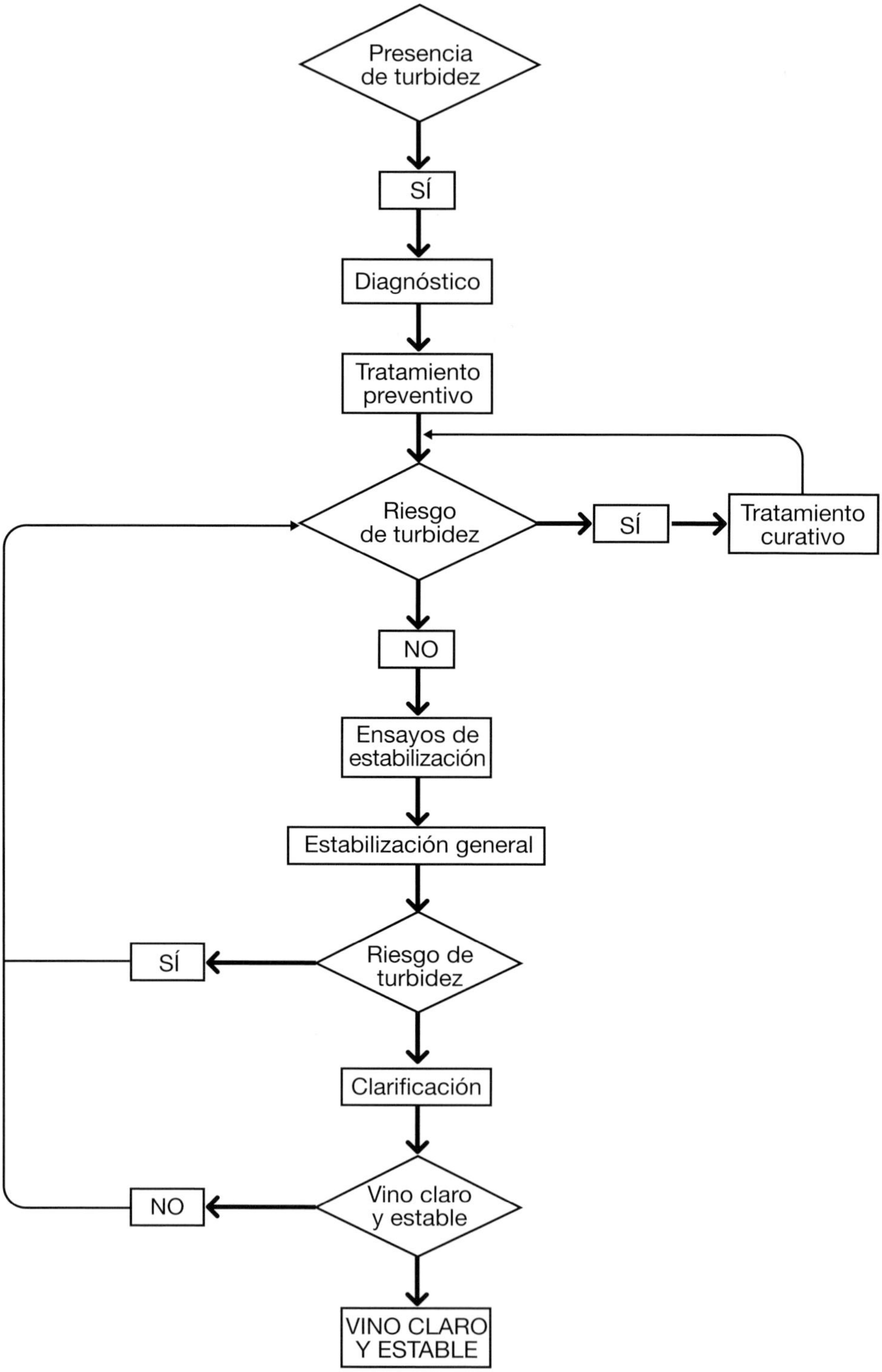

Figura 10.38.–Esquema general de clarificación y estabilización de los vinos.

elige así el mejor tratamiento (producto o técnica), en el mejor momento (lo más preventivamente posible), con la intensidad mínima pero suficiente. La figura 10.38 hace un resumen de las distintas operaciones descritas previamente. La «suavización» de las manipulaciones de las uvas (recolección, recepción, prensado...), los trasiegos cuidadosos, el control de los accidentes químicos y/o microbiológicos... reducen el vigor de los tratamientos de clarificación y estabilización dando lugar a vinos limpios, estables y de óptima calidad.

La práctica de esta gestión esencial permite optimizar los costes reduciendo los materiales. Limpieza y estabilidad de los vinos no son «naturales» en sentido «espontáneo» pero se pueden obtener de manera eficaz economizando medios y con la mejor calidad global del vino.

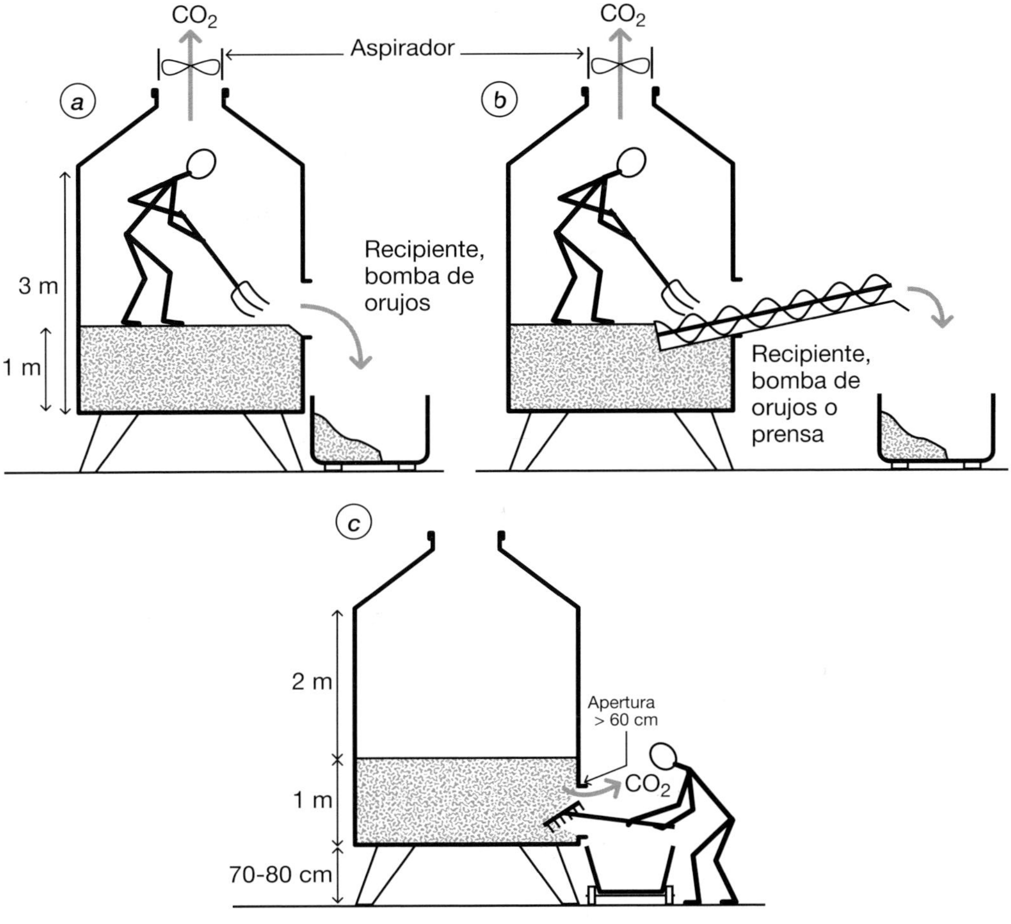

Figura 12.11.–Ejemplos de retirada de orujos de forma manual.

- náuseas por debajo de 10 % de oxígeno;
- coma mortal en 40 s por debajo de 8 % de oxígeno;
- muerte en 3 inspiraciones por debajo de 0 % de oxígeno.

Estos tanques deben ser abiertos imperativamente al aire antes de toda intervención humana.

La figura 12.12 presenta diversas instalaciones destinadas a facilitar la retirada y la recogida de orujos. Estas disposiciones específicas dan buenos resultados, evitando el trabajo humano en el interior de las cubas pero suponen sobrecostes muy importantes comparados con el coste de la mano de obra ligada a varias horas de retirada de orujos por tanque y año.

El orujo entonces se puede llevar a la prensa de tornillo (figuras 12.13a y b), a mano (figura 12.13c). El depósito de transporte evita la bomba de vendimia, incluyendo cubas de aperturas bajas. Debería generalizarse mediante la utilización de carretillas elevadoras que alimentan dispositivos de prensado fijos, bien organizados (evacuación directa de orujos secos), fácil de limpiar.

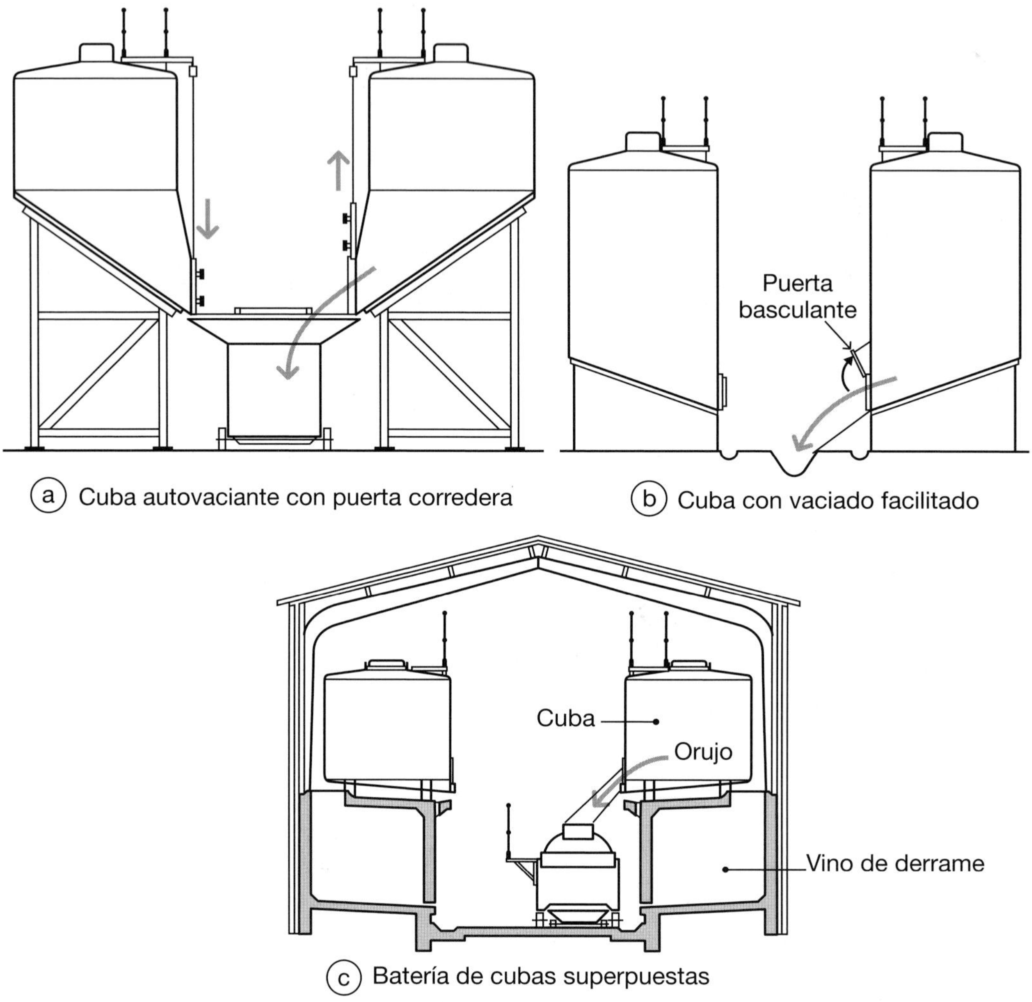

Figura 12.12.–Instalaciones y descubes (según Jacquet).

12.4.3. Cubas o tanques

La figura 12.14 presenta la gama de elementos que pueden equipar las cubas de acero (revestido, inoxidable); todos no son necesarios pero hay que preverlos para conexiones posteriores. La figura 12.15 indica algunas características a controlar para los tanques de hormigón. En los dos casos, las puertas bajas y grandes (60 a 80 cm) permiten un descube más fácil al exterior, que las puertas situadas a media altura.

La tabla 12.5 presenta algunas ventajas e inconvenientes de diversos materiales utilizados para fabricar tanques: la diversidad de ventas y los retornos a los «viejos materiales» muestran la diversidad de buenas soluciones.

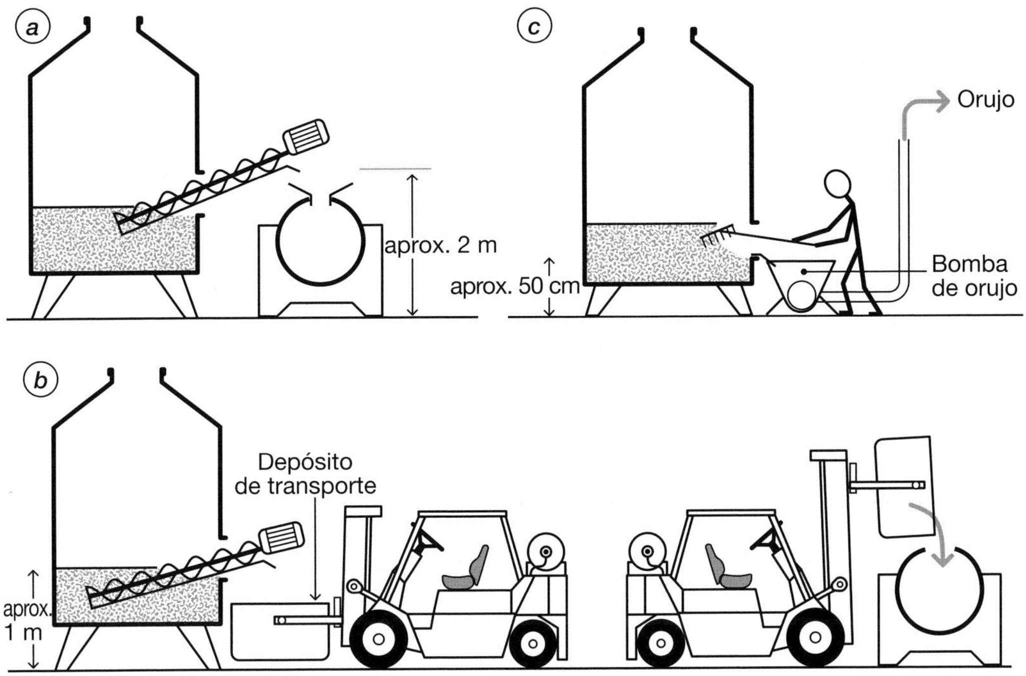

Figura 12.13.–Transporte de orujos después de su retirada.

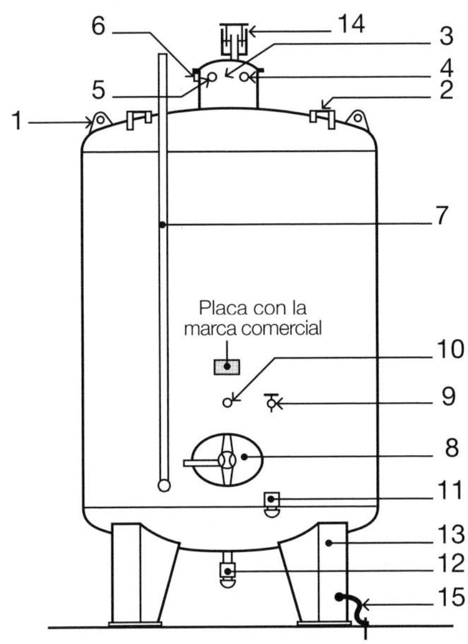

1 Anillos de elevación
2 Soportes de pasarela
3 Chimenea con tapa
4 Toma para demasiado lleno o válvula
5 Toma para nitrógeno o relleno
6 Toma para retorno de nivel
7 Nivel completo con válvula, regla y tubo
8 Puerta autocierre o externa
9 Grifo para degustaciones
10 Toma para termómetro
11 Conducto para decantación con grifo
12 Conducto para vaciado total con grifo
13 Pies
14 Desagüe aséptico
15 Pata de «toma de tierra»

Figura 12.14.–Equipos de tanques de acero.

Tabla 12.5.–Ventajas e inconvenientes de los diferentes materiales de los depósitos

	Ventajas	Inconvenientes	Observaciones
Madera (de roble)	tradicional	limpieza difícil	controlar los desarrollos de levaduras contaminantes
	(estética)	tamaño	
	ligero carácter a madera durante algunos años	inversión y mantenimiento elevados	
Cemento desnudo	inercia térmica en conservación	inercia térmica en vinificación	quitar tártaro y reforzar regularmente
	soporte posible para otros depósitos	fijeza, valor de reventa nulo	
	muy buena utilización de volúmenes	limpieza difícil	
	inversión limitada		
Cemento con revestimiento	inercia térmica en conservación	inercia térmica en vinificación	revestimiento de resinas «epoxi» o baldosas-vidrio
	soporte posible para otros depósitos	fijeza, valor de reventa nulo	
	muy buena utilización de volúmenes	buena limpieza	
		bastante caro	

Acero esmaltado	muy buena limpieza	mantenimiento del revestimiento exterior importante	
	movilidad, reventa fácil	tamaño	
	muy fuertes cambios térmicos en vinificación	vigilar los residuos de resinas epoxy	
		muy fuertes cambios térmicos en conservación	
Acero inoxidable	buena limpieza (ligera adherencia del tártaro)	mantenimiento limitado pero a vigilar	elegir y verificar el «tipo» de acero adecuado
	movilidad, reventa muy fácil	tamaño	«toma de tierra» eléctrica obligatoria
	muy fuertes cambios térmicos en vinificación	muy fuertes cambios térmicos en conservación	
	inversión elevada		
Fibra de vidrio-poliéster	bastante buena limpieza	riesgos de agrandamiento del estireno y/o despolimerización	poco aconsejable para largas conservaciones
	ligereza, movilidad	reventa aleatoria	

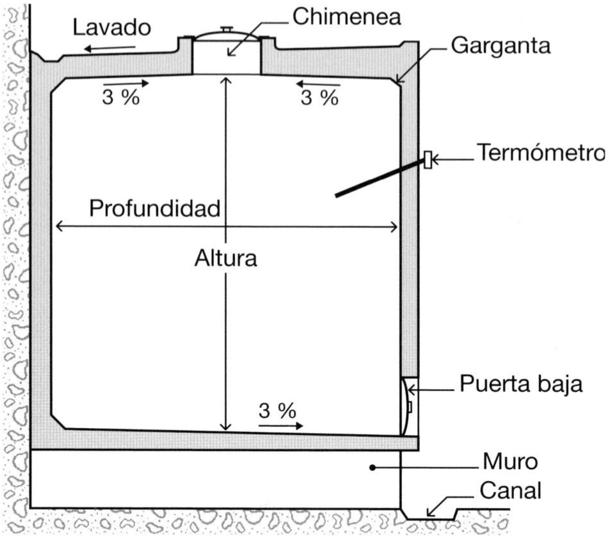

Figura 12.15.–Tanques de hormigón.

El revestimiento de los tanques

Los tanques de acero están revestidos de «resinas epoxi». Estas resinas son igualmente utilizadas para los tanques de hormigón. Se deben preferir las aplicaciones en caliente, por profesionales cualificados con garantía de completa polimerización. En caso contrario, hay riesgo de aparición de gustos de almendras amargas debido a la presencia de aldehído benzoico procedente de los plastificantes de la resina.

Se obtienen buenos resultados mediante la utilización de paneles de vidrio, muy fáciles de limpiar y de cambiar en caso de rotura por choques. Conviene, sin embargo, evitar los detergentes que puedan ser agresivos para las juntas.

12.5. Los efluentes vinícolas

12.5.1. Generalidades

La producción de vino genera diversos efluentes que pueden participar en la degradación del medio ambiente. El sentido común y las reglamentaciones conducen a tener en cuenta estos desechos.

Orígenes

- Desechos vitícolas: hojas, raspones, semillas, pulpas... vertidos junto con los orujos hacia las destilerías; ricos en azúcares y alcohol, taninos y potasio.
- Desechos de fermentaciones: levaduras y bacterias que constituyen las lías recuperadas para la destilación o evacuadas con las aguas de lavado; ricas en proteínas y tártaro.
- Productos enológicos: colas, clarificantes, productos filtrantes; ricos en proteínas y materias inertes (tierras de filtración).
- Productos de limpieza, ricos en sodio y cloro.

Características generales de los desechos vinícolas

- Están totalmente desprovistos de toxicidad microbiológica directa o indirecta.
- Están totalmente desprovistos de toxicidad química (materiales pesados tales como plomo, mercurio, cadmio o cianuros...).
- Son igualmente muy pobres en nitrógeno y en fosfatos.
- Los riesgos de toxicidad química accidental (ej.: productos de limpieza) son casi nulos puesto que los productos utilizados son poco peligrosos y muy diluidos al utilizarse.
- La cantidad y la naturaleza de los residuos son prácticamente constantes desde hace décadas.
- Los desechos vinícolas perturban el medio ambiente únicamente creando una fuerte «demanda química de oxígeno» (DQO). Esta DQO consume el oxígeno con producción de gas carbónico que corresponde a la oxidación de la materia orgánica casi únicamente carbonada procedente de las vinificaciones. Este consumo de oxígeno en los cursos de agua estancados puede dejarlos no aptos para la vida acuática (peces, pequeños crustáceos...).

Los desechos anuales son muy variables pero oscilan alrededor de 1 litro de residuo por cada litro de vino elaborado, con intervalos que van de 0,5 a 4 o 5 l/l. Estos residuos, expresados en volúmenes y/o en DQO están muy irregularmente repartidos a lo largo del año, con un máximo muy fuerte durante las vendimias, después los primeros trasiegos, seguidos de periodos con muy escasas salidas (figura 12.16). Diversos estudios han mostrado la importancia de los residuos de las principales operaciones (figura 12.17) que demandan incluso un cuidado particular.

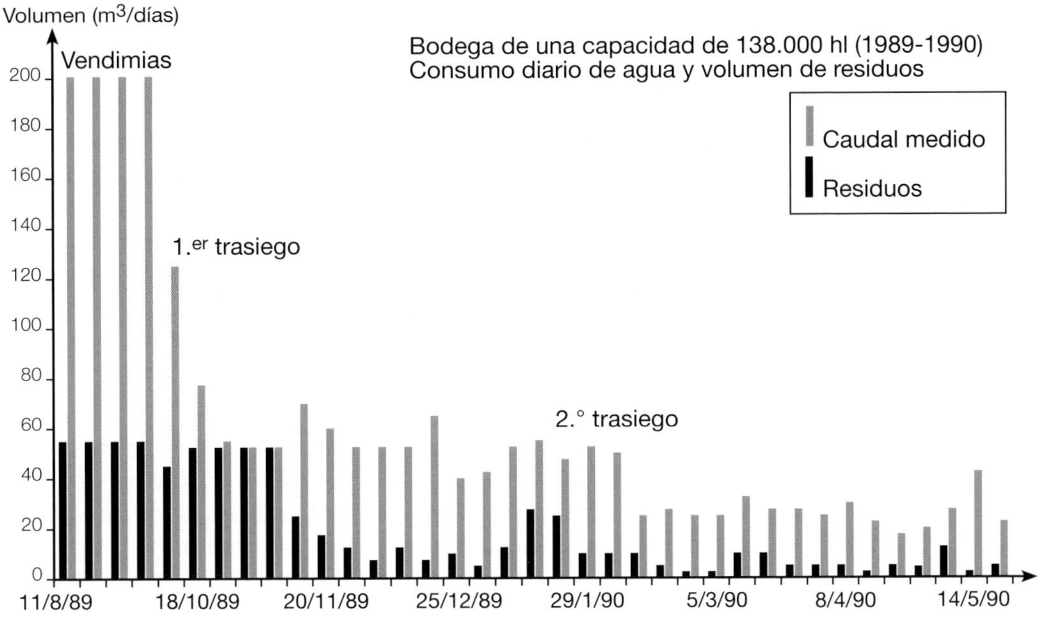

Figura 12.16.–Ejemplo de evolución de los residuos vinícolas en el transcurso del año.

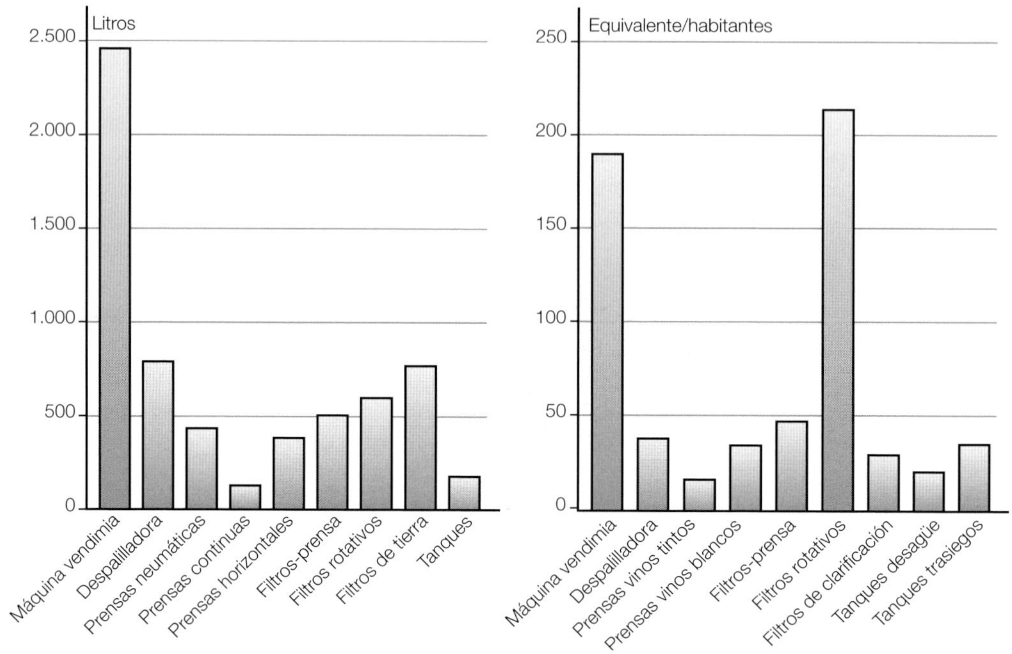

Figura 12.17.–Efluentes vitícolas según las operaciones enológicas.

Nota

Los volúmenes y las DQO vertidos no están directamente relacionados con la calidad de la limpieza y de la higiene de las bodegas: es muy posible asegurar una higiene satisfactoria con vertidos limitados y viceversa.

12.5.2. Control general de efluentes

A pesar de la diversidad de bodegas (volúmenes, tipos de vino, condiciones de crianza, de conservación y de embotellado), se deben respetar algunas reglas comunes resultantes de un esquema general (figura 12.18). El objetivo principal es reducir los volúmenes vertidos y eliminar lo más preventivamente posible las materias orgánicas responsables de la DQO. Esto conlleva la medición directa de los consumos de agua, de toda clase, para las actividades vinícolas: es suficiente instalar un (incluso dos o tres) contador de agua doméstico juiciosamente situado/s y comprobarlos de forma regular, según las diferentes actividades de la bodega.

- Separar cuidadosamente las aguas pluviales y todas las aguas limpias (ej.: aclarado de filtros de placas antes de su uso) que no han tenido necesidad de ningún tratamiento particular. Esta separación puede suponer importantes trabajos de ingeniería en las viejas instalaciones, es primordial.
- Limitar las aguas de refrigeración a un caudal de 5 m^3/día (para las instalaciones nuevas); es decir, alrededor de un depósito de 100 a 200 hl solamente. Esta técnica sólo se puede mantener con un reciclaje de las aguas,

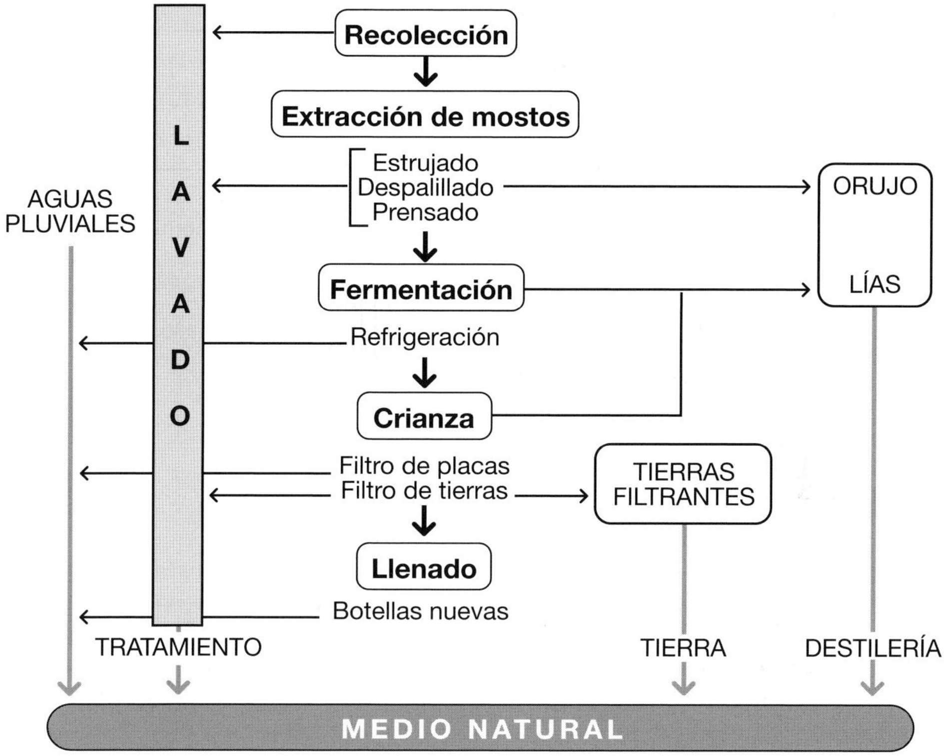

Figura 12.18.–Diferentes categorías de efluentes vinícolas.

con pérdidas por evaporación: la eficacia se mantiene o mejora, con una muy fuerte reducción del consumo de agua (de 90 a 95 %).

- Aislar completamente las aguas domésticas (cocinas, baños) a tratar específicamente, según las reglas fijadas por las DDASS.
- Eliminar todos los consumos de agua inútiles tales como grifos abiertos fuera de servicio, fugas diversas (alrededor de 20 m^3/año para un grifo que tiene fugas; es decir, sólo 2,3 l/hora).
- Utilizar todos los dispositivos «economizantes de agua» tales como grifos de caudal regulable, de parada automática, de alta presión...
- Reunir todos los desechos sólidos y pastosos «en origen» para seleccionar los materiales, rascar las lías, tamizar. Los volúmenes recogidos son reducidos, fáciles de eliminar (ej.: enterramientos en suelo agrícola), pero muy ricos en DQO.
- Separar desde el filtro las tierras filtrantes y usar filtros «ecológicos», con desbaste en seco, conocidos por reducir los volúmenes residuales.
- Utilizar al máximo las técnicas de recuperación tales como las filtración de fangos, decantación de lías y aguas de lavado. Se elimina así del 20 al 60 % de la DQO, concretado en un pequeño volumen de fangos pastosos a tratar por separado.

12.5.3. Tratamientos específicos de efluentes

Los efluentes están caracterizados por su demanda química de oxígeno (DQO) y su materia en suspensión (MES). A título indicativo, bajo reserva de dificultades locales particulares, se deben respetar los valores siguientes para verter los efluentes al medio natural (hoyos, arroyos...) o a una depuradora.

Tabla 16.6.–Valores límites de vertidos de efluentes

	Medio natural	Depuradora
DCO (mg/l)	< 300	< 2.000
MES (mg/l)	< 100	< 600

Estos valores son severos y sólo se pueden obtener por técnicas adaptadas. Notemos que el vertido de aguas a depuradoras urbanas, cuando existen en el medio natural, está generalmente poco adaptado puesto que la elaboración de 1.000 hl de vino corresponde a vertidos de muchos miles de personas, es decir mucho más que la población presente, en las mayor parte de las situaciones. Esta conexión con las depuradoras *in situ* sólo puede hacerse en raras situaciones, de acuerdo con los ayuntamientos afectados.

Los innumerables procedimientos posibles se pueden reagrupar en algunas familias. La elección se hace caso por caso mediante una consulta a un especialista exterior de empresas que puedan hacer los trabajos (comités interprofesionales, cámaras de agricultura, Instituto técnico de la viña y del vino...) con el fin de optimizar las instalaciones y minimizar los costes. Estos consejos son particularmente importantes para las grandes instalaciones (superiores a 20.000 hl/año, según la orden de 2/05/2000). Todos estos sistemas llevan a cabo la transformación de la materia orgánica en gas carbónico CO_2 (métodos aerobios) o en metano CH_4 (métodos anaerobios) en condiciones no contaminantes para las aguas. Los residuos sólidos o pastosos se transforman entonces sin riesgos.

La diversidad de contratiempos reglamentarios según las regiones y el transcurso del tiempo imponen las opiniones de organismos habilitados, únicos aptos para proponer las mejores soluciones técnicas y económicas (ej.: ayudas financieras de agencias del agua, consejo general, consejo regional...). En muchos viñedos, se practican los tratamientos de efluentes vinícolas en el marco de soluciones colectivas (comunidades, sindicatos vitícolas, cooperativas, empresarios...) que tratan de obtener los mejores resultados con los mejores costes: la reglamentación se debe respetar.

Esparcimiento

Esta técnica es aplicable a numerosas situaciones, sobre todo para las pequeñas empresas (menos de 1.000 a 2.000 hl/año, muchas veces incluso más). Con frecuencia es la más sencilla y la más económica. Los residuos son expandidos (mediante cisternas, aspersores; figura 12.19) sobre el suelo agrícola cultivado respetando diversas reglas: alejamiento de los cauces de agua y de sus fuentes, pendientes suaves, buena filtrabilidad, suelos no inundables, apor-

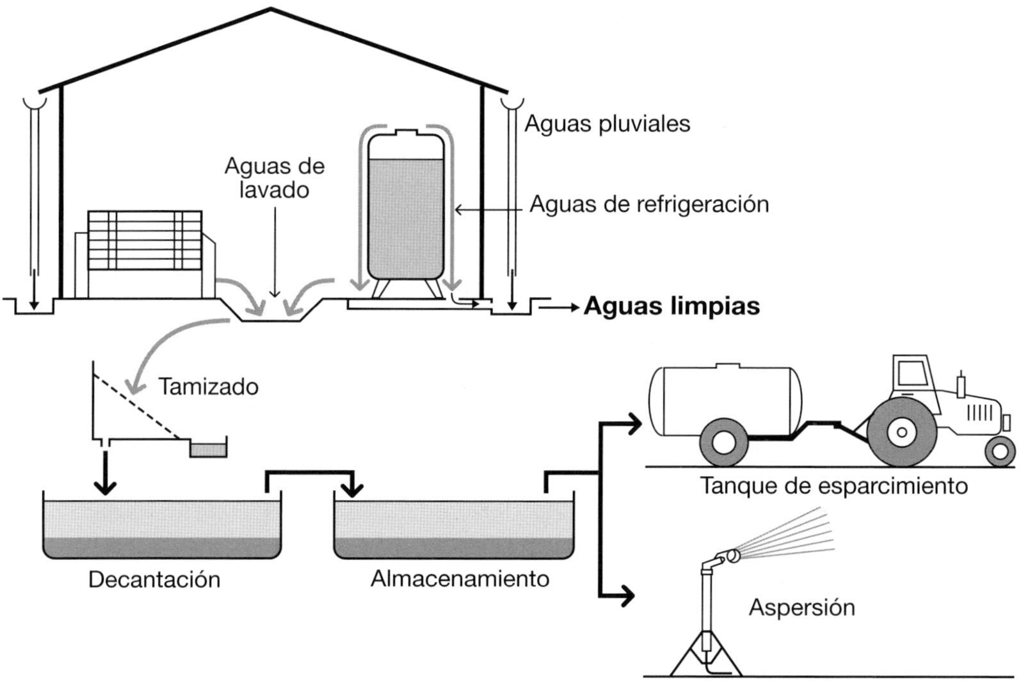

Figura 12.19.–Tratamiento de efluentes vinícolas.

tes limitados a 200 ó 300 m^3/ha... Es necesario entonces una superficie de esparcimiento de alrededor del 3 al 5 % de la superficie del viñedo. Estos esparcimientos se hacen a partir de un recipiente de almacenamiento temporal adaptado (capacidad del 50 al 100 % de los residuos anuales, sin fugas...), y teniendo un cuaderno de esparcimiento. El valor fertilizante es escaso, con un aporte despreciable de nitrógeno y ácido fosfórico y de 50 a 100 kg aprox. de K_2O por 100 m^3.

Métodos aerobios forzados

Los efluentes se almacenan momentáneamente y después se airean de forma muy intensa para oxidar toda materia orgánica carbonada a CO_2. La operación se puede practicar en grandes estanques, relativamente poco costosos pero muy grandes de tamaño, o en aparatos compactos especializados, con o sin incorporación de microorganismos oxidativos, requiriendo un «manejo» cuidadoso. Diferentes constructores proponen materiales estándar o adaptados a la enología. En todos los casos, es necesario ceñirse a las severas normas de vertidos al medio natural.

Métodos anaerobios

Los efluentes son tratados en equipos especializados, con siembras de bacterias adaptadas, para transformar la materia orgánica en metano, al abrigo del aire, bajo atenta vigilancia. Este metano se puede recuperar para alimentar calderas, la operación aquí es rara vez rentable.

Métodos diversos

Los efluentes pueden concentrarse a estado pastoso mediante evaporación natural en vastas lagunas poco profundas o forzada mediante pulverización y reciclaje sobre paneles alveolares. La eficacia del sistema es muy dependiente del clima que debe presentar una humedad media suficientemente baja, incluso durante los períodos otoñales e invernales.

Los efluentes pueden servir para nutrir vegetales adaptados que consumen residuos. Este sistema, en principio seductor, parece estar carente de referencias para generalizarse.

El tratamiento de los efluentes es un contratiempo para los vinificadores, las cooperativas, los comerciantes..., pero tenerlos en cuenta es con frecuencia la ocasión de replantearse los funcionamientos de las bodegas y de aportar modificaciones útiles al conjunto de la empresa, yendo de una economía del material a una estética mejorada agradablemente percibida por los clientes que visiten la bodega.

CONCLUSIÓN

«*He venido a estudiar el secreto*». El nuevo alumno nos decía, con su delicioso acento argentino, que el venía a buscar el secreto de los vinos (de Burdeos) para ponerlo en marcha en su país. Ha regresado a los pies de los Andes sin el secreto pero, esperemos, con un aprovechamiento útil de la enología práctica. Se podría decir que este libro trata de responder a esta cuestión. ¿Cómo lograr los mejores vinos en cada situación y también lo más regularmente posible?

Para satisfacer a los consumidores que descorchan a cada segundo mil botellas de vino en el mundo, con un precio medio muy por encima de todas las demás bebidas universales (agua, café, té, zumos de frutas, preparaciones industriales diversas...), hay que proyectar una extrema diversidad de prácticas que exploten los mejores mecanismos —y las herramientas— idénticos. Este libro ha tenido la ambición de resumir en algunas (centenares) de páginas los objetivos, mecanismos, herramientas... que permiten obtener estos treinta y cinco mil millones de botellas anuales procurando, de media, cinco o seis ocasiones de placer a seis mil millones de personas de nuestro planeta.

Lo esencial es producir vinos agradables, en su extremada diversidad organizada en torno a algunos principios sencillos que parecen eternos. Los buenos vinos son, de entrada, vinos sin defectos manifiestos, vinos «*francos*» dicen los catadores profesionales. El tipo y el nivel aceptable de defectos varían en el tiempo y el espacio pero siempre existen límites que no se deben sobrepasar. Hace cincuenta o cien años, se aceptaban contenidos de acidez volátil que rozaban o sobrepasaban 1 g/l que serían rechazados hoy en día. Ciertas regiones aprecian vinos con características oxidativas inaceptables en otros sitios... No existen, sin embargo, criterios casi universales inevitables. Los buenos vinos son también vinos «equilibrados» alrededor de algunas características sencillas —ácidos, azúcares, taninos— en proporciones convenientes para constituir un «armazón» de calidad. Este armazón, este esqueleto, es completado entonces por un «cuerpo» constituido por una infinidad de componentes, a menudo mal identificados, con un papel decisivo: aromas de uva y fermentaciones, productos «secundarios» formados y transformados en la crianza. En definitiva este cuerpo está recubierto de una «epidermis», siendo objeto de un indispensable «tratamiento cosmético» que asegura la mejor apariencia de los encantos del cuerpo y del esqueleto. Estas comparaciones son sólo una imagen pero que permiten a cada cual, productor o consumidor, caracterizar objetivos y realidades, para cada vino.

Estos constituyentes del vino explican también las virtudes alimentarias e higiénicas de los vinos, estos «aditamentos» tan anteriores al neologismo actual.

Hace más de cuarenta años J. Masquelier enseñaba los beneficios de un consumo razonable del vino (actividades cardiovasculares, antisépticas, vitamínicas...) felizmente confirmadas en el reciente *French paradox* y en las virtudes atribuidas a la «dieta mediterránea». Todo elaborador debe tratar de respetar estas cualidades alimentarias procedentes de la vid y de las fermentaciones evitando eliminar componentes útiles o aportar elementos que pueden conllevar peligros en caso de consumos no razonables.

En la práctica, cada responsable de vinificación debe simultáneamente definir los vinos que desea, las uvas y las herramientas de las que dispone (o puede disponer). Según el caso, se orientará hacia «el gran vino», «el buen vino», «el vino de mercado», hasta incluso los *vinoides* procedentes de la uva (ej.: bebidas reconstituyentes, aromatizadas...). Los mecanismos de obtención son los mismos, para mercados distintos, organizados desde hace siglos o destinados a varios años de moda: parece que muchos fracasos evitables proceden de vacilaciones sobre los objetivos de las técnicas flotantes con resultados tan decepcionantes para el consumidor como para el elaborador.

Cada lector se habrá dado cuenta de por dónde van nuestras preferencias, hacia los vinos de personalidad afirmada, diferenciados, teniendo cada uno sus encantos y su adaptación a tal grupo de consumo. Todos diferentes, según las regiones, los años..., cubren toda la gama de placeres del vino, desde los más sencillos y frecuentes a los más refinados, mucho más raros. Sin extenderse demasiado en la técnica, se puede recordar que la evolución del consumo de vino, tanto en los países tradicionales (Francia, Italia, España, Portugal pero también Argentina...) como en los países que se están abriendo al consumo, va siempre desde los vinos muy genéricos o atípicos, de masas, a veces apátridas, hacia los vinos «clásicos» fuertemente identificados y mejor valorados. Estos vinos de masas sirven con frecuencia como productos de iniciación al consumo de vinos, su producción compleja merece también la buena utilización de los conocimientos comunes a todos, con impedimentos económicos a menudo importantes. El objetivo de este libro es, por tanto, obtener el «mejor» vino, en el marco a definir ya mencionado.

Además de la ausencia de defectos, un armazón serio, un cuerpo bien repartido y un vestido elegante, el «buen» vino debe, sobre todo, evocar sus orígenes. Debe evocar el viñedo donde nació: cepa, terreno, clima, trabajo del viticultor. A menudo es posible sospechar todos estos elementos en un «buen» vino, clasificarlo como vino atlántico, mediterráneo, continental, de montaña...(por quedarnos en Europa occidental y su producción del 60 al 70% de los vinos del mundo), como vino de pequeño o gran rendimiento, de fuerte o escasa madurez... Entonces es razonable hablar de «vino de la tierra», en el sentido noble sin ninguno de sus matices peyorativos muchas veces atribuidos a la expresión anterior. El vino es en principio uva: se deben olvidar las desviaciones llamadas tecnológicas que surgen aquí o allá y que ponen en evidencia tal herramienta, tal técnica. Imponiendo un uniforme o un disfraz, no hacen más que deformar las verdaderas personalidades o tratar de deformar la ausencia profunda.

El «buen» vino debe también parecerse un poco a su padre, a aquél que lo ha elaborado, eligiendo a cada instante la mejor práctica, sin obligar a exponer todos sus conocimientos o utilizar todas sus herramientas en materiales o en productos. Si muchos vinos de orígenes distintos se parecieran, demasiado a tal vino, «gurú» o enólogo, es como si todos los niños de una misma maternidad se pareciesen a un solo médico: ¡habría exceso de celo!

Estas pocas líneas están muy alejadas de las necesarias y austeras consideraciones sobre los compuestos fenólicos, los filtros tangenciales o las levaduras protectoras del ácido málico pero nos parecen importantes para recordar la prioridad única: producir simplemente los vinos que hacen disfrutar a los que los degustan, elaborándolos de la manera más regular posible. Evitemos el error que describía E.A. Poe a propósito de los fracasos: «La complejidad es tomada, error muy común, como si fuera la profundidad».